SOCIÉTÉ CENTRALE DES ARCHITECTES

FONDÉE EN 1840 — AUTORISÉE EN 1843
DÉCLARÉE D'UTILITÉ PUBLIQUE PAR DÉCRET DU 4 AOUT 1865

MANUEL

DES

LOIS DU BATIMENT

DEUXIÈME ÉDITION, REVUE ET AUGMENTÉE

SECOND VOLUME — PREMIÈRE PARTIE

FASCICULE II

PARIS

LIBRAIRIE GÉNÉRALE DE L'ARCHITECTURE

ET DES TRAVAUX PUBLICS

DUCHER ET CIE

Éditeurs de la Société Centrale des Architectes

51, RUE DES ÉCOLES, 51

1880

MANUEL

DES

LOIS DU BATIMENT

SOCIÉTÉ CENTRALE DES ARCHITECTES
FONDÉE EN 1840 — AUTORISÉE EN 1843
DÉCLARÉE D'UTILITÉ PUBLIQUE PAR DÉCRET DU 4 AOUT 1865

MANUEL

DES

LOIS DU BATIMENT

DEUXIÈME ÉDITION, REVUE ET AUGMENTÉE

DEUXIÈME VOLUME — PREMIÈRE PARTIE

FASCICULE II

PARIS

LIBRAIRIE GÉNÉRALE DE L'ARCHITECTURE

ET DES TRAVAUX PUBLICS

DUCHER ET CIE

Éditeurs de la Société Centrale des Architectes

51, RUE DES ÉCOLES, 51

1879

MANUEL

DES

LOIS DU BATIMENT

SECTION IV *(suite)*

USAGES ANCIENS

RÈGLEMENTS ADMINISTRATIFS

ET

LOIS COMPLÉMENTAIRES

1848 — 1880

LOIS DU BATIMENT

SECTION IV
(*suite*)

USAGES ANCIENS
RÈGLEMENTS ADMINISTRATIFS
ET
LOIS COMPLÉMENTAIRES
1848 — 1880

CLV. — Décret *relatif aux sources d'eaux minérales* (1).

8-10 mars 1848.

Art. 1. Aucun sondage, aucun travail souterrain ne pourront être pratiqués sans l'autorisation préalable du préfet du département, dans un périmètre de mille mètres au moins de rayon autour de chacune des sources d'eau minérales dont l'exploitation aura été régulièrement autorisée. — Cette autorisation ne sera délivrée que sur l'avis de l'ingénieur des mines du département et du médecin inspecteur de l'établissement thermal.

(1) TRIPIER, *Codes français*.

CLVI. — ARRÊTÉ *concernant la hauteur des façades et des combles dans la ville de Paris.*

15 juillet 1848.

(Cet Arrêté est remplacé par le Décret impérial portant règlement sur la hauteur des maisons, du 27 juillet 1859). — Voir plus loin.

CLVII. — ORDONNANCE *concernant la salubrité des habitations.*

20 novembre 1848.

(*Cette Ordonnance et l'Instruction y annexée sont remplacées par les Ordonnance et Instruction du 23 novembre 1853.*) — Voir plus loin.

CLVIII. — ARRÊTÉ *pour l'organisation du Conseil d'hygiène publique et de salubrité* (1).

18 décembre 1848.

·AU NOM DU PEUPLE FRANÇAIS,

Le Président du conseil des ministres chargé du pouvoir exécutif,

Sur le rapport du Ministre de l'agriculture et du commerce,

Le Conseil d'État entendu,

Arrête :

TITRE Ier. — *Des institutions d'hygiène publique et de leur organisation.* Art 1er. Dans chaque arrondissement il y aura un conseil d'hygiène publique et de salubrité.

Le nombre des membres de ce conseil sera de sept au moins et de quinze au plus.

Un tableau dressé par le Ministre de l'agriculture et du commerce réglera le nombre des membres et le mode de composition de chaque conseil.

Art. 2. Les membres du conseil d'hygiène d'arrondissement seront nommés pour quatre ans par le préfet et renouvelés par moitié tous les deux ans.

Art. 3. Des commissions d'hygiène publique pourront être instituées dans les chef-lieux de canton, par un arrêté spécial du préfet, après avoir consulté le conseil d'arrondissement.

(1) SOCIÉTÉ CENTRALE DES ARCHITECTES, *Manuel des lois du bâtiment* (1re édit.).

Art. 4. Il y aura au chef-lieu de la préfecture un conseil d'hygiène publique et de salubrité de département.

Les membres de ce conseil seront nommés pour quatre ans, par le préfet, et renouvelés par moitié tous les deux ans.

Un tableau dressé par le ministre de l'agriculture et du commerce réglera le nombre des membres et le mode de composition de chaque conseil.

Ce nombre sera de sept au moins et de quinze au plus.

Il réunira les attributions des conseils d'hygiène d'arrondissement aux attributions particulières qui sont énumérées à l'article 12.

Art. 5. Les conseils d'hygiène seront présidés par le préfet ou le sous-préfet, et les commissions de canton par le maire du chef-lieu.

Chaque conseil élira un vice-président et un secrétaire qui seront renouvelés tous les deux ans.

Art. 6. Les conseils d'hygiène et les commissions se réuniront au moins une fois tous les trois mois, et chaque fois qu'ils seront convoqués par l'autorité.

Art. 7. Les membres des commissions d'hygiène de canton pourront être appelés aux séances du conseil d'arrondissement; ils ont voix consultative.

Art. 8. Tout membre des conseils et des commissions de canton qui, sans motifs d'excuse approuvés par le préfet, aura manqué de se rendre à trois convocations consécutives, sera considéré comme démissionnaire.

TITRE II. — *Attributions des conseils et des commissions d'hygiène publique.* Art. 9. Les conseils d'hygiène d'arrondissement sont chargés de l'examen des questions relatives à l'hygiène publique de l'arrondissement, qui leur seront renvoyées par le préfet ou le sous-préfet. Ils peuvent être spécialement consultés sur les objets suivants :

1° L'assainissement des localités et des habitations;

2° Les mesures à prendre pour prévenir et combattre les maladies endémiques, épidémiques et transmissibles;

3° Les épizooties et les maladies des animaux;

4° La propagation de la vaccine;

5° L'organisation et la distribution des secours médicaux aux malades indigents;

6° Les moyens d'améliorer les conditions sanitaires des populations industrielles et agricoles;

7° La salubrité des ateliers, écoles, hôpitaux, maisons d'aliénés, établissements de bienfaisance, casernes, arsenaux, prisons, dépôts de mendicité, asiles, etc., etc.;

8° Les questions relatives aux enfants trouvés;

9° La qualité des aliments, boissons, condiments et médicaments livrés au commerce :

10° L'amélioration des établissements d'eaux minérales appartenant à l'État, aux départements, aux communes, aux particuliers, et les moyens d'en rendre l'usage accessible aux malades pauvres;

11° Les demandes en autorisation, translation ou révocation des établissements dangereux, insalubres ou incommodes;

12° Les grands travaux d'utilité publique; constructions d'édifices, écoles, prisons, casernes, ports, canaux, réservoirs, fontaines, halles; établissement des marchés, routoirs, égouts, cimetières; la voirie, etc...., sous le rapport de l'hygiène publique.

Art. 10. Les conseils d'hygiène publique d'arrondissement réuniront et coordonneront les documents relatifs à la mortalité et à ses causes, à la topographie et à la statistique de l'arrondissement, en ce qui touche la salubrité publique.

Ils adresseront régulièrement ces pièces au préfet, qui en transmettra une copie au ministre de l'agriculture et du commerce.

Art. 11. Les travaux des conseils d'arrondissement seront envoyés au préfet.

Art. 12. Le conseil d'hygiène publique et de salubrité du département aura pour mission de donner son avis :

1° Sur toutes les questions d'hygiène publique qui lui seront renvoyées par le préfet;

2° Sur les questions communes à plusieurs arrondissements ou relatives au département tout entier.

Il sera chargé de centraliser et de coordonner, sur le renvoi du préfet, les travaux du conseil d'arrondissement.

Il fera, chaque année, au préfet, un rapport général sur les travaux des conseils d'arrondissement.

Ce rapport sera immédiatement transmis par le préfet, avec les pièces à l'appui, au ministre de l'agriculture et du commerce.

Art. 13. La ville de Paris sera l'objet de dispositions spéciales.

CLIX. — ARRÊTÉ *ministériel sur l'organisation des Conseils d'hygiène publique et de salubrité* (1).

15 février 1849.

Le Ministre de l'agriculture et du commerce ;

Vu les art. 1er et 4 de l'arrêté du Chef du pouvoir exécutif, en date du 18 décembre 1848, sur l'organisation des Conseils d'hygiène publique et de salubrité ;

Arrête :

Art. 1er. Le nombre des membres des conseils d'hygiène et de salubrité, tant de département que d'arrondissement, sera fixé conformément au tableau annexé au présent arrêté.

Art. 2. Le nombre des médecins, pharmaciens ou chimistes et vétérinaires est fixé, pour chaque conseil, dans la proportion suivante :

NOMBRE des Membres.	MÉDECINS (docteurs en médecine, chirurgiens et officiers de santé).	PHARMACIENS ou Chimistes.	VÉTÉRINAIRES.
10	4	2	1
12	5	3	1
15	6	4	2

Les autres membres sont pris, soit parmi les no-

(1) H. BUNEL, *Établissements insalubres.*

tables agriculteurs, commerçants ou industriels ; soit
parmi lês hommes qui, à raison de leurs fonctions ou
de leurs travaux habituels, sont appelés à s'occuper
des questions d'hygiène.

Art. 3. L'ingénieur des mines, l'ingénieur des ponts
et chaussées, l'officier du génie chargé du caserne-
ment ou, à son défaut, l'intendant ou le sous-inten-
dant militaire, l'architecte du département, les chefs
de division ou de bureau de la préfecture dans les
attributions desquels se trouveront la salubrité, la
voirie et les hôpitaux, pourront, dans le cas où ils ne
feraient pas partie du conseil d'hygiène publique et
de salubrité de leur résidence, être appelés à assister
aux délibérations de ce conseil avec voix consultative.

Art. 4. Dans les cantons où il n'aura pas été établi
de Commission d'hygiène publique, des correspondants
pourront être nommés par le préfet, sur la proposition
du conseil d'arrondissement.

Art. 5. Les préfets des départements sont chargés,
chacun dans ce qui les concerne, de l'exécution du
présent arrêté.

Signé : BUFFET.

CLX. — INSTRUCTION *ministérielle concernant l'interdiction du travail le dimanche et les jours fériés.*

20 mars 1849.

(Voir plus loin *Instruction ministérielle du 10 novembre 1851.*)

CLXI. — SOLUTION *de diverses questions de petite voirie, résultant d'une décision du préfet de police* (1).

15 février 1850.

Bannes ou stores. — 1° L'élévation minimum des bannes ou stores reste fixée à trois mètres au-dessus du sol; toutefois, ces objets pourront être tolérés à deux mètres cinquante centimètres, lorsqu'il aura été reconnu que les localités ne permettent pas de leur donner plus d'élévation.

2° Les bannes ou stores ne peuvent être garnis de joues, à moins d'une permission spéciale, qui ne sera accordée qu'autant qu'il n'en résulterait aucun inconvénient pour la circulation.

3° Il ne sera pas perçu de droits pour les réparations partielles qui seront faites au coutil des bannes ou stores.

4° Le renouvellement total du coutil des bannes ou stores donnera lieu à la perception du droit fixé par le tarif pour la pose de ces objets.

5° Il est interdit d'établir des bannes ou stores en saillie des murs de face, au-dessus du rez-de-chaussée.

Barres de fer ou de cuivre sur les devantures. — Il pourra être établi, sur les devantures de boutiques, des barres de fer ou de cuivre destinées à en garantir le vitrage, à la condition que ces barres ne dépasseront pas de plus de trois centimètres la saillie des devantures.

(1) SOCIÉTÉ CENTRALE DES ARCHITECTES, *Manuel des lois du bâtiment* (1re édit.).

*Barrières et barres destinées à masquer des renfonce
ments.* — Il ne sera pas perçu de droits de petite voirie
pour les barrières, les barres en bois ou en fer, et les
autres objets de même nature, dont l'établissement
pourra être autorisé dans un intérêt de salubrité et de
sûreté publique pour défendre l'accès des renfonce-
ments et des angles rentrants.

Boîtes à journaux ou à lettres. — 1° Il pourra être
permis d'établir, en saillie sur les murs de face, des
boîtes à journaux ou à lettres à l'usage des particuliers.

2° Ces objets ne seront autorisés que lorsqu'il aura
été reconnu qu'ils ne présenteront aucun inconvénient
pour la sûreté et la commodité de la circulation.

3° Leur saillie maximum est fixée à seize centimètres.

4° L'ouverture de ces boîtes devra être masquée par
une planchette mobile, ou par tout autre moyen qui
ne permette pas au public de se tromper sur leur
destination.

5° Lesdites boîtes sont assimilées, pour la perception
des droits, aux tableaux servant d'enseignes.

Bornes. — La suppression des bornes existant près
des extrémités des trottoirs ne sera exigée que lorsque
ces bornes présenteront des inconvénients réels pour
la circulation.

Chambranles de portes et de fenêtres. — 1° Il pourra
être permis d'établir des chambranles autour des baies
de portes d'allées et autour des baies de fenêtres.

2° La saillie maximum de ces objets est fixée à seize
centimètres pour les chambranles des portes d'allées,
et à six centimètres pour les chambranles des fenêtres.

3° Les chambranles sont assimilés, pour la perception
des droits, aux tableaux servant d'enseignes.

Châssis glissant derrière les parements de décoration.
— Les châssis glissant derrière les parements de dé-

coration pourront être autorisés, pourvu que ces parements n'aient pas plus de six centimètres de saillie.

Corniches. — 1° Il est dû un droit distinct pour les corniches des devantures de boutiques.

2° Les corniches des devantures ne sont soumises qu'à un droit, bien qu'elles se prolongent au-dessus d'une ou de plusieurs portes.

Cuvettes pour les eaux ménagères. — Les cuvettes établies depuis de longues années au-devant d'anciennes maisons, et qui ont plus de seize centimètres de saillie, pourront être tolérées, surtout si ces excédants de saillie ne sont pas trop considérables.

Devantures de boutiques. — 1° La hauteur maximum des devantures de boutiques est fixée à cinq mètres.

2° Cette hauteur ne pourra être dépassée que dans des cas exceptionnels, et en vertu d'une autorisation spéciale délivrée par le préfet de police.

3° Il est dû un droit distinct pour les devantures, non compris le socle et la corniche.

4° Les devantures peuvent embrasser, sans donner lieu à une augmentation de droit, soit une porte d'allée, soit une porte charretière.

5° Les changements intérieurs qui ont pour effet d'augmenter le nombre des boutiques ne donnent pas lieu à la perception des droits de devantures.

6° Lorsqu'il sera fait des réparations aux devantures de boutiques, il ne sera perçu que le droit fixé par le tarif pour les objets auxquels correspondront les parties séparées, d'après l'avis de l'architecte commissaire de la petite voirie.

Échoppes. — Le droit fixé par le tarif pour les échoppes ne se paye que lors de l'établissement de l'échoppe. Tant qu'elle existe, il n'y a pas lieu à per-

ception nouvelle pour mutation, sauf au nouvel occupant à obtenir l'agrément de l'administration.

Enseignes. — 1° Les enseignes formées de bandes de
toile ou d'étoffes portant des inscriptions sont formellement interdites.

2° Lorsqu'il n'existera aucune partie de mur au
rez-de-chaussée, il pourra être permis de placer des
enseignes, tableaux, écussons, attributs, soit sur les
objets de petite voirie n'ayant pas seize centimètres
de saillie, s'il s'en trouve; soit, dans le cas contraire,
sur les objets ayant cette saillie. Dans le premier cas,
lesdites enseignes pourront avoir l'épaisseur que les
particuliers jugeront convenable, pourvu qu'elles
n'excèdent pas seize centimètres de saillie à partir du
nu du mur. Dans l'autre cas, elles ne pourront être
qu'en métal laminé, et devront être posées à plat sur
les saillies auxquelles elles seront appliquées.

3° Les enseignes des coiffeurs et perruquiers, formées de simulacres de plats à barbe, seront tolérées
sur les devantures, à la condition qu'elles seront
constamment repliées et fixées contre lesdites devantures.

4° Les teinturiers-dégraisseurs pourront placer sur
la devanture de leur boutique leurs enseignes, com-
posées de bandes de serge, à la condition que ces enseignes seront bien appliquées contre la devanture.

5° Les paillassons servant d'enseigne pour la vente
des huîtres seront appliqués contre les murs. A défaut
de murs nus, ils pourront être appliqués contre les
devantures ou grilles de boutiques.

Ces objets sont exempts des droits de petite voirie,
et peuvent être posés sans permission.

6° Les inscriptions, soit en peinture, soit en relief,
sur les frises ou lambrequins des marquises ou au-

vents, sont tolérées et exemptes des droits de petite voirie.

7° Il est permis d'appliquer des enseignes en lettres découpées aux balustrades des balcons, pourvu que les lettres soient solidement attachées et qu'elles n'excèdent point la saillie de l'aire du balcon.

Ces enseignes sont exemptes des droits de petite voirie et peuvent être posées sans permission.

8° Les écriteaux indiquant les maisons, appartements, chambres, magasins et autres objets à vendre ou à louer, doivent être attachés et appliqués contre le mur, de manière à ne pas excéder la saillie fixée pour les enseignes.

9° Les écriteaux indicatifs d'appartements non meublés à louer, de maisons ou terrains à vendre, etc., sont exempts des droits de petite voirie et peuvent être posés sans permission.

10° Il est interdit aux marchands de vin, agents de remplacement militaire et autres, de placer des drapeaux comme enseigne au-devant de leurs établissements.

Étalages. — 1° Sont expressément défendus, tous étalages mobiles au-dessus du rez-de-chaussée, à l'exception des guirlandes d'étoffes désignées en l'article 14 de l'ordonnance royale du 24 décembre 1823.

2° Il est défendu de former des étalages mobiles sur dès devantures de boutiques et autres objets de petite voirie placés au rez-de-chaussée, quand même ils n'auraient point toute la saillie accordée par les règlements.

3° Il est défendu de former en saillie sur la voie publique aucun étalage de viande, gibier, volaille, poisson et autres marchandises dont le contact pourrait salir les vêtements des passants.

Fenêtres ouvrant en dehors. — Les fenêtres ouvrant en dehors pourront être autorisées, lorsque des circonstances particulières rendront nécessaires des fenêtres ainsi disposées.

Garde-manger. — Il est défendu d'établir des garde-manger en saillie sur l'alignement.

Inscriptions des rues. — 1° Il est défendu de masquer par des objets de petite voirie les inscriptions indicatives des rues, ainsi que les emplacements destinés à en recevoir, sauf à obtenir une autorisation du préfet de la Seine.

2° Les propriétaires sont tenus de faire enlever toutes les saillies existantes qui masquent des inscriptions de rues ou des emplacements destinés à en recevoir, à moins d'une dispense du préfet de la Seine.

3° Le replacement de ces saillies sur d'autres points ne pourra avoir lieu sans une autorisation de la préfecture de police.

Jets de pompes. — Il est interdit d'établir des jets et balanciers de pompes sur la voie publique.

Lanternes. — 1° Il pourra être permis d'établir, pour l'éclairage des propriétés privées, des lanternes fixes ayant une saillie supérieure à la saillie maximum fixée par l'ordonnance royale du 24 décembre 1823, mais sous diverses conditions, et notamment à la charge de tenir éclairées, pendant toute la nuit, toutes les lanternes qu'il s'agira d'établir, ou seulement le nombre qui sera jugé convenable par l'administration.

2° Les lanternes ou transparents ne pourront rester en place pendant le jour, à moins qu'étant repliés contre le mur ils n'excèdent point la saillie de seize centimètres.

3° Si cette condition ne peut être remplie, ils ne seront mis en place qu'au moment de l'allumage, et seront retirés aux heures où ils cesseront d'éclairer.

4° Les potences servant à les supporter devront constamment être repliées pendant le jour.

5° Les lanternes et transparents devront toujours être élevés à deux mètres cinquante centimètres au moins au-dessus du sol.

6° Il pourra être établi des lanternes dites réflecteurs pour l'éclairage des devantures de boutiques.

7° Ces lanternes ne seront posées qu'au moment même de l'allumage, et seront retirées au moment de leur extinction.

8° Elles ne devront jamais être à moins de deux mètres d'élévation au-dessus du pavé ou du dallage des trottoirs.

9° Il est interdit aux débitants de tabac de fixer à l'extérieur de leurs boutiques des petites lanternes destinées à fournir du feu aux fumeurs.

Marches. — La suppression des marches existant sur les trottoirs ne sera exigée que lorsque ces marches présenteront des inconvénients réels pour la circulation.

Moulures en forme de cadres. — 1° Il pourra être permis de poser des moulures en forme de cadres, destinées à entourer des inscriptions peintes sur les murs.

2° La saillie maximum de ces moulures est fixée à six centimètres.

3° Les moulures en forme de cadres sont assimilées pour la perception des droits aux tableaux servant d'enseignes.

Parements de décoration. — 1° La saillie maximum des parements de décoration est fixée à six centimètres.

2° Il ne pourra être établi de parements de décoration qu'au-devant des entresols, c'est-à-dire des locaux situés entre le rez-de-chaussée et le premier étage.

Pavillons de jalousie. — 1° Il pourra être établi des pavillons de jalousie formés d'une planche, dont chaque extrémité sera appliquée sur le mur. Ces pavillons ne devront avoir d'autre saillie que l'épaisseur de la planche.

2° Les pavillons de jalousie sont assimilés, pour la perception des droits, aux tableaux servant d'enseignes.

3° Les pavillons en forme de petit auvent sont prohibés.

Planches de repos. — Il est défendu à tous marchands de vin et autres d'établir en saillie sur la voie publique des planches de repos destinées à supporter les fardeaux des personnes qui entrent dans leurs établissements.

Socles. — 1° La saillie des socles ne devra, dans aucun cas, excéder de plus de deux centimètres celle des devantures.

2° Il est dû un droit distinct pour les socles.

3° Les socles des devantures ne sont soumis qu'à un droit, bien qu'ils se prolongent au-devant d'une ou de plusieurs portes.

Tuyaux de descente. — Il ne sera pas perçu de droits :
1° pour la réparation des tuyaux de descente déjà autorisés, lorsqu'elle ne s'étendra pas à la moitié au moins de leur longueur;

2° Pour le prolongement, quel qu'il soit, des tuyaux de descente déjà autorisés, dans le cas de surélévation des bâtiments dont ils dépendent.

DISPOSITIONS GÉNÉRALES.

Saillies dans les rues n'excédant pas cinq mètres de large. — 1° A l'avenir, dans les rues dont la largeur n'excédera pas cinq mètres, il ne pourra être établi, à moins de deux mètres au-dessus du pavé ou du dallage des trottoirs, aucunes saillies autres que celles dont la désignation suit :

Tuyaux de descente ou d'évier ;

Persiennes, contrevents ou fermetures de boutiques et croisées.

2° La saillie de ces objets ne pourra, dans aucun cas, excéder onze centimètres.

3° Sauf l'exception établie ci-dessus, les règlements concernant les saillies seront appliqués sans distinction pour toutes les rues, quelle que soit leur largeur.

Prescription des droits. — A l'avenir, les objets de petite voirie posés depuis plus de deux années, à partir du jour où ils auront été signalés, ne donneront lieu à aucune poursuite pour le recouvrement des droits.

CLXII. — Loi *relative à l'assainissement des Logements insalubres* (1).

Des 19 janvier, 7 mars et 13 avril 1850.
(Promulguée le 22 avril 1850).

L'Assemblée nationale a adopté la loi dont la teneur suit :

Art. 1er. Dans toute commune où le conseil municipal l'aura déclaré nécessaire par une délibération spéciale, il nommera une commission chargée de rechercher et d'indiquer les mesures indispensables d'assainissement des logements et dépendances insalubres mis en location ou occupés par d'autres que le propriétaire, l'usufruitier ou l'usager.

Sont réputés insalubres les logements qui se trouvent dans des conditions de nature à porter atteinte à la vie ou à la santé de leurs habitants.

Art. 2. La commission se composera de neuf membres au plus et de cinq au moins.

En feront nécessairement partie un médecin et un architecte, ou tout autre homme de l'art, ainsi qu'un membre du bureau de bienfaisance et du conseil des prud'hommes, si ces institutions existent dans la commune.

La présidence appartient au maire ou à l'adjoint.

Le médecin et l'architecte pourront être choisis hors de la commune.

La commission se renouvelle tous les deux ans par

______

(1) Service municipal de Paris (Assainissement), *Recueil des Ordonnances.*

tiers; les membres sortants sont indéfiniment rééligibles.

A Paris, la commission se compose de douze membres.

Art. 3. La commission visitera les lieux signalés comme insalubres. Elle déterminera l'état d'insalubrité et en indiquera les causes, ainsi que les moyens d'y remédier. Elle désignera les logements qui ne seraient pas susceptibles d'assainissement.

Art. 4. Les rapports de la commission seront déposés au secrétariat de la mairie, et les parties intéressées mises en demeure d'en prendre commmunication et de produire leurs observations dans le délai d'un mois.

Art. 5. A l'expiration de ce délai, les rapports et observations seront soumis au conseil municipal, qui déterminera :

1° Les travaux d'assainissement et les lieux où ils devront être entièrement ou partiellement exécutés, ainsi que les délais de leur achèvement;

2° Les habitations qui ne sont pas susceptibles d'assainissement.

Art. 6. Un recours est ouvert aux intéressés contre ces décisions devant le conseil de préfecture, dans le délai d'un mois, à dater de la notification de l'arrêté municipal. Ce recours sera suspensif.

Art. 7. En vertu de la décision du conseil municipal ou de celle du conseil de préfecture, en cas de recours, s'il a été reconnu que les causes d'insalubrité sont dépendantes du fait du propriétaire ou de l'usufruitier, l'autorité municipale lui enjoindra, par mesure d'ordre et de police, d'exécuter les travaux jugés nécessaires.

Art. 8. Les ouvertures pratiquées pour l'exécution

des travaux d'assainissement, seront exemptes, pendant trois ans, de la contribution des portes et fenêtres.

Art. 9. En cas d'inexécution, dans les délais déterminés, des travaux jugés nécessaires, et si le logement continue d'être occupé par un tiers, le propriétaire ou l'usufruitier sera passible d'une amende de seize francs à cent francs. Si les travaux n'ont pas été exécutés dans l'année qui aura suivi la condamnation, et si le logement insalubre a continué d'être occupé par un tiers, le propriétaire ou l'usufruitier sera passible d'une amende égale à la valeur des travaux et pouvant être élevée au double.

Art. 10. S'il est reconnu que le logement n'est pas susceptible d'assainissement, et que les causes d'insalubrité sont dépendantes de l'habitation elle-même, l'autorité municipale pourra, dans le délai qu'elle fixera, en interdire provisoirement la location à titre d'habitation.

L'interdiction absolue ne pourra être prononcée que par le conseil de préfecture, et, dans ce cas, il y aura recours de sa décision devant le Conseil d'État.

Le propriétaire ou l'usufruitier qui aura contrevenu à l'interdiction prononcée sera condamné à une amende de seize à cent francs, et, en cas de récidive dans l'année, à une amende égale au double de la valeur locative du logement interdit.

Art. 11. Lorsque, par suite de l'exécution de la présente loi, il y aura lieu à la résiliation des baux, cette résiliation n'emportera en faveur du locataire aucuns dommages-intérêts.

Art. 12. L'art. 463 du Code pénal sera applicable à toutes les contraventions ci-dessus indiquées.

Art. 13. Lorsque l'insalubrité est le résultat de causes

extérieures et permanentes, ou lorsque ces causes ne peuvent être détruites que par des travaux d'ensemble, la commune pourra acquérir, suivant les formes et après l'accomplissement des formalités prescrites par la loi du 3 mai 1841, la totalité des propriétés comprises dans le périmètre des travaux.

Les portions de ces propriétés qui, après l'assainissement opéré, resteraient en dehors des alignements arrêtés pour les nouvelles constructions, pourront être revendues aux enchères publiques, sans que dans ce cas, les anciens propriétaires ou leurs ayants droit puissent demander l'application des art. 60 et 61 de la loi du 3 mai 1841.

Art. 14. Les amendes prononcées en vertu de la présente loi seront attribuées en entier au bureau ou établissement de bienfaisance de la localité où sont situées les habitations à raison desquelles ces amendes auront été encourues.

Délibéré en séance publique, à Paris, les 19 janvier, 7 mars et 13 avril 1850.

Le Président et les Secrétaires,

Signé : Dupin, Arnaud (de l'Ariège), Lacaze, Chapot, Peupin, Heeckeren, Bérard.

La présente loi sera promulguée et scellée du sceau de l'État.

Le Président de la République,

Signé : LOUIS-NAPOLÉON BONAPARTE.

Le Garde des sceaux, Ministre de la Justice,

E. ROUHER.

CLXIII. — ORDONNANCE *de police concernant les fosses d'aisances* (1).

23 octobre 1850.

Nous, Préfet de police,

Considérant que l'ordonnance de police du 23 octobre 1819, relative à la surveillance des fosses d'aisances dans Paris, prescrit diverses formalités dont l'accomplissement nuit à la célérité désirable dans un service de cette nature, et qu'il y a lieu de la modifier en ce point;

Considérant qu'à cette occasion il convient d'ajouter à l'ordonnance précitée quelques dispositions dont l'expérience a fait sentir la nécessité ;

Vu l'ordonnance du 5 juin 1834 concernant la vidange des fosses d'aisances et le service des fosses mobiles dans Paris ;

En vertu de la loi des 16-24 août 1790 et de l'arrêté du gouvernement du 12 messidor an VIII (1er juillet 1800),

Ordonnons ce qui suit :

Art. 1er. Aucune fosse d'aisances ne pourra être construite, reconstruite ou réparée, sans déclaration préalable à la préfecture de police.

Cette déclaration sera faite par le propriétaire ou par l'entrepreneur qu'il aura chargé de l'exécution des ouvrages.

Dans le cas de construction ou de reconstruction, la déclaration devra être accompagnée du plan de la fosse

(1) SOCIÉTÉ CENTRALE DES ARCHITECTES, *Manuel des lois du bâtiment* (1re édit.).

à construire ou à reconstruire et de celui de l'étage
supérieur.

Art. 2. Seront dispensées de la formalité de la décla
ration les reconstructions et réparations que prescri-
ront les architectes de notre administration lors de la
visite des fosses à la suite de la vidange.

Art. 3. L'établissement des appareils de fosses mobiles reste soumis aux formalités et conditions énoncées aux art. 28, 29 et suivants de l'ordonnance susvisée du 5 juin 1834.

Art. 4. Il est défendu de combler des fosses d'aisances ou de les convertir en caves sans en avoir obtenu la permission du préfet de police.

Art. 5. Il est interdit aux propriétaires et entrepreneurs d'extraire ou de faire extraire par leurs ouvriers
ou tous autres les eaux vannes et matières qui se trouveraient dans les fosses.

Cette extraction ne pourra être faite que par les entrepreneurs de vidanges.

Art. 6. Il leur est également interdit de faire couler
dans la rue les eaux claires et sans odeur qui reviendraient dans les fosses après la vidange, à moins d'y
être spécialement autorisés.

Art. 7. Tout propriétaire faisant procéder à la réparation ou à la démolition d'une fosse, ou tout entrepreneur des mêmes travaux, sera tenu, tant que dureront la démolition et l'extraction des pierres, d'avoir à
l'extérieur de la fosse autant d'ouvriers qu'il en emploiera dans l'intérieur.

Art. 8. Chaque ouvrier travaillant à la démolition
ou à l'extraction des pierres sera ceint d'un bandage
dont l'attache sera tenue par un ouvrier placé à l'extérieur.

Art. 9. Les propriétaires et entrepreneurs sont, aux

termes des lois, responsables des effets des contraventions aux quatre articles précédents.

Art. 10. Toute fosse, avant d'être comblée, sera vidée et curée à fond.

Art. 11. Toute fosse destinée à être convertie en cave sera curée avec soin; les joints en seront grattés à vif et les parties en mauvais état réparées, conformément aux dispositions prescrites par les art. 5, 6, 7 et 8.

Art. 12. Si un ouvrier est frappé d'asphyxie en travaillant dans une fosse, les travaux seront suspendus à l'instant, et déclaration en sera faite, dans le jour, à la préfecture de police.

Les travaux ne pourront être repris qu'avec les précautions et les mesures indiquées par l'autorité.

Art. 13. Tous matériaux provenant de la démolition des fosses d'aisances seront immédiatement enlevés.

Art. 14. Les fosses neuves, reconstruites ou réparées, ne pourront être mises en service et fermées qu'après qu'un architecte de la préfecture de police en aura fait la réception et aura délivré un permis de fermer.

Art. 15. Pour l'exécution des dispositions de l'article précédent, il devra être donné avis à la préfecture de police de l'achèvement des travaux; savoir, pour les fosses neuves, par une déclaration écrite déposée au bureau de la petite voirie, et, pour les fosses reconstruites ou réparées d'après les indications des architectes de l'Administration, par la remise au même bureau du bulletin laissé par l'architecte qui a prescrit les travaux.

Art. 16. Tout propriétaire qui aura supprimé une ou plusieurs fosses d'aisances pour établir des appareils quelconques en tenant lieu, et qui, par suite, renoncerait à l'usage desdits appareils, sera tenu de rendre à leur première destination les fosses d'aisances supprimées ou d'en faire construire de nouvelles.

Art. 17. Il est enjoint à tous propriétaires, locataires et concierges, de faciliter aux préposés de notre administration toute visite ayant pour but de s'assurer de l'état des fosses et de leurs dépendances.

Art. 18. L'ordonnance précitée du 23 octobre 1819 est rapportée.

Art. 19. Les contraventions seront constatées par des procès-verbaux ou rapports qui nous seront transmis sans délai.

Art. 20. Les commissaires de police, l'architecte commissaire de la petite voirie, l'inspecteur général de la salubrité et les autres préposés de la préfecture de police sont chargés de l'exécution de la présente ordonnance.

CLXIV. — INSTRUCTION *ministérielle concernant l'interdiction du travail le dimanche et les jours fériés* (1).

10 novembre 1851.

Monsieur, par une circulaire du 20 mars 1849, j'ai
prescrit, dans les ateliers dépendant du ministère des
travaux publics, le repos du dimanche pour les ouvriers
employés à la journée, et rappelé à tous les chefs de
service qu'en s'occupant des moyens d'accroître le développement des travaux publics et particuliers, le
gouvernement n'entendait pas négliger la condition de
l'amélioration morale chez l'ouvrier et la satisfaction
des besoins de l'intelligence, au double point de vue
de l'hygiène et de la moralité.

J'attache une grande importance à ce que les
prescriptions de ma circulaire soient observées. Je
vous en adresse ci-joint un nouvel exemplaire, et je
vous rappelle que, dans les circonstances exception-
nelles où une dérogation est indispensable, vous devez
réclamer les autorisations nécessaires assez à temps
pour que l'autorité compétente puisse en reconnaître
l'opportunité.

En remettant ces dispositions sous vos yeux, je dois
vous faire connaître mon intention de donner à cette
mesure toute l'extension compatible avec les nécessités
du service. Ainsi, dans la rédaction des cahiers des
charges concernant les travaux à adjuger, vous devez
à l'avenir introduire une clause qui interdise aux en-

(1) SOCIÉTÉ CENTRALE DES ARCHITECTES, *Manuel des lois du
bâtiment* (1re édit.).

trepreneurs le travail le dimanche et les jours fériés, à moins qu'une autorisation régulière n'ait été accordée pour des motifs que l'autorité administrative appréciera.

Je vous invite à m'accuser réception de la présente circulaire, et à me rendre compte des dispositions que vous aurez prises pour en assurer l'exécution.

Le gouvernement, en adoptant une pareille mesure, entend respecter les exigences légitimes du service et la liberté de ceux qu'il emploie; mais il s'honorera toujours en donnant de haut l'exemple de ce respect traditionnel qui s'est de tout temps attaché au jour consacré par les lois religieuses au repos, au culte, à la famille.

Agréez, Monsieur, etc.

CLXV. — Décret *relatif à l'organisation du Conseil de salubrité établi près la Préfecture de police et à l'institution de Commissions d'hygiène publique et de salubrité dans le département de la Seine* (1).

15 décembre 1851.

Au nom du Peuple français,

Le Président de la République,

Sur le rapport du Ministre de l'agriculture et du commerce ;

Vu l'art. 13 de l'arrêté du pouvoir exécutif, en date du 18 décembre 1848, relatif à l'institution des conseils de salubrité et d'hygiène publique ;

Vu l'avis du Préfet de police, en date du 23 janvier 1851 ;

Le Comité consultatif d'hygiène entendu ;

Décrète :

Art. 1er. Le Conseil de salubrité établi près la préfecture de police conserve son organisation actuelle ; il prendra le titre de *Conseil d'hygiène publique et de salubrité du département de la Seine.*

La nomination des membres du conseil d'hygiène publique et de salubrité continuera d'être faite par le préfet de police et d'être soumise à l'approbation du Ministre de l'agriculture et du commerce.

Art. 2. Il sera chargé, en cette qualité, et dans tout le ressort de la préfecture de police, des attributions déterminées par les art. 9, 10 et 12 de l'arrêté du 18 décembre 1848.

____

(1) H. Bunel, *Établissements insalubres.*

Art. 3. Il sera établi dans chacun des arrondisse=
ments de la ville de Paris, et dans chacun des ar=
rondissements de Sceaux et de Saint-Denis, une
Commission d'hygiène et de salubrité, composée de
neuf membres, et présidée à Paris par le maire de l'arrondissement, et dans chacun des arrondissements ruraux par le sous-préfet.

Les membres de ces Commissions seront nommés
par le préfet de police, sur une liste de trois candidats présentés, pour chaque place, par le maire de l'arrondissement, à Paris; par les sous-préfets de Sceaux
et de Saint-Denis, dans les arrondissements ruraux.

Les candidats seront choisis parmi les habitants no-
tables de l'arrondissement. Dans chaque Commission,
il y aura deux médecins, un pharmacien, un vétérinaire reçu dans les écoles spéciales, un architecte, un
ingénieur. S'il n'y a pas de candidats de ces trois dernières professions, les choix devront porter de préférence sur les mécaniciens, directeurs d'usines ou de
manufactures.

Les membres des Commissions d'hygiène publique
du département de la Seine sont nommés pour six ans,
et renouvelés par tiers tous les ans. Les membres sortants peuvent être réélus.

Il sera établi, pour les trois communes de Saint-
Cloud, Sèvres et Meudon, annexées au ressort de la
Préfecture de police par l'arrêté du 13 brumaire an IX,
une Commission centrale d'hygiène et de salubrité,
qui sera présidée par le plus âgé des maires de ces
communes, et dont le siège sera au lieu de la résidence du président. Toutes les dispositions qui précèdent seront du reste applicables à cette Commission.

Art. 4. La Commission dont il est question au dernier paragraphe de l'article précédent, et chacune des Commissions d'hygiène d'arrondissement, éliront un vice-président et un secrétaire qui seront renouvelés tous les deux ans.

Le préfet de police pourra, lorsqu'il le jugera utile, déléguer un membre du Conseil d'hygiène publique du département auprès de chacune desdites Commissions, pour prendre part à ses délibérations avec voix consultative.

Art. 5. Les Commissions d'hygiène publique et de salubrité se réuniront au moins une fois par mois, à la mairie ou au chef-lieu de la sous-préfecture, ou, pour ce qui concerne la Commission centrale des communes de Saint-Cloud, Sèvres et Meudon, à la mairie de la résidence de son président, et elles seront convoquées extraordinairement toutes les fois que l'exigeront les besoins du service.

Art. 6. Les Commissions d'hygiène recueillent toutes les informations qui peuvent intéresser la santé publique dans l'étendue de leur circonscription. Elles appellent l'attention du préfet de police sur les causes d'insalubrité qui peuvent exister dans leurs arrondissements respectifs, et elles donnent leur avis sur les moyens de les faire disparaître.

Elles peuvent être consultées, d'après l'avis du Conseil d'hygiène publique et de salubrité du département, sur les mesures et dans les cas déterminés par l'art. 9 de l'arrêté du gouvernement du 18 décembre 1848.

Elles concourent à l'exécution de la loi du 13 avril 1850, relative à l'assainissement des logements insalubres, soit en provoquant, lorsqu'il y a lieu, dans les arrondissements ruraux, la nomination des Commissions spéciales, qui peuvent être créées par les conseils municipaux en vertu de l'art. 1ᵉʳ de ladite loi, soit en signalant aux Commissions déjà instituées les logements dont elles auraient reconnu l'insalubrité.

En cas de maladies épidémiques, elles seront appelées à prendre part à l'exécution des mesures extraordinaires qui peuvent être ordonnées pour combattre les maladies, ou pour procurer de prompts secours aux personnes qui en seraient atteintes.

Art. 7. Les Commissions d'hygiène publique et de salubrité réuniront les documents relatifs à la mortalité et à ses causes, à la topographie et à la statistique de l'arrondissement, en ce qui concerne la salubrité.

Ces documents seront transmis au préfet de police et communiqués au Conseil d'hygiène publique, qui est chargé de les coordonner, de les faire compléter, s'il y a lieu, et de les résumer dans les rapports dont la forme et le mode de publication seront ultérieurement déterminés.

Art. 8. Le Conseil d'hygiène et de salubrité du département de la Seine fera, chaque année, sur l'ensemble de ses travaux et sur l'ensemble des travaux des Commissions d'arrondissement, un rapport général qui sera transmis par le préfet de police au ministre de l'agriculture et du commerce.

Par le Président,
Louis-Napoléon BONAPARTE,

Le Ministre de l'agriculture et du commerce,
Signé : Lefebvre-Duruflé.

CLXVI. — DÉCRET *sur la décentralisation administrative.*

25 mars 1852.

(*Ce décret a été modifié par le décret du 13 avril 1861.*) — Voir plus loin.

CLXVII. — DÉCRET *relatif aux rues de Paris* (1).

26 mars 1852, promulgué le 6 avril 1852.

Art. 1er. Les rues de Paris continueront d'être soumises au régime de la grande voirie.

Art. 2. Dans tout projet d'expropriation pour l'élargissement, le redressement ou la formation des rues de Paris, l'administration aura la faculté de comprendre la totalité des immeubles atteints, lorsqu'elle jugera que les parties restantes ne sont pas d'une étendue ou d'une forme qui permette d'y élever des constructions salubres.

Elle pourra pareillement comprendre, dans l'expropriation, des immeubles en dehors des alignements, lorsque leur acquisition sera nécessaire pour la suppression d'anciennes voies publiques jugées inutiles.

Les parcelles de terrain acquises en dehors des alignements, et non susceptibles de recevoir des constructions salubres, seront réunies aux propriétés contiguës, soit à l'amiable, soit par l'expropriation de ces propriétés, conformément à l'art. 53 de la loi du 16 septembre 1807.

La fixation du prix de ces terrains sera faite suivant les mêmes formes, et devant la même juridiction que celle des expropriations ordinaires.

L'art. 58 de la loi du 3 mai 1841 est applicable à

(1) SOCIÉTÉ CENTRALE DES ARCHITECTES, *Manuel des lois du bâtiment* (1re édit.).

tous les actes et contrats relatifs aux terrains acquis pour la voie publique par simple mesure de oirie.

Art. 3. A l'avenir, l'étude de tout plan d'alignement de rue devra nécessairement comprendre le nivellement ; celui-ci sera soumis à toutes les formalités qui régissent l'alignement.

Tout constructeur de maisons, avant de se mettre à l'œuvre, devra demander l'alignement et le nivellement de la voie publique au-devant de son terrain, et s'y conformer.

Art. 4. Il devra pareillement adresser à l'administration un plan et des coupes cotés des constructions qu'il projette, et se soumettre aux prescriptions qui lui seront faites, dans l'intérêt de la sûreté publique (1) et de la salubrité.

Vingt jours après le dépôt de ces plans et coupes au secrétariat de la préfecture de la Seine, le constructeur pourra commencer ses travaux d'après son plan, s'il ne lui a été notifié aucune injonction.

Une coupe géologique des fouilles pour fondation de bâtiment sera dressée par tout architecte constructeur et remise à la préfecture de la Seine.

Art. 5. La façade des maisons sera constamment tenue en bon état de propreté. Elles seront grattées, repeintes, ou badigeonnées au moins une fois tous les dix ans, sur l'injonction qui sera faite au propriétaire par l'autorité municipale.

Les contrevenants seront passibles d'une amende qui ne pourra excéder 100 francs.

Art. 6. Toute construction nouvelle dans une rue pourvue d'égouts, devra être disposée de manière à y conduire ses eaux pluviales et ménagères.

______

(1) Voir plus loin, p. 580, *note a.*

La même disposition sera prise pour toute maison ancienne en cas de grosses réparations, et, en tous cas, avant dix ans.

Art. 7. Il sera statué par un décret ultérieur, rendu dans la forme des règlements d'administration publique, en ce qui concerne la hauteur des maisons, les combles et les lucarnes.

Art. 8. Les propriétaires riverains des voies publiques empierrées supporteront les frais de premier établissement des travaux, d'après les règles qui existent à l'égard des propriétaires riverains des rues pavées.

Art. 9. Les dispositions du présent décret pourront être appliquées à toutes les villes qui en feront la demande, par des décrets spéciaux rendus dans la forme des règlements d'administration publique.

Art. 10. Le Ministre de l'intérieur, de l'agriculture et du commerce est chargé de l'exécution du présent décret, qui sera inséré au *Bulletin des lois*.

DÉCRET DU 26 MARS 1852

RELATIF AUX RUES DE PARIS (1).

Note a.

COMMISSION DE VOIRIE. — *Extrait du procès-verbal de la séance du 13 juin 1872* (2). — A l'occasion d'une demande faite par M. Levesque pour être autorisé à exhauser sa maison, sise à Paris, rue de l'Ouest n° 103, la Commission, considérant que l'art. 4 du décret du 26 mars 1852 confère au préfet de la Seine le droit de faire toutes les prescriptions utiles au point de vue de la sûreté publique, décide, qu'en principe, on pourra exiger l'établissement de jambes étrières en pierre toutes les fois que la construction à édifier, ou à exhausser, devra avoir plus d'un étage sur rez-de-chaussée.

Le directeur des travaux de Paris,
Président,

Signé : ALPHAND.

Le Secrétaire,

Signé : GASTELIER.

(1) Voir plus haut, p. 577.
(2) PRÉFECTURE DE LA SEINE (DIRECTION DES TRAVAUX DE PARIS).

CLXVIII. — Arrêté *du Préfet de la Seine concernant les conditions à observer dans l'établissement et les réparations des constructions et ouvrages de toute nature au long de la rivière de Bièvre et de ses affluents hors Paris* (1).

3 juillet 1852.

Nous, Préfet de la Seine,

Considérant qu'en attendant qu'il ait été statué par un nouveau règlement général sur la police et la conservation des eaux de la rivière de Bièvre, il est nécessaire de réunir dans un règlement particulier les prescriptions à observer lors de la construction ou la réparation des bâtiments et autres ouvrages le long de cette rivière, hors Paris ;

Vu les propositions faites à ce sujet par M. l'ingénieur en chef des ponts et chaussées du département ;

Vu l'arrêt du Conseil d'État du 26 février 1732 ;

Vu l'arrêté des Consuls du 25 vendémiaire an XI ;

Vu les instructions de M. le ministre de l'Intérieur, en date du 2 février 1811 ;

Arrêtons :

Art. 1er. Les propriétaires riverains de la Bièvre, situés hors Paris, auxquels nous aurons délivré l'autorisation d'élever ou de réparer des constructions le long de cette rivière, seront tenus de se conformer aux dispositions suivantes.

(1) Préfecture de la Seine (Direction des eaux et des égouts de Paris). *Recueil des Règlements sur l'assainissement.*

Art. 2. *Constructions neuves.* — Toute construction neuve sera établie de manière à se trouver partout à une distance d'*au moins* 3ᵐ,25 de la rive des eaux d'été.

Art. 3. *Règlement des berges ou marchepieds.* — La plate-forme de la berge, ou marchepied, devant ces constructions, sera généralement établie et entretenue à une hauteur de 0ᵐ,65 au-dessus du niveau des mêmes eaux.

Elle sera soutenue au long du lit de la rivière, soit par un mur, soit par des vannages en charpente sur les points où il sera jugé nécessaire pour assurer les prescriptions ci-dessus.

Lavoirs. — La hauteur de 0ᵐ,65 pourra être provisoirement réduite de 0ᵐ,30 devant les lavoirs, mais elle sera rétablie à 0ᵐ,65 lorsque le lavoir viendra à être supprimé.

Art. 4. *Hangars.* — La toiture des nouveaux hangars couverts ne pourra être supportée que par des poteaux de 0ᵐ,15 à 0ᵐ,20 d'équarrissage. La hauteur entre le sol et le dessous de la sablière sera au moins de 1ᵐ,80.

Art. 5. *Murs et clôtures interceptant le marchepied.* — Lorsqu'un mur ou une clôture quelconque devra intercepter le marchepied, on y établira une porte de 0ᵐ,90 de largeur au moins et ayant un seuil élevé de 0ᵐ,65 au-dessus des eaux d'été. Cette porte recevra une serrure ouvrant avec la clef des agents chargés de la surveillance de la Bièvre; elle ne pourra pendant le jour être fermée intérieurement, de manière à faire obstacle au passage de ces agents. La serrure sera constamment tenue en bon état.

Art. 6. *Ponts et passerelles.* — Dans le cas de la construction d'un pont ou d'une passerelle, l'axe de l'ouverture du pont sera dirigé suivant celui de la rivière. Un radier en maçonnerie ou en pavage sera établi suivant le plan déterminé par le fond du coursier de l'usine supérieure et le seuil de la vanne de décharge de l'usine inférieure.

Les piédroits laisseront entre eux un intervalle libre de 3 mètres pour la rivière vive et de 2 mètres pour la rivière morte, et de 1 mètre pour les affluents. L'intervalle sera de 4 mètres dans les endroits où les deux rivières se confondent.

Les piédroits s'élèveront verticalement, à partir du radier, au moins jusqu'à 0^m,65 au-dessus du niveau des eaux d'été.

Les ponts et les berges aux abords seront constamment entretenus en bon état.

Art. 7. *Réparations de constructions existantes.* — Lorsqu'il aura été permis de réparer un bâtiment ou un mur formant saillie sur le marchepied ou l'alignement, les crevasses ne pourront être bouchées qu'en plâtras, et il ne sera fait de *lancis* d'aucune espèce.

S'il s'agit d'une clôture établie transversalement au marchepied, et dans laquelle il n'aurait pas encore été pratiqué de passage, sa réparation ne pourra être effectuée qu'après avoir satisfait aux prescriptions de l'article 5.

Art. 8. *Permissions révocables.* — Les autorisations ne conféreront aucun droit aux particuliers qui les auront obtenues. En conséquence, les ouvrages autorisés pourront être modifiés ou même supprimés à la première réquisition de l'administration, sans que cette mesure puisse donner ouverture à l'indemnité.

Art. 9. *Avis à donner aux permissionnaires.* — Tout riverain autorisé à établir une construction neuve, à en réparer une ancienne, ou à régulariser les berges, devra indiquer trois jours à l'avance, à l'ingénieur de l'arrondissement ou au conducteur délégué par lui, le jour où les travaux seront entrepris.

Dans le cas d'une construction neuve, il préviendra une seconde fois l'ingénieur et le conducteur aussitôt que les fondations auront atteint le niveau du sol, afin qu'il soit procédé à la vérification de l'alignement; le résultat de cette opération sera constaté par un procès-verbal dont il lui sera laissé une expédition.

Art. 10. *Intervention de M. le Préfet de police.* — Les permissionnaires devront toujours se pourvoir, auprès de M. le Préfet de police, pour l'usage qu'ils se proposent de faire des eaux de la rivière.

Art. 11. *Propriétés situées à l'angle d'une voie communale ou militaire.* — Lorsqu'un des côtés de la propriété sera situé sur une voie communale ou militaire, la permission que nous aurons délivrée ne dispensera pas de s'adresser, suivant l'un ou l'autre cas, soit au maire de la localité, soit au chef du génie militaire pour les travaux à exécuter du côté de cette voie.

Art. 12. *Valeur et durée des autorisations.* — Les autorisations ne sont valables qu'après l'acquittement des droits de timbre. Elles deviendront nulles à l'expiration du délai d'une année, s'il n'en a pas été fait usage.

Art. 13. Le présent règlement sera imprimé à la suite des autorisations.

L'ingénieur en chef des Ponts et Chaussées du département est chargé d'en assurer l'exécution.

BERGER.

CLXIX. — Ordonnance *de police concernant les incendies.*

11 décembre 1852.

(Cette Ordonnance est modifiée par l'Ordonnance du 15 *septembre* 1875.) — Voir plus loin.

CLXX. — INSTRUCTION *ministérielle concernant les hauteurs des bâtiments* (1).

6 octobre 1853.

Le sieur Leroux, possédant rue Notre-Dame-des-Victoires, n° 42, une maison retranchable de 3ᵐ,35, au-devant de laquelle la largeur de la voie publique n'atteint pas 9ᵐ,75, sollicitait l'autorisation d'en porter la hauteur du mur de face à 17ᵐ,55, en se fondant sur ce que, à l'endroit où est située sa propriété, la rue Notre-Dame des-Victoires emprunte l'alignement de la place de la Bourse, et que la distance comprise entre son bâtiment et la grille du palais de la Bourse excède 10 mètres.

Le préfet de la Seine répondait qu'en déterminant la hauteur des façades proportionnellement à la largeur des rues, le législateur n'a fait aucune exception en faveur des maisons situées en face, soit d'une place, soit d'un monument en retraite de l'alignement, soit enfin d'une voie perpendiculaire.

L'avis du préfet a été adopté par la décision suivante :

Paris, le 6 octobre 1853.

Monsieur le Préfet, vous m'avez adressé votre rapport au sujet du recours formé devant moi par M. Jules Leroux, propriétaire, contre un arrêté en date du 25 mars dernier, par lequel vous lui avez refusé l'au-

(1) PRÉFECTURE DE LA SEINE (DIRECTION DE LA VOIRIE DE PARIS).

torisation de surélever le comble de sa maison située rue Notre-Dame-des-Victoires, n° 42, en établissant un étage en retraite.

D'après les renseignements contenus dans votre rapport, et conformément à l'avis du Conseil des Bâtiments civils, j'ai reconnu que ce recours n'est pas susceptible d'être accueilli. Je notifie une décision dans ce sens à M. Leroux.

Recevez, etc.

Pour le Ministre :

Le Conseiller d'État chargé de la Direction générale de l'administration intérieure,

Signé : C. FRÉMY.

CLXXI. — ORDONNANCE *de police concernant la salubrité des habitations* (1).

23 novembre 1853.

Nous, Préfet de police,

Considérant que la salubrité des habitations est une des conditions les plus essentielles de la santé publique;

Considérant que les importants travaux exécutés pour l'assainissement du sol de Paris doivent trouver leur complément dans les mesures de salubrité applicables dans les maisons mêmes;

Qu'il ne suffirait pas, en effet, d'avoir établi à grands frais un vaste système d'égouts et de distribution d'eau pour le lavage des rues; d'avoir, par de nombreux percements, facilité la circulation de l'air dans les divers quartiers de la ville, si des mesures analogues et non moins importantes pour la santé publique n'étaient étendues à chaque maison, et plus spécialement à celles qui sont occupées par la classe ouvrière;

En vertu des lois des 14 décembre 1780 (art. 50), 16-24 août 1790, et de l'arrêté du gouvernement du 12 messidor an VIII;

Vu : 1° l'art. 471, § 15, du Code pénal;

2° L'ordonnance de police du 20 novembre 1848 sur la salubrité des habitations;

3° La loi du 13 avril 1850 sur l'assainissement des logements insalubres;

(1) SERVICE MUNICIPAL DE PARIS (ASSAINISSEMENT), *Recueil des Ordonnances.*

4° L'avis du conseil d'hygiène publique et de salubrité du département de la Seine,

Ordonnons ce qui suit :

Art. 1er. Les maisons doivent être tenues, tant à l'intérieur qu'à l'extérieur, dans un état constant de propreté.

Art. 2. Les maisons devront être pourvues de tuyaux et cuvettes, en nombre suffisant pour l'écoulement et la conduite des eaux ménagères. Ces tuyaux et cuvettes seront constamment en bon état ; ils seront lavés et nettoyés assez fréquemment pour ne pas donner d'odeur.

Art. 3. Les eaux ménagères devront avoir un écoulement constant et facile jusqu'à la voie publique, de manière qu'elles ne puissent séjourner ni dans les cours ni dans les allées ; les gargouilles, caniveaux, ruisseaux destinés à l'écoulement de ces eaux seront lavés plusieurs fois par jour et entretenus avec soin. Dans le cas où la disposition du terrain ne permettrait pas de donner un écoulement aux eaux sur la rue ou dans un égout, elles seront reçues dans des puisards, pour la construction desquels on se conformera aux dispositions de l'ordonnance de police du 20 juillet 1838 (1).

Art. 4. Les cabinets d'aisances seront disposés et ventilés de manière à ne pas donner d'odeur. Le sol devra être imperméable et tenu dans un état constant

(1) Le préfet de police croit devoir rappeler au public qu'en vertu de l'art. 6 du décret du 26 mars 1852 sur la grande voirie de Paris, toute construction nouvelle dans une rue pourvue d'égoûts doit être disposée de manière à y conduire les eaux pluviales et ménagères.

La même disposition doit être prise pour toute maison ancienne, en cas de grosses réparations, et, en tout cas, avant dix ans.

de propreté. Les tuyaux de chute seront tenus en bon état et ne devront donner lieu à aucune fuite (1).

Art. 5. Il est défendu de jeter ou de déposer dans les cours, allées et passages, aucune matière pouvant entretenir l'humidité ou donner de mauvaises odeurs.

Partout où les fumiers ne pourront être conservés dans des trous couverts ou sur des points où ils ne compromettraient point la salubrité, l'enlèvement en sera opéré chaque jour avec les précautions prescrites par les règlements.

Le sol des écuries devra être rendu imperméable dans la partie qui reçoit les urines; les écuries devront être tenues avec la plus grande propreté; les ruisseaux destinés à l'écoulement des urines seront lavés plusieurs fois par jour.

Art. 6. Indépendamment des dispositions prescrites par les articles qui précèdent, il sera pris à l'égard des habitations, *et notamment de celles qui sont louées en garni*, telles autres mesures spéciales qui seraient jugées nécessaires dans l'intérêt de la salubrité et de la santé publique.

Il est d'ailleurs expressément recommandé de se conformer à l'instruction (2) du conseil de salubrité annexée à la présente ordonnance.

Art. 7. Les ordonnances de police des 23 octobre 1819,

---

(1) Tout cabinet d'aisances sera clos et couvert, clair et aéré. L'emplacement aura des dimensions qui permettent de s'y mouvoir aisément. Le sol sera imperméable et disposé de manière que les liquides aient leur écoulement dans la fosse. Le siège sera à lunette, dans les conditions d'usage, avec fermeture hermétique.

Tout urinoir doit écouler directement ses liquides dans une fosse d'aisances, ou être pourvu d'un mode de lavage permanent à l'aide d'un filet d'eau à jet continu.

(2) Voir plus loin, p. 592, *note a*.

5 juin 1834, 12 décembre 1849, 8 novembre 1851, 3 décembre 1829, 27 mai 1845, 27 février 1838, 20 juillet 1838, 31 mai 1842, 15 novembre 1846 et 1er septembre 1853, concernant les fosses d'aisances, les animaux élevés dans les habitations, les vacheries, les puits et puisards, l'éclairage par le gaz dans l'intérieur des habitations, le balayage et la propreté de la voie publique, et tous autres règlements intéressant la salubrité, continueront de recevoir leur exécution dans celles de leurs dispositions qui ne sont pas contraires à la présente ordonnance.

Art. 8. L'ordonnance de police précitée, du 20 novembre 1848, est rapportée.

Art. 9. Les contraventions aux dispositions qui précèdent seront déférées aux tribunaux compétents, sans préjudice des mesures administratives qu'il y aurait lieu de prendre suivant le cas.

Art. 10. Les commissaires de police de Paris, le chef de la police municipale, les officiers de paix, l'inspecteur général de la salubrité et les autres préposés de la préfecture de police, sont chargés, chacun en ce qui le concerne, de l'exécution de la présente ordonnance, qui sera imprimée et affichée dans Paris.

Le Préfet de police,
PIÉTRI.

Par le Préfet :

Le Secrétaire général,
A. DE SAULXURE.

ORDONNANCE DU 23 NOVEMBRE 1853

CONCERNANT LA SALUBRITÉ DES HABITATIONS (1).

Note a.

INSTRUCTION CONCERNANT LES MOYENS D'ASSURER LA SALUBRITÉ DES HABITATIONS.

La salubrité d'une habitation dépend en grande partie de l'air qu'on y respire. Tout ce qui vicie l'air doit donc exercer une influence fâcheuse sur la santé des habitants.

L'insalubrité d'une habitation peut être locale ou générale : *locale,* quand elle existe seulement dans le logement de la famille; *générale,* lorsqu'elle a sa source dans la maison tout entière.

Dans ces diverses conditions locales ou générales, l'air peut être vicié au point de faire naître des maladies graves et meurtrières. S'il est moins altéré, il minera sourdement la constitution, il causera l'étiolement et les maladies scrofuleuses.

Enfin l'expérience a démontré que c'est dans les habitations dont l'air est insalubre que naissent et sévissent avec plus d'intensité certaines épidémies dont les ravages s'étendent ensuite sur des cités entières.

Notons ici que l'insalubrité peut exister aussi bien dans certaines parties des habitations les plus brillantes, que dans les plus humbles demeures; comme aussi ces dernières peuvent offrir les meilleures conditions de salubrité.

Moyens d'assurer la salubrité des logements.

Aération. — L'air d'un logement doit être renouvelé tous les jours le matin, les lits étant ouverts; ce n'est pas seulement par l'ouverture des portes et des fenêtres que l'on peut opérer le renouvellement de l'air d'un logement; les cheminées y contribuent efficacement aussi; les cheminées sont même indis-

______
(1) Voir plus haut, p. 588.

pensables dans les maisons simples en profondeur et qui n'ont qu'un seul côté : les chambres où l'on couche devraient toutes en être pourvues. *On ne saurait donc trop proscrire la mauvaise habitude de boucher les cheminées, afin de conserver plus de chaleur dans les chambres.*

Le nombre des lits doit être autant que possible proportionné à l'espace du local, de sorte que, dans chaque chambre, il y ait au moins 14 mètres cubes d'air par individu, indépendamment de la ventilation.

Mode de chauffage. — Les combustibles destinés au chauffage et à la cuisson des aliments ne doivent être brûlés que dans des cheminées, poêles et fourneaux qui ont une communication *directe avec l'air extérieur*, même lorsque le combustible ne donne pas de fumée. Le coke, la braise et les diverses sortes de charbon qui se trouvent dans ce dernier cas, sont considérés, à tort, par beaucoup de personnes, comme pouvant être impunément brûlés à découvert dans une chambre habitée. C'est là un des préjugés les plus fâcheux ; il donne lieu tous les jours aux accidents les plus graves, quelquefois même il devient cause de mort. Aussi doit-on proscrire l'usage des *braseros*, des poêles et des caloriferes portatifs de tout genre qui n'ont pas de tuyaux d'échappement au dehors. Les gaz qui sont produits pendant la combustion de ces moyens de chauffage et qui se répandent dans l'appartement sont beaucoup plus nuisibles que la fumée de bois.

On ne saurait trop s'élever aussi contre la pratique dangereuse de fermer complètement la clef d'un poêle ou la trappe intérieure d'une cheminée qui contient encore de la braise allumée. C'est là une des causes d'asphyxie les plus communes. On conserve, il est vrai, la chaleur dans la chambre, mais c'est aux dépens de la santé et quelquefois de la vie.

Soins de propreté. — Il ne faut jamais laisser séjourner longtemps les urines, les eaux de vaisselle et les eaux ménagères, dans un logement. Il faut balayer fréquemment les pièces habitées, laver une fois la semaine les pieces carrelées et qui ne sont pas frottées, les ressuyer aussitôt pour en enlever l'humidité. Le lavage qui entraîne à sa suite un état permanent d'humidité est plus nuisible qu'avantageux ; il ne doit donc pas être opéré trop souvent.

Lorsque les murs d'une chambre sont peints à l'huile, il faut les laver de temps en temps pour en enlever les couches de matières organiques qui s'y déposent et qui s'y accumulent à la longue.

Dans le cas de peinture à la chaux, il convient d'en opérer tous les ans le *grattage* et d'appliquer une nouvelle couche de peinture.

Tout papier de tenture que l'on renouvelle doit être arraché complètement; le mur doit être gratté et les trous rebouchés avant de coller le nouveau papier.

Les cabinets particuliers d'aisances doivent être parfaitement ventilés, et, autant que possible, à fermeture au moyen de soupapes hydrauliques.

Moyens d'assurer la salubrité des maisons. — Indépendamment du mode de construction d'une maison, quel que soit l'espace qu'elle occupe, et quelle que soit la dimension des cours et des logements, cette maison peut devenir insalubre :

1º Par l'existence de lieux d'aisances mal tenus;

2º Par le défaut d'écoulement des eaux ménagères, le défaut d'enlevement d'immondices et de fumiers, le mauvais état des ruisseaux ou caniveaux ;

3º Par la malpropreté ou la mauvaise tenue du bâtiment.

Cabinets d'aisances communs. — Il n'est guère de cause plus grave d'insalubrité; un seul cabinet d'aisances mal ventilé, ou tenu malproprement, suffit pour infecter une maison tout entière. On évite, autant qu'il est possible, cet inconvénient, en pratiquant à l'un des murs du cabinet une fenêtre suffisamment large pour opérer une ventilation et pour éclairer; en tenant, en outre, les dalles et le siège dans un état constant de propreté à l'aide de lavages fréquents. On doit renouveler souvent aussi le lavage du sol et celui des murs, qui doivent être peints à l'huile et au blanc de zinc; chacun de ces cabinets doit être clos au moyen d'une porte; enfin, il faut, autant que possible, éviter les angles dans la construction desdits cabinets.

Eaux ménagères. — Les cuvettes destinées au déversement des eaux ménagères doivent être garnies de *hausses* ou disposées de telle sorte que les eaux projetées à l'intérieur ne puissent saillir au dehors. Il faut bien se garder de refouler à travers les ouvertures de la grille qui se trouve au fond des cuvettes, les fragments solides dont l'accumulation ne tarderait pas à produire l'engorgement des tuyaux.

On doit placer une grille à la jonction du tuyau avec la cuvette, afin d'empêcher l'obstruction par des matières solides.

Il ne faut jamais vider d'eaux ménagères dans les tuyaux de descente pendant les gelées.

Lorsque l'orifice d'un de ces tuyaux aboutit à une pierre d'évier placée dans une chambre ou dans une cuisine, on doit le tenir parfaitement fermé au moyen d'un tampon ou d'un siphon.

Il y a toujours avantage à diriger les eaux pluviales dans les tuyaux de descente, de manière à les laver.

Lorsque ces tuyaux exhalent une mauvaise odeur, il faut les laver avec de l'eau contenant au moins *un* pour *cent* d'eau de Javel.

Une des pratiques les plus fâcheuses dans les usages domestiques et contre laquelle on ne saurait trop s'élever, c'est celle de déverser les urines dans les plombs d'écoulement des eaux ménagères.

Les ruisseaux des cours et les caniveaux destinés au passage des eaux ménagères doivent être exécutés en pavés, en pierre ou en fonte; les joints doivent être faits avec soin, et les pentes régulières, de manière à empêcher toute stagnation d'eau et à rendre facile le lavage de ces ruisseaux et caniveaux (1).

Les immondices des cours doivent être enlevées tous les jours; les fumiers ne doivent pas être conservés plus de huit jours en hiver et de quatre jours en été.

Propreté du bâtiment. — Balayage. — Il faut balayer fréquemment les escaliers, les corridors, cours et passages; gratter les dépôts de terre ou d'immondices qui résistent à l'action du balai.

Il est utile de peindre à l'huile les murs des maisons, façades, couloirs, escaliers; cette peinture empêche les murs de se pénétrer de matières organiques; mais il faut avoir soin d'en opérer le lavage une fois l'an.

(1) Un des moyens les plus puissants d'assainir les maisons et leurs dépendances est d'avoir de l'eau en abondance. Beaucoup de propriétaires ignorent qu'avec une somme tres-minime (75 fr. par an pour la plupart des maisons), ils peuvent avoir, dans l'intérieur de leurs maisons, des robinets auxquels leurs locataires auraient le droit de puiser à discrétion pour tous les besoins domestiques. C'est donc une économie en même temps qu'une excellente mesure d'hygiène.

Lavage du sol. — Les parties carrelées, pavées ou dallées, doivent être lavées souvent quand il s'agit d'escaliers ou de sol de corridors, il faut les ressuyer aussitôt le lavage, pour éviter un excès d'humidité toujours nuisible.

L'eau suffit le plus ordinairement à ces lavages, mais, dans les cas d'infection ou de malpropreté de date ancienne, il faut ajouter à l'eau *un* pour *cent d'eau de Javel ou de chlorure d'oxyde de sodium.* — L'emploi du chlorure de chaux (hypochlorite) aurait l'inconvénient de laisser à la longue un sel hygroscopique (chlorure de calcium) qui entretiendrait une humidité permanente contraire à la salubrité.

C'est en pratiquant ces soins si simples, d'une exécution si facile et si peu dispendieuse, que l'on tend à la conservation de la santé, en même temps que l'on s'oppose au progrès des épidémies qui peuvent frapper d'un moment à l'autre toute une population.

Lue et approuvée dans la séance du 11 novembre 1853.

Le Vice-Président,   *Le Secrétaire,*
Signé : DEVERGIE.   Signé : AD. TRÉBUCHET.

Vu et approuvé l'instruction qui précède, pour être annexée à l'ordonnance de police concernant la salubrité des habitations.

Le Préfet de police,
PIETRI.

CLXXII. — ORDONNANCE *de police concernant les fosses d'aisances et le service de la vidange dans les communes rurales du ressort de la préfecture de police* (1).

1er décembre 1853.

Nous, préfet de police, etc.

En vertu des arrêtés du gouvernement du 12 messidor an VIII et 3 brumaire an IX (1er juillet et 25 octobre 1800),

Ordonnons ce qui suit :

TITRE I. — DISPOSITIONS GÉNÉRALES.

Art. 1er. Dans les communes rurales du ressort de la préfecture de police, toute maison habitée devra être pourvue de privés en nombre suffisant.

Ces privés seront desservis, sauf les exceptions prévues ci-après, soit par des fosses en maçonnerie, construites dans les conditions indiquées au titre II de la présente ordonnance, soit par des appareils de fosses mobiles inodores ou tous autres appareils que le préfet de police aurait reconnus pouvoir être employés concurremment avec ceux-ci.

TITRE II. — DE LA CONSTRUCTION DES FOSSES D'AISANCES.

SECTION Ire. *Des constructions neuves.* — Art. 2. Dans aucun des bâtiments publics ou particuliers des com-

(1) SOCIÉTÉ CENTRALE DES ARCHITECTES, *Manuel des lois du bâtiment* (1re édit.).

munes rurales du ressort de la préfecture de police, on ne pourra employer pour fosses d'aisances des puits, puisards, égouts, aqueducs ou carrières abandonnées sans y faire les constructions prescrites par le présent règlement.

Art. 3. Lorsque les fosses seront placées sous le sol des caves, ces caves devront avoir une communication immédiate avec l'air extérieur.

Art. 4. Les caves et autres locaux où se trouveront les ouvertures d'extraction des fosses devront être assez spacieux pour contenir quatre travailleurs et leurs ustensiles, et avoir au moins 2 mètres de hauteur.

Art. 5. Les murs, la voûte et le fond des fosses seront entièrement construits en pierres meulières, maçonnées avec du mortier de chaux maigre et de sable de rivière bien lavé.

Les parois des fosses seront enduites de pareil mortier lissé à la truelle.

On ne pourra donner moins de 30 à 35 centimètres d'épaisseur aux voûtes, et moins de 45 à 50 centimètres aux massifs et aux murs.

Art. 6. Il est défendu d'établir des compartiments ou divisions dans les fosses, d'y construire des piliers et d'y faire des chaînes ou des arcs en pierres apparentes.

Cette défense n'est pas applicable aux séparations qui pourraient être autorisées dans l'intérêt de la salubrité.

Art. 7. Le fond des fosses d'aisances sera fait en forme de cuvette concave.

Tous les angles intérieurs seront effacés par des arrondissements de 25 centimètres de rayon.

Art. 8. Autant que les localités le permettront, les

fosses d'aisances seront construites sur un plan circulaire, elliptique ou rectangulaire.

Est interdite toute construction de fosses à angles rentrants, hors le seul cas où la surface de la fosse serait au moins de 4 mètres carrés de chaque côté de l'angle, et alors il serait pratiqué de l'un et de l'autre côté une ouverture d'extraction.

Art. 9. Les fosses, quelle que soit leur capacité, ne pourront avoir moins de 2 mètres de hauteur sous clef.

Art. 10. Les fosses seront couvertes par une voûte en plein ceintre, ou qui n'en différera que d'un tiers de rayon.

Art. 11. L'ouverture d'extraction des matières sera placée au milieu de la voûte, autant que les localités le permettront.

La cheminée de cette ouverture ne devra point excéder 1 mètre 50 centimètres de hauteur, à moins que les localités n'exigent impérieusement une plus grande hauteur.

Art. 12. L'ouverture d'extraction, correspondant à une cheminée de 1 mètre 50 centimètres au plus de hauteur ne pourra avoir moins de 1 mètre de longueur sur 65 centimètres de largeur.

Lorsque cette ouverture correspondra à une cheminée excédant 1 mètre 50 centimètres de hauteur, les dimensions ci-dessus spécifiées seront augmentées de manière que l'une de ces dimensions soit égale aux deux tiers de la hauteur de la cheminée.

Art. 13. Il sera placé en outre à la voûte, dans la partie la plus éloignée du tuyau de chute et de l'ouverture d'extraction, si elle n'est pas dans le milieu, un tampon mobile, dont le diamètre ne pourra être moindre de 50 centimètres. Ce tampon sera en pierre, encastré dans un châssis de pierre, et garni dans son milieu d'un anneau en fer.

Art. 14. Néanmoins, ce tampon ne sera pas exigible pour les fosses dont la vidange se fera au niveau du rez-de-chaussée, et qui auront sur ce même sol des cabinets d'aisances avec trémies ou sièges sans bonde, ni pour celles qui auront une superficie moindre de 6 mètres dans le fond, et dont l'ouverture d'extraction sera dans le milieu.

Art. 15. Le tuyau de chute sera toujours vertical.

Son diamètre intérieur ne pourra avoir moins de 25 centimètres s'il est en terre cuite, et de 20 centimètres s'il est en fonte.

Art. 16. Il sera établi, parallèlement au tuyau de chute, un tuyau d'évent, lequel sera conduit jusqu'à la hauteur des souches de cheminées de la maison ou de celles des maisons contiguës, si elles sont plus élevées.

Le diamètre de ce tuyau d'évent sera de 25 centimètres au moins; s'il excède cette dimension, il dispensera du tampon mobile.

Art. 17. L'orifice intérieur des tuyaux de chute et d'évent ne pourra être descendu au-dessous des points les plus élevés de l'intrados de la voûte.

Section II. *Des constructions des fosses d'aisances dans les maisons existantes.* — Art. 18. Les fosses actuellement pratiquées dans les puits, puisards, égouts anciens, aqueducs ou carrières abandonnées seront comblées ou reconstruites à la première vidange.

Art. 19. Les fosses situées sous le sol des caves, qui n'auraient point communication immédiate avec l'air extérieur, seront comblées à la première vidange, si l'on ne peut pas établir cette communication.

Art. 20. Seront également comblées à la première vidange les fosses actuellement existantes dont l'ouverture d'extraction, dans les deux cas déterminés par l'article 12, n'aurait pas et ne pourrait avoir les dimensions prescrites par le même article; il en sera de même pour celles dont la vidange ne peut s'opérer que par des soupiraux ou des tuyaux.

Art. 21. Les fosses à compartiments ou étranglements seront comblées ou reconstruites à la première vidange, si ces étranglements ou compartiments sont reconnus dangereux.

Art. 22. Toutes les fosses des maisons existantes seront, en cas de reconstruction, établies suivant le mode prescrit par la première section du présent titre.

Néanmoins, le tuyau d'évent ne pourra être exigé que s'il est nécessaire de reconstruire un des murs en élévation au-dessus de ceux de la fosse, ou si ce tuyau peut se placer, soit intérieurement, soit extérieurement, sans altérer la décoration des maisons.

Section III. *Des réparations des fosses d'aisances.* — Art. 23. L'ouverture d'extraction de toutes les fosses existantes sera agrandie, lors de la première vidange, si elle n'a pas les dimensions prescrites par l'art. 12 de la présente ordonnance.

Art. 24. Dans toutes les fosses dont la voûte aura besoin de réparations, il sera établi un tampon mobile, à moins qu'elles ne se trouvent dans le cas d'exception prévu par l'art. 14.

Art. 25. Les piliers isolés, établis dans les fosses, seront supprimés à la première vidange, ou l'intervalle entre les piliers et les murs sera rempli en maçonnerie toutes les fois que cet intervalle aura moins de 70 centimètres de largeur.

Art. 26. Lorsque le tuyau de chute ne communiquera avec la fosse que par un couloir ayant moins de 1 mètre de largeur, le fond de ce couloir sera établi en glacis jusqu'au fond de la fosse, sous une inclinaison de 45° au moins.

Art. 27. Toute fosse qui laisserait filtrer ses eaux par les murs ou par le fond sera réparée.

Art. 28. Les réparations consistant à faire des rejointements, à élargir l'ouverture d'extraction, placer un tampon mobile, rétablir les tuyaux de chute ou d'évent, reprendre la voûte et les murs, boucher ou élargir les étranglements, réparer le fond des fosses, supprimer des piliers, pourront être faites suivant les procédés employés à la construction première de la fosse.

Art. 29. Les réparations consistant dans la reconstruction entière d'un mur, de la voûte ou du massif du fond des fosses d'aisances, ne pourront être faites que suivant le mode indiqué ci-dessus pour les constructions neuves.

Il en sera de même pour l'enduit général, s'il y a lieu d'en revêtir les fosses.

Art. 30. Les propriétaires des maisons dont les fosses seront supprimées en vertu de la présente ordonnance seront tenus, s'il n'en existe pas d'autres qui offrent des privés suffisants, de les faire remplacer par des fosses construites conformément aux prescriptions de la première section du présent titre, ou par des fosses mobiles inodores, ou tous autres appareils remplissant les conditions énoncées en l'art. 1er.

Art. 31. Aucune fosse d'aisances ne pourra être construite, recoustruite ou réparée sans déclaration préalable au maire de la commune.

Cette déclaration sera faite par le propriétaire ou par l'entrepreneur qu'il aura chargé de l'exécution des travaux.

Dans le cas de construction ou de reconstruction, la déclaration devra être accompagnée du plan de la fosse à construire ou à reconstruire, et de celui de l'étage supérieur.

Art. 32. Il est défendu de combler des fosses d'aisances ou de les convertir en caves sans en avoir préalablement obtenu la permission du maire.

Art. 33. Il est interdit aux propriétaires ou entrepreneurs d'extraire ou de faire extraire par leurs ouvriers ou tous autres les eaux vannes et les matières qui se trouveraient dans les fosses.

Cette extraction ne pourra être faite que par un entrepreneur de vidange régulièrement autorisé.

Art. 34. Il est également interdit de faire couler dans la rue les eaux claires et sans odeur qui reviendraient dans les fosses après la vidange, à moins d'y être spécialement autorisé par le maire.

Art. 35. Tout propriétaire faisant procéder à la réparation ou à la démolition d'une fosse, ou tout entrepreneur chargé des mêmes travaux, sera tenu, tant que dureront la démolition et l'extraction des pierres, d'avoir à l'extérieur de la fosse autant d'ouvriers qu'il en emploiera dans l'intérieur.

Art. 36. Chaque ouvrier travaillant à la démolition

ou à l'extraction des pierres, sera ceint d'un bridage dont l'attache sera tenue par un ouvrier placé à l'extérieur.

Art. 37. Les propriétaires et entrepreneurs sont, aux termes des lois, responsables des suites des contraventions aux quatre articles précédents.

Art. 38. Les fosses qui cesseront d'être en service pour un motif quelconque devront être vidées.

Art. 39. Toute fosse, avant d'être comblée, sera vidée et curée à fond.

Art. 40. Les fosses d'aisances des maisons qui doivent être démolies seront vidées avant que les travaux de démolition soient entrepris.

Art. 41. Toute fosse destinée à être convertie en cave sera curée avec soin, les joints en seront grattés à vif et les parties en mauvais état réparées, conformément aux dispositions prescrites au titre II de la présente ordonnance.

Art. 42. Si un ouvrier est frappé d'asphyxie en travaillant dans une fosse, les travaux seront suspendus à l'instant, et déclaration en sera faite dans le jour à la mairie.

Les travaux ne pourront être repris qu'avec les précautions et les mesures indiquées par l'autorité.

Art. 43. Tous matériaux provenant de la démolition des fosses d'aisances seront immédiatement enlevés.

Art. 44. Les fosses neuves, reconstruites ou réparées, ne pourront être mises en service et fermées qu'après qu'un agent délégué par la mairie en aura fait la réception et aura délivré un permis de fermer.

Art. 45. Pour l'exécution de l'article précédent, il devra être donné avis à la mairie de l'achèvement des travaux.

Art. 46. Tout propriétaire qui aura supprimé une

ou plusieurs fosses d'aisances pour établir des appareils quelconques en tenant lieu, et qui, par la suite, renoncerait à l'usage desdits appareils, sera tenu de rendre à leur première destination les fosses d'aisances supprimées ou d'en construire des nouvelles.

Art. 47. Il est enjoint à tous propriétaires, locataires et concierges, de faciliter aux préposés de l'autorité municipale toutes visites ayant pour but de s'assurer de l'état des fosses d'aisances et de leurs dépendances.

TITRE IV. — DE LA VIDANGE DES FOSSES D'AISANCES ET DU SERVICE DES FOSSES MOBILES.

SECTION Ire. *De la vidange des fosses d'aisances.* — Art. 48. Il est enjoint à tous propriétaires de maisons de faire procéder sans retard à la vidange des fosses d'aisances lorsqu'elles seront pleines.

Aucune vidange ne pourra être faite que par un entrepreneur dûment autorisé.

Art. 49. Nul ne pourra exercer la profession d'entrepreneur de vidanges dans une des communes rurales du ressort de la préfecture de police sans être pourvu d'une permission du maire de cette commune.

Cette permission ne sera délivrée qu'après qu'il aura été justifié par le demandeur : 1° qu'il possède les voitures, chevaux, tinettes, tonneaux, seaux et autres ustensiles nécessaires au service des vidanges ; 2° qu'il est muni des appareils de désinfection dont l'administration aura prescrit l'emploi ; 3° et qu'il a, pour déposer ses voitures, appareils et ustensiles pendant le temps où ils ne sont point employés aux opérations de la vidange, un emplacement convenable, situé dans une localité où l'administration aura reconnu que ce dépôt peut avoir lieu sans inconvénient.

Art. 50. La vidange ne pourra avoir lieu que pendant la nuit.

Les voitures employées à ce service, chargées ou non chargées, ne pourront circuler dans l'intérieur des communes que pendant le temps qui aura été déterminé par les maires de ces communes.

Toutefois, l'extraction des matières ne pourra commencer, du 1er octobre au 31 mars, avant neuf heures du soir, et du 1er avril au 30 septembre, avant dix heures du soir, ni se prolonger, du 1er octobre au 31 mars, au delà de huit heures du matin, et du 1er avril au 30 septembre, au delà de sept heures du matin.

Art 51. Toute voiture employée au transport des matières fécales portera devant et derrière un numéro d'ordre, et sera munie sur le devant d'une lanterne qui devra être allumée pendant la nuit, et porter, sur le verre le plus apparent, le numéro d'ordre de la voiture.

Chaque voiture portera en outre une plaque indiquant le nom et la demeure du propriétaire.

Les maires assigneront à chaque entrepreneur de vidanges la série des numéros d'ordre affectés à ses voitures, et détermineront les dimensions que devront avoir les numéros, tant sur les voitures que sur les lanternes.

Art. 52. Les entrepreneurs faisant usage de tonnes seront tenus d'en fermer les bondes de déchargement au moyen d'une bande de fer transversale fixée à demeure à la tonne par l'une de ses extrémités, et fermée à l'autre par un cadenas.

Les écrous et rondelles soutenant la ferrure seront rivés à l'intérieur des tonnes.

L'entonnoir de décharge sera fermé de manière à prévenir toute éclaboussure.

Il est interdit d'employer au service de la vidange et de faire circuler des tonnes dont les bondes de déchargement ne seraient point fermées de la manière prescrite par le présent article.

Les cadenas apposés aux tonnes ne pourront être ouverts et refermés qu'à la voirie, par la personne préposée à cet effet.

En conséquence, il est interdit aux entrepreneurs de confier la clef desdits cadenas à aucune autre personne.

Art. 53. Il sera placé une lanterne allumée en saillie sur la voie publique, à la porte de la maison où devra s'opérer une vidange, et ce, préalablement à tout travail et à tout dépôt d'appareil sur la voie publique.

Art. 54. On ne pourra ouvrir aucune fosse d'aisances sans prendre les précautions nécessaires pour prévenir les accidents qui pourraient résulter du dégagement ou de l'inflammation des gaz qui y seraient renfermés.

Lorsque l'ouverture sera nécessitée par un motif autre que celui de la vidange, l'entrepreneur en donnera avis dans le jour à la mairie.

Art. 55. La vidange d'une fosse d'aisances ne pourra avoir lieu sans que, préalablement, il en ait été fait, par écrit, une déclaration à la mairie, la veille ou le jour même de la vidange avant midi.

Cette déclaration énoncera le nom de la rue et le numéro de la maison, les noms et demeures du propriétaire et de l'entrepreneur de vidange, enfin le nombre des fosses à vider dans la même maison.

Art. 56. Lorsque l'entrepreneur n'aura pas pu trouver l'ouverture de la fosse, il ne pourra en faire rompre la voûte qu'en vertu d'une permission du maire.

L'ouverture pratiquée devra avoir les dimensions prescrites par l'article 12 de la présente ordonnance.

Art. 57. Les propriétaires et locataires ne devront pas s'opposer au dégorgement des tuyaux.

En cas de refus de leur part, la déclaration en sera faite par l'entrepreneur à la mairie.

Art. 58. L'entrepreneur fournira chaque atelier d'au moins deux bridages et d'un flacon de chlorure de chaux concentré, dont il sera fait usage au besoin, pour prévenir les dangers d'asphyxie.

Art. 59. Il ne pourra être employé à chaque atelier moins de quatre ouvriers dont un chef.

Art. 60. Il est défendu aux ouvriers de se présenter sur les ateliers en état d'ivresse. Il leur est également défendu de travailler à l'extraction des matières, même des eaux vannes, et de descendre dans les fosses, pour quelque cause que ce soit, sans être ceints d'un bridage.

La corde du bridage sera tenue par un ouvrier placé à l'extérieur. Nul ouvrier ne pourra se refuser à ce service.

Il est défendu aux entrepreneurs et chefs d'atelier de conserver sur leurs travaux des ouvriers qui seraient en contravention aux dispositions ci-dessus.

Art. 61. Pendant le temps du service, les vaisseaux, appareils et voitures doivent être placés dans l'intérieur des maisons toutes les fois qu'il y aura un emplacement suffisant pour les recevoir. Dans le cas contraire, ils seront rangés et disposés au-devant des maisons où se feront les vidanges, de manière à nuire le moins possible à la liberté de la circulation.

Art. 62. Les matières provenant de la vidange des

fosses seront immédiatement déposées dans les récipients qui doivent servir à les transporter aux voiries.
Ces vaisseaux seront, en conséquence, remplis auprès
de l'ouverture des fossès, fermés, lutés et nettoyés
ensuite avec soin à l'extérieur avant d'être portés aux
voitures; toutefois, les eaux vannes seront extraites
au moyen d'une pompe.

Il est expressément interdit de faire couler les eaux
vannes ou de jeter des matières solides sur la voie publique ou dans les égouts.

Art. 63. Après le travail de chaque nuit, et avant de
quitter l'atelier, les vidangeurs seront tenus de laver
et nettoyer les emplacements qu'ils auront occupés.
Il leur est défendu de puiser de l'eau avec les seaux
employés aux vidanges.

Art. 64. Le travail de la vidange de chaque fosse
sera continué à nuits consécutives; en sorte que la
vidange, interrompue à la fin d'une nuit, devra être
reprise au commencement de la nuit suivante.

Lorsque les ouvriers auront été frappés du plomb
(asphyxiés), le chef d'atelier suspendra la vidange, et
l'entrepreneur sera tenu de faire, dans le jour, à la
, mairie, sa déclaration de suspension de travail.

Il né pourra reprendre le travail qu'avec les précautions et mesures qui lui seront indiquées selon les
circonstances.

Art. 65. Aucune fosse ne pourra être allégée sans
une autorisation du maire.

Il est défendu aux entrepreneurs de laisser des matières au fond des fosses et de les masquer de quelque
manière que ce soit.

Art. 66. Les fosses doivent être entièrement vidées,
balayées et nettoyées.

Les ouvriers vidangeurs qui trouveront dans les

fosses des effets quelconques, et notamment des objets pouvant indiquer ou faire supposer quelque crime ou délit, en feront la déclaration, dans le jour, soit au maire, soit au commissaire de police.

Art. 67. Il est défendu de laisser dans les maisons, au delà des heures fixées pour le travail, des vaisseaux ou appareils quelconques servant à la vidange des fosses d'aisances.

Les vaisseaux ou appareils contenant des matières, qui y seraient trouvés au delà desdites heures, seront, aux frais de l'entrepreneur, immédiatement enlevés d'office, et transportés à la voirie.

Art. 68. Néanmoins, toutes les fois que, dans l'impossibilité momentanée de se servir d'une fosse d'aisances, il sera reconnu nécessaire de placer dans a maison des tinettes ou tonneaux, le dépôt provisoire de ces vaisseaux pourra, sur la demande écrite du propriétaire ou du principal locataire, être autorisé par le maire ou le commissaire de police.

Ces appareils devront être enlevés aussitôt qu'ils seront pleins ou que la cause qui aura nécessité leur placement aura cessé.

Art. 69. Hors le temps du service, les tonnes, voitures, tinettes et tonneaux ne pourront être déposés ailleurs que dans des emplacements agréés à cet effet par le maire.

Art. 70. Le repérage d'une fosse devra être déclaré de la même manière que sa vidange. Il sera effectué d'après le même mode et en observant les mêmes mesures de précaution.

Art. 71. Les eaux qui reviendraient dans toute fosse vidée et en cours de réparation devront être enlevées comme les matières de vidange.

Toutefois, lorsque a nature de ces eaux le permettra, et en vertu d'une autorisation spéciale du maire ou du commissaire de police, elles pourront être versées au ruisseau de la rue, pendant la nuit.

Art. 72. Aucune fosse ne pourra être refermée après la vidange qu'en vertu d'une autorisation écrite qui sera délivrée par le maire ou la personne qu'il aura déléguée à cet effet.

Le propriétaire devra avoir sur place, jusqu'à ce qu'il ait reçu l'autorisation de fermer la fosse, une échelle convenable pour en faciliter la visite.

Art. 73. Dans le cas où la fosse aurait été fermée en contravention à l'article précédent, le propriétaire sera tenu de la faire rouvrir et laisser ouverte aux jour et heure indiqués par la sommation qui lui sera adressée à cet effet, pour que la visite en puisse être faite par qui de droit.

Art. 74. Aucune fosse précédemment comblée ne pourra être déblayée qu'en prenant, pour cette opération, les mêmes précautions que pour la vidange.

SECTION II. *Service des fosses mobiles.* — Art. 75. Il ne pourra être établi, dans les communes rurales du ressort de la préfecture de police, en remplacement des fosses en maçonnerie ou pour en tenir lieu, que des appareils approuvés par le préfet de police.

Art. 76. Aucun appareil de fosse mobile ne pourra être placé dans toute fosse supprimée dans laquelle il reviendrait des eaux quelconques.

Art. 77. Nul ne pourra exercer la profession d'entrepreneur de fosses mobiles dans une commune sans être pourvu d'une permission du maire de cette commune.

Cette permission ne sera délivrée qu'après qu'il aura été justifié par le demandeur :

1° Qu'il a les voitures, chevaux et appareils nécessaires au service des fosses mobiles;

2° Qu'il a, pour déposer les voitures et appareils,
lorsqu'ils ne sont point en service, un emplacement
convenable, agréé à cet effet par le maire.

Art. 78. Il est expressément défendu à toute personne non pourvue d'une permission d'entrepreneur
de fosses mobiles de poser ou faire poser des appareils,
même autorisés, dans une maison quelconque, et de
s'immiscer en quoi que ce soit dans le service des
fosses mobiles.

Art. 79. Le transport des appareils des fosses mobiles ne pourra avoir lieu que pendant les heures de
la journée qui auront été fixées par le maire de la
commune.

Art. 80. Aucun appareil ne pourra être placé sans
une déclaration préalable à la mairie par le propriétaire ou par l'entrepreneur.

Toute suppression d'appareil doit également être
déclarée à la mairie.

Art. 81. Les appareils devront être établis sur
un sol rendu imperméable jusqu'à un mètre au
moins au pourtour des appareils, autant que les
localités le permettront, et disposé en forme de cuvette.

Les caveaux où se trouveront les appareils devront
être constamment pourvus d'une échelle qui permette
d'y descendre avec facilité et sans danger.

Les trappes qui fermeront l'ouverture de ces caveaux seront construites solidement et garnies d'un
anneau en fer destiné à en faciliter la levée.

Il sera pris les dispositions nécessaires pour que les
eaux pluviales et ménagères ne puissent pénétrer dans
les caveaux.

rt. 82. Tout appareil plein devra être enlevé et remplacé avant que les matières débordent.

Tout enlèvement d'appareil devra être précédé d'une déclaration qui sera faite la veille à la mairie.

Art. 83. Les appareils seront fermés sur place, lutés et nettoyés ensuite avec soin avant d'être portés aux voitures.

Art. 84. Il est défendu de laisser dans les maisons d'autres appareils de fosses mobiles que ceux qui y sont en service.

Les appareils remplis de matières, remplacés et laissés dans les maisons, seront, aux frais de l'entrepreneur, immédiatement enlevés d'office et transportés à la voirie.

Il en sera de même de tout appareil en service dont les matières déborderont.

Art. 85. Il est expressément défendu de faire écouler les matières contenues dans les appareils à l'aide de cannelles ou de toute autre manière.

TITRE V. — Dispositions communes aux entrepreneurs de vidanges et aux entrepreneurs de fossés mobiles.

Art. 86. Les voitures servant au transport des matières fécales ne pourront passer que par les rues qui auront été désignées dans la déclaration de vidange.

Si le maire a fixé un itinéraire, elles devront le suivre.

Tout stationnement intermédiaire de ces voitures, du lieu du chargement à la voirie, est expressément interdit.

Art. 87. Les voitures de transport de vidanges devront être construites avec solidité, entretenues en bon état, et chargées de manière que les vaisseaux reposent toujours sur la partie opposée à leur ouverture.

Art. 88. Les vaisseaux ou appareils contenant des matières seront conduits directement aux voiries indiquées dans les déclarations de vidange; ils seront constamment entretenus en bon état, de telle sorte que rien ne puisse s'en échapper ou se répandre.

Art. 89. En cas de versement de matières sur la voie publique, l'entrepreneur fera procéder immédiatement à leur enlèvement et au lavage du sol.

Faute par lui de se conformer aux dispositions du présent article, il y sera pourvu d'office et à ses frais.

Art. 90. Dans le cas où un entrepreneur cesserait de satisfaire aux conditions imposées par les art. 50 et 78, sa permission lui sera retirée.

TITRE VI. — DÉSIGNATION DES COMMUNES AUXQUELLES LA PRÉSENTE ORDONNANCE EST APPLICABLE, ET DISPOSITIONS DIVERSES.

Art. 91. Toutes les dispositions de la présente ordonnance sont applicables aux communes limitrophes de Paris et aux communes de Sceaux, Saint-Denis, Boulogne, Saint-Cloud, Sèvres et Meudon seulement.

Les maires de ces communes détermineront par des arrêtés le délai après lequel elle devra recevoir son exécution. Ce délai ne pourra excéder une année.

Art. 92. Quant aux communes non désignées à l'article précédent, elles ne seront soumises qu'aux prescriptions du § 1er de l'art. 1er, aux termes desquelles toute maison habitée doit être pourvue de privés en nombre suffisant.

Ces prescriptions seront obligatoires dans lesdites communes à partir du 1er juillet 1854.

Les maires pourront, par des arrêtés qui seront soumis à notre approbation, rendre toutes les autres dispositions de l'ordonnance applicables à tout ou partie de leurs communes respectives, lorsqu'ils le jugeront à propos. Jusque-là, les privés prescrits par le premier paragraphe du présent article pourront être desservis par des fosses d'aisances établies d'après l'usage du lieu, ou dans conditions déterminées par l'autorité municipale.

Art. 93. Les contraventions seront constatées par procès-verbaux ou rapports qui seront déférés aux tribunaux compétents, sans préjudice des mesures administratives qui pourront être prises suivant les circonstances.

Art. 94. La présente ordonnance sera imprimée et affichée dans toutes les communes rurales du ressort de la préfecture de police.

- Les maires de ces communes, ainsi que les commissaires de police, les architectes voyers, les gardes champêtres et la gendarmerie en surveilleront et en assureront l'exécution, chacun en ce qui le concerne.

CLXXIII. — Loi *sur le libre écoulement des eaux provenant du drainage* (1).

10-13 juin 1854.

Art. 1ᵉʳ. Tout propriétaire qui veut assainir son fonds par le drainage, ou un autre mode d'assèchement, peut, moyennant une juste et préalable indemnité, en conduire les eaux souterrainement ou à ciel ouvert, à travers les propriétés qui séparent ce fonds d'un cours d'eau ou de toute autre voie d'écoulement. — Sont exceptés de cette servitude, les maisons, cours, jardins, parcs et enclos attenant aux habitations.

Art. 2. Les propriétaires de fonds voisins ou traversés ont la faculté de se servir des travaux faits en vertu de l'article précédent, pour l'écoulement des eaux de leur fonds. — Ils supportent, dans ce cas : 1° une part proportionnelle dans la valeur des travaux dont ils profitent; 2° les dépenses résultant des modifications que l'exercice de cette faculté peut rendre nécessaires; et 3° pour l'avenir, une part contributive dans l'entretien des travaux communs.

Art. 3. Les associations de propriétaires qui veulent, au moyen de travaux d'ensemble, assainir leurs héritages par le drainage ou tout autre mode d'assèchement, jouissent des droits et supportent les obligations qui résultent des articles précédents. Ces associations peuvent, sur leur demande, être constituées, par arrêtés préfectoraux, en syndicats auxquels sont ap-

____

(1) TRIPIER, *Codes français*.

plicables les articles 3 et 4 de la loi du 14 floréal an XI.

Art. 4. Les travaux que voudraient exécuter les associations syndicales, les communes ou les départements, pour faciliter le drainage ou tout autre mode d'assèchement, peuvent être déclarés d'utilité publique par décret rendu en conseil d'État. — Le règlement des indemnités dues pour expropriation est fait conformément aux paragraphes 2 et suivants de l'article 16 de la loi du 21 mai 1836.

Art. 5. Les contestations auxquelles peuvent donner lieu l'établissement et l'exercice de la servitude, la fixation du parcours des eaux, l'exécution des travaux de drainage ou d'assèchement, les indemnités et les frais d'entretien sont portés en premier ressort devant le juge de paix du canton, qui, en prononçant, doit concilier les intérêts de l'opération avec le respect dû à la propriété. — S'il y a lieu à expertise, il pourra n'être nommé qu'un seul expert.

Art. 6. La destruction totale ou partielle des conduits d'eau ou fossés évacuateurs est punie des peines portées par l'article 456 du Code pénal. — Tout obstacle apporté volontairement au libre écoulement des eaux est puni des peines portées par l'article 457 du même code. — L'article 463 du Code pénal peut être appliqué.

Art. 47. Il n'est aucunement dérogé aux lois qui règlent la police des eaux.

CLXXIV. — Loi *qui établit des servitudes autour des Magasins à poudre de la guerre et de la marine* (1).

22-26 juin 1854.

Art. 1er. A l'avenir, il ne pourra être élevé, à une distance moindre de vingt-cinq mètres des murs d'enceinte des magasins à poudre de la guerre et de la marine, aucune construction de nature quelconque, autre que des murs de clôture. — Sont prohibés, dans la même étendue, l'établissement des conduits de becs de gaz, des clôtures en bois et des haies sèches, les emmagasinements et dépôts de bois, fourrages ou matières combustibles, et les plantations des arbres de haute tige.

Art. 2. Sont également prohibés, jusqu'à une distance de cinquante mètres des mêmes murs d'enceinte, les usines et établissements pourvus de foyers avec ou sans cheminées d'appel.

Art. 3. La suppression des constructions, clôtures en bois, plantations d'arbres, dépôts de matières combustibles ou autres, actuellement existants dans les limites ci-dessus, pourra être ordonnée, moyennant indemnité, lorsqu'ils seront de nature à compromettre la sécurité ou la conservation des magasins à poudre. — Dans le cas où cette suppression s'appliquera à des constructions ou aux établissements mentionnés dans l'article 2, il sera procédé à l'expropriation, conformément aux disposittons de la loi du 3 mai 1841. —

(1) TRIPIER, *Codes français.*

Dans les autres cas, l'indemnité sera réglée conformément à la loi du 16 septembre 1807.

Art. 4. Les contraventions à la présente loi seront constatées, poursuivies et réprimées, conformément à la loi du 17 juillet 1819, et suivant les formes établies au titre VII du règlement d'administration publique du 10 août 1853, concernant les servitudes imposées à la propriété autour des fortifications. A cet effet, les gardes d'artillerie, chargés de dresser les procès-verbaux, seront assimimilés aux gardes du génie, et dûment assermentés.

CLXXV. — ARRÊTÉ *réglementaire pour l'exécution d*
décret du 26 mars 1852 (1).

19 septembre 1854.

Le Préfet de la Seine,

Vu le décret du 26 mars 1852, et notamment l'article 6, relatif à la projection directe dans les égouts publics des eaux pluviales et ménagères des maisons de Paris;

Vu le rapport des ingénieurs du service municipal;

Considérant que l'emploi de simples tuyaux en fonte, pour le drainage des maisons particulières, présente des inconvénients sérieux pour la salubrité, par suite des engorgements auxquels ils sont exposés, et pour la sûreté et la liberté de la circulation, à raison des travaux que leur entretien nécessite journellement sur la voie publique;

Arrête :

Art. 1er. A l'avenir, la projection directe dans les égouts publics des eaux pluviales et ménagères des maisons de Paris, que prescrit l'art. 6 du décret du 26 mars 1852, aura lieu par des galeries souterraines en maçonnerie.

Ces galeries, qui seront établies et entretenues par les propriétaires, conformément aux projets dressés par les ingénieurs du service municipal, et approuvés par le préfet, auront au minimum 2^m,30 de hauteur sous clef et 1^m,30 de largeur aux naissances.

(1) PRÉFECTURE DE LA SEINE (DIRECTION DES TRAVAUX DE PARIS).

Chacune d'elles pourra desservir deux propriétés, à la condition d'être établie au droit du mur mitoyen. Dans tous les cas, une grille en fer, établie à l'aplomb du mur de face, interceptera la communication de la maison avec l'égout. Cette grille aura une serrure à deux clefs, dont l'une restera entre les mains du propriétaire et l'autre sera remise à l'Administration.

Art. 2. Pour la ventilation permanente du canal de dérivation, il sera pratiqué, soit dans le mur mitoyen, soit dans le mur de face, une cheminée d'appel s'ouvrant au-dessus des combles et dont la section sera de 3 décimètres carrés au moins.

Art. 3. En cas d'avaries, les tuyaux de drainage existant aujourd'hui seront remplacés conformément aux prescriptions de l'art. 1er du présent arrêté.

Art. 4. L'ingénieur en chef, directeur du service municipal, est chargé d'assurer l'exécution des dispositions qui précèdent, et de constater les infractions qui pourront être commises.

ARRÊTÉ *prescrivant les conditions d'après lesquelles les branchements d'égouts doivent être exécutés.*

Le Préfet de la Seine,

Vu l'art. 6 du décret du 26 mars 1852, ainsi conçu : « Toute construction nouvelle, dans une rue pourvue d'égouts, devra être disposée de manière à y conduire les eaux pluviales et ménagères. La même disposition sera prise pour toute maison ancienne, en cas de grosses réparations, et en tout cas dans dix ans » ;

Vu les pièces d'instruction, desquelles il résulte que

la propriété indiquée ci-contre est dans les conditions d'application du décret susvisé, par suite de . . . . .

Vu l'arrêté du 19 décembre 1854 ;

Vu le rapport de l'ingénieur en chef des eaux et des égouts de Paris ; ensemble le plan joint audit rapport,

Arrête :

Art. 1er. M.   est   faire écouler ses eaux dans l'égout public, en se conformant aux prescriptions suivantes :

Un branchement, présentant en coupe la forme ovoïde, et ayant les dimensions de 0m,60 à la base,

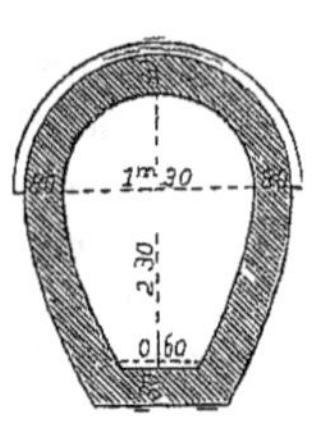

2m,30 de hauteur, 1m,30 à la naissance de la voûte, sera construit entre l'é- gout public et le mur de face de la propriété. Son radier sera disposé selon le maximum de pente dispo- nible, de manière à se raccorder avec celui de l'égout public à 0m,15 en contre-haut à la rencontre de ce der-

nier. Ce branchement sera construit en maçonnerie de meulière avec mortier de chaux hydraulique. Le mi- nimum d'épaisseur du radier, des pieds-droits et de la voûte sera de 0m,30. Les parements seront smillés ou recouverts d'un enduit en ciment de 0m,02 d'épais- seur ; l'enduit du radier sera fait en ciment et aura 0m,05 d'épaisseur.

Si les eaux de l'intérieur sont amenées dans le bran- chement par un tuyau, il sera établi au droit dudit tuyau un glacis de 1 mètre de longueur sur 0m,50 de hauteur au minimum. Le radier sera construit sur toute la longueur du branchement ; l'enduit en ciment sera seul supprimé dans la partie correspondante au glacis.

Les tuyaux de descente éloignés du branchement

pourront être prolongés sous le trottoir jusqu'au branchement, à la condition qu'ils auront une pente de 0^m,20 par mètre.

Une grille en fer, établie à l'aplomb du mur de face, interceptera la communication de la maison avec l'égout. Cette grille aura une serrure à deux clefs dissemblables, dont l'une restera entre les mains du propriétaire et l'autre sera remise à l'Administration.

Pour la ventilation permanente du canal de dérivation, il sera pratiqué une cheminée d'appel s'ouvrant au-dessus des combles, et présentant une section de 3 décimètres carrés au moins.

Le branchement d'égout sera disposé de manière à recevoir les tuyaux de concession d'eau qui devront y être placés.

Les conduites de gaz rencontrées par le branchement seront isolées de la maçonnerie par un ou deux demi-manchons en fonte, aux frais du propriétaire, si la conduite préexiste; aux frais de la compagnie d'éclairage, si la pose de la conduite est postérieure à l'établissement du branchement.

Un numéro exactement semblable à celui de la maison sera placé, aux frais du propriétaire, dans l'égout public, au débouché du branchement. Ce numéro sera scellé dans l'emplacement désigné par les agents du service municipal.

Art. 2. Tous ces ouvrages seront exécutés sous la surveillance des agents du service municipal et aux frais, risques et périls du propriétaire. Celui-ci, ou ses ayants droit supporteront toutes les dépenses d'entretien et de curage, et celles de réparation des dégradations faites à l'égout public par les eaux dont l'écoulement est autorisé par le présent arrêté. Les travaux sur l'égout public et ceux de pavage, empierrement et dallage sur tranchées, seront exécutés par les soins de l'administration, et la dépense sera recouvrée sur le propriétaire, d'après les règlements.

Art. 3. Le propriétaire ou ses ayants droit ne pourront faire écouler dans le branchement dont il s'agit que des eaux pluviales, ménagères ou de lavage; il leur est expressément interdit d'y faire couler des eaux vannes de fosses d'aisances ou tout autre liquide pouvant nuire à la salubrité des égouts. Ils devront se conformer d'ailleurs à tous les règlements d'administration et de police faits et à faire sur le régime des égouts.

Art. 4. Faute par le propriétaire de pratiquer l'écoulement autorisé, ou de remplir les conditions prescrites, le fait constaté sera poursuivi comme une contravention de grande voirie.

Art. 5. Dans le cas où les besoins du service public exigeraient la modification ou la suppression de l'écoulement dont il s'agit, le propriétaire ou ses ayants cause seront obligés de se soumettre aux prescriptions de l'Administration, sans avoir droit à aucune indemnité, pour quelque cause que ce soit.

Art. 6. *Le présent arrêté n'aura d'effet qu'à partir de la délivrance de la permission de bâtir demandée par le propriétaire.*

Art. 7. Le propriétaire devra prévenir, huit jours avant de mettre la main à l'œuvre, l'ingénieur ordinaire de la section.

Art. 8. L'ingénieur en chef des eaux et égouts est chargé de surveiller l'exécution du présent arrêté, et de faire connaître l'époque de l'achèvement des travaux.

CLXXVI. — CIRCULAIRE *du Préfet de la Seine aux com-
missaires=voyers de Paris sur l'ordonnance générale des
constructions privées* (1).

5 octobre 1855.

Monsieur, jusqu'à ces derniers temps, l'administration de la voirie de Paris a laissé aux constructeurs de
maisons la faculté de disposer à leur gré dans
limite de la hauteur légale, les lignes des balcons, des
corniches et des entablements.

Il en est résulté un grave défaut d'harmonie entre
les différentes constructions des mêmes groupes. La
plupart des architectes privés, sans s'occuper, en effet,
des lignes principales de façade des maisons contiguës,
ont, sur beaucoup de points, créé au droit de mi-
toyennetés, des brisures, des décrochements de ces
lignes magistrales qui forment les effets les plus dis-
gracieux, et ne déprécient pas moins, sous le point de
vue du bon goût, chaque maison, que l'ensemble dont
elle fait partie.

L'ordonnance générale de la ville souffre de ce défaut d'harmonie et le devoir de l'édilité était d'y remédier.

C'est pour arriver à ce but que j'ai prescrit, dans les
contrats de vente des terrains qui appartiennent à la
ville, l'insertion d'une clause qui oblige les acquéreurs
à donner aux maisons de chaque îlot les mêmes lignes
principales de façade, de manière que les balcons con-

____

(1) SOCIÉTÉ CENTRALE DES ARCHITECTES, *Manuel des lois du
bâtiment* (1re édit.).

tinus, les corniches et les toits soient, autant que possible, sur les mêmes plans.

Cette disposition est tellement essentielle à l'effet architectonique, que je crois à propos de l'étendre à toute reconstruction de maison opérée, soit par suite d'un percement nouveau, soit par suite d'une simple mise à l'alignement. Le droit de l'administration est aussi incontestable dans ce dernier cas que dans le premier; car, aux termes des règlements, tout constructeur doit soumettre à l'administration le plan et les coupes cotées de son bâtiment, et exécuter ses prescriptions. Il résulte de cette obligation réglementaire, que l'action de la voirie peut exiger l'harmonie que j'ai en vue dans les lignes principales de l'architecture des maisons.

J'ai besoin d'expliquer que je n'entends pas astreindre tout constructeur à se rattacher servilement à toutes les lignes de façade des maisons contiguës à la sienne. La richesse de l'ornementation, la saillie et la sculpture des moulures, la coupe des balcons et des corniches restent soumises à son libre arbitre; il peut même, si sa maison se détache des autres par une disposition particulière qui en fasse une unité bien déterminée et complète, suivre ses inspirations, sans se préoccuper des hauteurs dans les constructions qui la touchent. Mais si les lignes magistrales de la façade sont profilées dans toute sa longueur, et se terminent aux murs mitoyens comme en pierres d'attente, sans pilastres qui les encadrent; si, en un mot, elle est construite de manière à ne pouvoir faire que la partie d'un tout plus considérable, il faut qu'elle se raccorde avec le surplus de l îlot en adoptant les mêmes saillies horizontales, toutes les fois que les différences de hauteur du sol n'y font pas un obstacle absolu. — Sur

tout îlot où le nivellement des lignes d'architecture
peut être prescrit complètement, il faut admettre que
le repère pour la mesure de la hauteur légale des mai‑
sons sera pour toutes celui de la construction qui oc‑
cupe le sommet de l'îlot. Mais lorsque les différences
de hauteur du sol seront assez considérables pour que
la prescription ne puisse être faite sur l'ensemble, il y
aura lieu de le diviser en groupes séparés et de faire
en sorte qu'aux limites de chacun, les différences de
hauteur des lignes de façade n'apparaissent pas comme
des brisures, des décrochements brusques qui détrui‑
sent l'harmonie. On obtiendra, pour ce cas, un bon
résultat, soit en arrêtant symétriquement les lignes
horizontales avant celles de mitoyenneté, soit en en‑
cadrant les premières dans des pilastres qui en déter‑
minent l'unité. J'examinerai moi-même avec intérêt
les diverses études que vous devrez présenter suivant
les cas.

Il va sans dire que s'il existe dans les îlots des mai‑
sons de bonne apparence déjà reconstruites, le devoir
de la voirie est de les prendre, autant que possible,
pour point de départ de l'ordonnance du nivellement
des autres. J'ajoute, enfin, que ces mesures ne peuvent
qu'être approuvées par les propriétaires et par les ar‑
chitectes, et que la convenance sera souvent de les
concerter au préalable avec eux. L'importance que j'y
attache m'en fait recommander particulièrement l'exé‑
cution à tous les agents de la grande voirie. J'en sui‑
vrai l'application avec beaucoup de sollicitude, pour
reporter sur le service le mérite de leur ponctuel ac‑
complissement.

CLXXVII. — Ordonnance *de police concernant les conduites et appareils d'éclairage par le gaz dans l'intérieur des habitations.*

27 octobre 1855.

(*Voir plus loin Règlement concernant les conduites et appareils d'éclairage à gaz, extrait des Arrêtés des 18 février 1862 et 2 avril 1868.*)

CLXXVIII. — *Extrait de la Loi sur la conservation
et l'aménagement des sources d'eaux minérales* (1).

14-22 juillet 1856.

TITRE VII. — DE LA DÉCLARATION D'INTÉRÊT PUBLIC DES SOURCES,
DES SERVITUDES ET DES DROITS QUI EN RÉSULTENT.

Art. 1er. Les sources d'eaux minérales peuvent être
déclarées d'intérêt public, après enquête, par un décret
impérial délibéré en Conseil d'État.

Art. 2. Un périmètre de protection peut être assigné,
par un décret rendu dans les formes établies en l'article précédent, à une source déclarée d'intérêt public.
— Ce périmètre peut être modifié si de nouvelles circonstances en font reconnaître la nécessité.

Art. 3. Aucun sondage, aucun travail souterrain, ne
peuvent être pratiqués dans le périmètre de protection
d'une source minérale déclarée d'intérêt public, sans
autorisation préalable. — A l'égard des fouilles, tranchées, pour extraction de matériaux ou pour un autre
objet, fondation de maisons, caves ou autres travaux
à ciel ouvert, le décret qui fixe le périmètre de protection peut exceptionnellement imposer aux propriétaires l'obligation de faire, au moins un mois à l'avance,
une déclaration au préfet, qui en délivre récépissé.

Art. 4. Les travaux énoncés dans l'article précédent
et entrepris, soit en vertu d'une autorisation régulière,
soit après une déclaration préalable, peuvent, sur la
demande du propriétaire de la source, être interdits

(1) TRIPIER, *Codes français.*

par le préfet, si leur résultat constaté est d'altérer ou de diminuer la source. Le propriétaire du terrain est préalablement entendu. — L'arrêté du préfet est exécutoire par provision, sauf recours au Conseil de préfecture et au Conseil d'État par la voie contentieuse.

Art. 5. Lorsque, à raison de sondages ou de travaux souterrains entrepris en dehors du périmètre, et jugés de nature à altérer ou diminuer une source minérale déclarée d'intérêt public, l'extension du périmètre paraît nécessaire, le préfet peut, sur la demande du propriétaire de la source, ordonner provisoirement la suspension des travaux. — Les travaux peuvent être repris, si, dans le délai de six mois, il n'a pas été statué sur l'extension du périmètre.

Art. 6. Les dispositions de l'article précédent s'appliquent à une source minérale déclarée d'intérêt public, à laquelle aucun périmètre n'a été assigné.

Art. 7. Dans l'intérieur du périmètre de protection, le propriétaire d'une source déclarée d'intérêt public a le droit de faire, dans le terrain d'autrui, à l'exception des maisons d'habitation et des cours attenantes, tous les travaux de captage et d'aménagement nécessaires pour la conservation, la conduite et la distribution de cette source, lorsque ces travaux ont été autorisés par un arrêté du ministre de l'agriculture, du commerce et des travaux publics. — Le propriétaire du terrain est entendu dans l'instruction.

Art. 8. Le propriétaire d'une source d'eau minérale déclarée d'intérêt public peut exécuter, sur son terrain, tous les travaux de captage et d'aménagement nécessaires pour la conservation, la conduite et la distribution de cette source, un mois après la communication faite de ses projets au préfet. — En cas d'opposition par le préfet, le propriétaire ne peut commencer ou continuer les travaux qu'après autorisation du ministre de l'agriculture, du commerce et des travaux publics. — A défaut de décision dans le délai de trois mois, le propriétaire peut exécuter les travaux.

Art. 9. L'occupation d'un terrain compris dans le périmètre de protection pour l'exécution des travaux prévus par l'article 7 ne peut avoir lieu qu'en vertu d'un arrêté du préfet qui en fixe la durée. — Lorsque l'occupation d'un terrain compris dans le périmètre prive le propriétaire de la jouissance du revenu au delà du temps d'une année, ou lorsque après les travaux le terrain n'est plus propre à l'usage auquel il était employé, le propriétaire dudit terrain peut exiger du propriétaire de la source l'acquisition du terrain occupé ou dénaturé. Dans ce cas, l'indemnité est réglée suivant les formes prescrites par la loi du 3 mai 1841. Dans aucun cas, l'expropriation ne peut être provoquée par le propriétaire de la source.

Art. 10. Les dommages dus par suite de suspension, interdiction ou destruction de travaux dans les cas prévus aux articles 4, 5 et 6, ainsi que ceux dus à raison de travaux exécutés en vertu des articles 7 et 9, sont à la charge du propriétaire de la source. L'indemnité est réglée à l'amiable ou par les tribunaux. — Dans les cas prévus par les articles 4, 5 et 6, l'indemnité due par le propriétaire de la source ne peut excéder le montant des pertes matérielles qu'a éprouvées le propriétaire du terrain, et le prix des travaux devenus inutiles, augmenté de la somme nécessaire pour le rétablissement des lieux dans leur état primitif.

Art. 11. Les décisions concernant l'exécution ou la destruction des travaux sur le terrain d'autrui ne peuvent être exécutées qu'après le dépôt d'un cautionnement dont l'importance est fixée par le tribunal, et qui sert de garantie au payement de l'indemnité dans les cas énumérés en l'article précédent. — L'État, pour les sources dont il est propriétaire, est dispensé du cautionnement.

Art. 12. Si une source d'eau minérale, déclarée d'intérêt public, est exploitée d'une manière qui en compromette la conservation, ou si l'exploitation ne satisfait pas aux besoins de la santé publique, un décret impérial, délibéré en Conseil d'État, peut autoriser l'expropriation de la source et de ses dépendances nécessaires à l'exploitation, dans les formes réglées par la loi du 3 mai 1841.

CLXXIX. — *Extrait du registre des décisions de la Commission de la voirie (1).*

10 septembre 1856.

La commission est d'avis que la hauteur de $2^m,60$ n'est exigible que pour les constructions nouvelles.

Cependant, dans le cas de modifications importantes dans les étages existants, la hauteur de ces étages devra être portée à $2^m,60$.

Dans le cas où un bâtiment qui ne serait élevé que d'un rez-de-chaussée et d'un entresol ayant moins de $2^m,60$ serait exhaussé, on devrait alors donner $2^m,60$ à cet entresol.

(1) SOCIÉTÉ CENTRALE DES ARCHITECTES, *Manuel des lois du bâtiment* (1re édit.).

CLXXX. — *Extrait de l'Ordonnance de police concernant
l'exercice de la profession de boucher à Paris* (1).

16 mars 1858.

Nous, SÉNATEUR, PRÉFET DE POLICE,
Vu le décret impérial, en date du 24 février dernier;
Ordonnons ce qui suit :
Art. 1er. Tout individu qui voudra exercer à Paris la
profession de boucher, devra en faire préalablement
la déclaration à la préfecture de police, conformément
à l'art. 2 du décret ci-dessus visé, et indiquer le lieu où
il se propose d'établir son étal.

A défaut d'opposition formée par la préfecture de
police, dans un délai de quinze jours, l'étal pourra
être ouvert.

L'opposition ne pourra être basée que sur l'inexécution des conditions déterminées par l'art. 2 ci-
après.

Dans le cas d'opposition, le requérant devra, s'il
persiste, faire subir au local les appropriations nécessaires; lorsqu'elles auront été exécutées, il en devra
avis à la préfecture de police, et si, dans un délai de
quinze jours, à dater du dépôt de cet avis, la préfecture de police ne notifie pas de nouvelle opposition, le
requérant pourra ouvrir son étal.

Art. 2. L'ouverture d'un étal sera subordonnée aux
conditions suivantes :

Le local aura au moins 2^m,50 d'élévation, 3^m,50 de

(1) PRÉFECTURE DE LA SEINE (DIRECTION DES TRAVAUX DE
PARIS).

largeur et 4 mètres de profondeur. Il sera fermé dans toute sa hauteur par une grille en fer.

La ventilation devra y être établie au moyen d'un courant d'air transversal.

Le sol sera entièrement dallé, avec pente en rigole et en surélévation de la voie publique.

Les murs seront revêtus d'enduits et de matériaux imperméables.

Il ne pourra y avoir dans l'étal ni âtre, ni cheminée, ni fourneaux.

Toute chambre à coucher en devra être éloignée ou séparée par des murs, sans communication directe.

A défaut de puits ou d'une concession d'eau pour le service de l'étal, il y sera suppléé par un réservoir de la contenance d'un demi-mètre cube, qui devra être rempli tous les jours.

Art. 4. La présente ordonnance recevra son exécution à partir du 31 mars courant.

Elle sera publiée et affichée à la suite du décret impérial du 24 février dernier.

Art. 5. Les commissaires de police de la ville de Paris, le directeur de l'approvisionnement, les inspecteurs de la boucherie et les autres préposés de la préfecture de police, sont chargés, chacun en ce qui le concerne, d'en assurer l'exécution.

Le Sénateur, Préfet de police,
Piétri.

CLXXXI. — DÉCRET *impérial portant règlement d'administration publique pour l'exécution du décret du 26 mars 1852, relatif aux rues de Paris* (1).

27 décembre 1858. — Promulgué le 1ᵉʳ janvier 1859.

Vu le décret du 26 mars 1852, relatif aux rues de Paris ; — Vu la loi du 3 mai 1841 ; — notre Conseil d'État entendu, etc.

Art. 1ᵉʳ. Lorsque, dans un projet d'expropriation pour l'élargissement, le redressement ou la formation d'une rue, l'Administration croit devoir comprendre, par application du § 1ᵉʳ de l'article 2 du décret du 26 mars 1852, des parties d'immeubles situées en dehors des alignements, et qu'elle juge impropres, à raison de leur étendue ou de leur forme, à recevoir des constructions salubres, l'indication de ces parties est faite sur le plan soumis à l'enquête prescrite par le titre II de la loi du 3 mai 1841, et il est fait mention du projet de l'Administration dans l'avertissement donné conformément à l'article 6 de ladite loi.

Art. 2. Dans le délai de huit jours à partir de cet avertissement, les propriétaires doivent déclarer sur le procès-verbal d'enquête s'ils s'opposent à l'expropriation, et faire connaître leurs motifs.

Dans ce cas, l'expropriation ne peut être autorisée que par un décret rendu en Conseil d'État.

Les oppositions ainsi formées ne font pas obstacle à ce que le préfet statue, conformément aux articles 11

(1) SOCIÉTÉ CENTRALE DES ARCHITECTES, *Manuel des lois du bâtiment* (1ʳᵉ édit.).

et 12 de la loi du 3 mai 1841, sur toutes les autres propriétés comprises dans l'expropriation.

Art. 3. Si l'Administration le juge préférable, il est statué par un seul et même décret, tant sur l'utilité publique de l'élargissement, du redressement ou de la formation des rues projetées, que sur l'autorisation d'exproprier les parcelles situées en dehors des aligne ments.

Dans ce cas, l'indication des parcelles à exproprier est faite sur le plan soumis à l'enquête, en vertu du titre Ier de la loi du 3 mai 1841, et de l'article 2 de l'ordonnance du 23 avril 1835.

Mention est faite du projet de l'Administration dans l'avertissement donné conformément à l'article 3 de ladite ordonnance, et les oppositions des propriétaires intéressés sont consignées au registre de l'enquête.

Art. 4. Les formalités prescrites par les articles ci-dessus sont suivies pour l'application du § 2 de l'article 2 du décret du 26 mars 1852.

Art. 5. Dans le cas prévu par le § 3 du même article, le propriétaire du fonds auquel doivent être réunies les parcelles acquises en dehors des alignements, conformément à l'article 53 de la loi du 16 septembre 1807, est mis en demeure, par un acte extrajudiciaire, de déclarer, dans un délai de huitaine, s'il entend profiter de la faculté de s'avancer sur la voie publique en acquérant les parcelles riveraines.

En cas de refus ou de silence, il est procédé à l'expropriation dans les formes légales.

Art. 6. Dans tout projet pour l'élargissement, le redressement ou la formation des rues, le plan soumis à l'enquête, qui précède la déclaration d'utilité publique, comprend un projet de nivellement.

CLXXXII. — DÉCRET *impérial portant règlement sur la hauteur des maisons, les combles et les lucarnes dans la ville de Paris* (1).

27 juillet 1859.

Napoléon, etc.

TITRE Ier. — DE LA HAUTEUR DES BÂTIMENTS.

SECTION Ire. — *De la hauteur des façades des bâtiments bordant les voies publiques.* — Art. 1er. La hauteur des façades des maisons bordant les voies publiques dans la ville de Paris est déterminée par la largeur légale de ces voies publiques.

Cette hauteur mesurée du trottoir ou du pavé, au pied des façades des bâtiments, et prise. dans tous les cas, au milieu de ces façades, ne peut excéder, y compris les entablements, attiques, et toutes les constructions à plomb du mur de face, savoir :

11^m,70 pour les voies publiques au-dessous de 7^m,80 de largeur ;

14^m,60 pour les voies publiques de 7^m,80 et au-dessus, jusqu'à 9^m,75 ;

17^m,55 pour les voies publiques de 9^m,75 et au-dessus.

Toutefois, dans les rues ou boulevards de 20 mètres et au-dessus, la hauteur des bâtiments peut être portée jusqu'à 20 mètres, mais à la charge par les constructeurs de ne faire, en aucun cas, au-dessus du rez-de-

(1) SOCIÉTÉ CENTRALE DES ARCHITECTES, *Manuel des lois du bâtiment* (1re édit).

chaussée, plus de cinq étages carrés, entresol compris.

Art. 2. Les façades qui seront construites sur la voie publique, soit en retraite de l'alignement, soit à fruit ou de toute autre manière, ne peuvent être élevées qu'à la hauteur déterminée pour les maisons construites à l'alignement.

Art. 3. Tout bâtiment situé à l'encoignure de deux voies publiques d'inégales largeurs peut, par exception, être élevé, du côté de la rue la plus étroite, jusqu'à la hauteur fixée pour la plus large.

Toutefois, cette exception ne s'étendra, sur la voie la plus étroite, que jusqu'à concurrence de la profondeur du corps de bâtiment ayant face sur la voie la plus large, soit que ce corps de bâtiment soit simple ou double en profondeur.

Cette disposition exceptionnelle ne peut être invoquée que pour les bâtiments construits à l'alignement déterminé pour les deux voies publiques.

Art. 4. Pour les bâtiments autres que ceux dont il est parlé en l'article précédent, et qui occupent tout l'espace compris entre deux voies d'inégale largeur ou de niveau différent, chacune des deux façades ne peut dépasser la hauteur fixée en raison de la largeur ou du niveau de la voie publique sur laquelle chaque façade sera située.

Toutefois, lorsque la plus grande distance entre les deux façades n'excède pas 15 mètres, la façade bordant la voie publique la moins large ou du niveau le plus bas, peut, par exception, être élevée à la hauteur fixée pour la rue la plus large ou du niveau le plus élevé.

SECTION II. — *De la hauteur des bâtiments situés en*

dehors des voies publiques. — Art. 5. Les bâtiments situés en dehors des voies publiques, dans les cours et espaces intérieurs, ne peuvent excéder, sur aucune de leurs faces, la hauteur de $17^m,55$ mesurée du sol.

L'Administration peut toutefois autoriser, par exception, des constructions plus élevées pour des besoins d'art, de science ou d'industrie.

Dans ces cas exceptionnels, elle fixe les dimensions, la forme et le mode de ces surélévations.

SECTION III. — *De la hauteur des étages.* — Art. 6. Dans tous les bâtiments, de quelque nature qu'ils soient, il ne peut être exigé, en exécution de l'article 4 du décret du 26 mars 1852, une hauteur d'étage de plus de $2^m,60$.

Pour l'étage dans le comble, cette hauteur s'applique à la partie la plus élevée du rampant.

TITRE II. — DES COMBLES.

SECTION Ire. — *Des combles au-dessus des façades élevées au maximum de la hauteur légale.* — Art. 7. Le faîtage du comble ne peut excéder une hauteur égale à la moitié de la profondeur du bâtiment, y compris les saillies et corniches.

Le profil du comble, sur la façade du côté de la voie publique, ne peut dépasser une ligne inclinée à 45 degrés, partant de l'extrémité de la corniche ou de l'entablement.

Art. 8. Sur les quais, boulevards, places publiques, et dans les voies publiques de 15 mètres au moins de largeur, ainsi que dans les cours et espaces intérieurs en dehors de la voie publique, la ligne droite inclinée à 45 degrés dans le périmètre indiqué ci-dessus peut être remplacée par un quart de cercle dont le rayon ne peut excéder la hauteur fixée par l'article 7.

La saillie de l'entablement sera laissée en dehors du quart de cercle.

Art. 9. Les combles des bâtiments situés à l'angle d'une voie publique de 15 mètres au moins de largeur et d'une voie publique de moins de 15 mètres peuvent, par exception, être établis, sur cette dernière voie, suivant le périmètre déterminé par l'article 8, mais seulement dans la même profondeur que celle fixée par l'article 3.

Art. 10. Dans les cas prévus par les trois articles précédents, les reliefs de chéneaux et membrons ne doivent pas excéder la ligne inclinée à 45 degrés, partant de l'extrémité de l'entablement, ou le quart de cercle qui, dans le cas prévu par l'article 8, peut remplacer cette ligne.

Art. 11. Les murs de dossiers et les tuyaux de cheminées ne pourront percer la ligne rampante du comble qu'à 1^m,50, mesurés horizontalement du parement extérieur du mur de face, ni s'élever à plus de 60 centimètres au-dessus du faîtage.

Art. 12. La face extérieure des lucarnes doit être placée en arrière du parement extérieur du mur de face donnant sur la voie publique, et à une distance d'au moins 30 centimètres.

Elles ne peuvent s'élever, compris leur toiture, à plus de 3 mètres au-dessus de la base des combles.

Leur largeur ne peut excéder 1^m,50 hors œuvre.

Les jouées de ces lucarnes doivent être parallèles entre elles.

Les intervalles auront au moins 1^m,50 quelle que soit la largeur des lucarnes.

La saillie de leurs corniches, égouts compris, ne doit pas excéder 15 centimètres.

Il peut être établi un second rang de lucarnes, en se renfermant dans le périmètre déterminé par les articles 7 et 8.

SECTION II. — *Des combles au-dessus des façades élevées à une hauteur moindre que la hauteur légale.* — Art. 13. Les combles au-dessus des façades qui ne seraient pas élevées au maximum de hauteur déterminé dans le titre Ier peuvent dépasser le périmètre fixé par l'article 7 ; mais ils ne doivent pas toutefois, ainsi que leurs chéneaux, membrons, lucarnes et murs de dossier, excéder le périmètre général des bâtiments, fixé, tant pour les façades que pour les combles, par les dispositions du titre Ier et de la première section du présent titre.

Art. 14. Les dispositions du présent titre sont applicables à tous les bâtiments placés ou non sur la voie publique.

TITRE III. — DISPOSITIONS TRANSITOIRES.

Art. 15. Les murs de face, les combles, les lucarnes dont l'élévation et la forme excèdent actuellement celles ci-dessus prescrites, ne peuvent être reconfortés ni reconstruits qu'à la charge de se conformer aux dispositions qui précèdent.

Toutefois, l'interdiction de réconforter les bâtiments situés en dehors des voies publiques, dans les cours et espaces intérieurs, ne sera appliquée à ces bâtiments qu'à l'expiration d'un délai de vingt ans à partir de la promulgation du présent décret.

TITRE IV. — DISPOSITIONS DIVERSES.

Art. 16. Les dispositions du présent décret ne sont
pas applicables aux édifices publics.

Art. 17. Les dispositions des règlements, ordonnances et autres actes qui seraient contraires au présent décret sont et demeurent rapportées.

CLXXXIII. — Décret *impérial relatif aux attributions du Préfet de la Seine et du Préfet de police* (1).

10 octobre 1859.

Napoléon, par la grâce de Dieu et la volonté nationale, Empereur des Français, à tous, présents et à venir, salut;

Notre Conseil d'État entendu,

Avons décrété et décrétons ce qui suit :

Art. 1er. A l'avenir, les attributions du préfet de la Seine comprendront, en outre de celles qui lui sont dès à présent conférées par les lois et règlements, et sous les réserves exprimées par les art. 2, 3, 4, ci-après :

1° La petite voirie, telle qu'elle est définie par l'art. 20 de l'arrêté du 12 messidor an VIII;

2° L'éclairage, le balayage, l'arrosage de la voie publique, l'enlèvement des boues, neiges et glaces;

3° Le curage des égouts et des fosses d'aisances;

4° Les permissions pour établissements sur la rivière, les canaux et les ports;

5° Les traités et tarifs concernant les voitures publiques et la concession de lieux de stationnement de ces voitures et de celles qui servent à l'approvisionnement des halles et marchés;

6° Les tarifs, l'assiette et la perception des droits municipaux de toute sorte dans les halles et marchés;

7° La boulangerie et ses approvisionnements;

(1) Préfecture de la Seine (*Recueil de Règlements*).

8° L'entretien des édifices communaux de toute nature;

9° Les baux, marchés et adjudications relatifs aux services administratifs de la ville de Paris.

Toutefois, lorsque ces baux intéresseront la circulation, l'entretien, l'éclairage de la voie publique et la salubrité, ils devront, avant d'être présentés au conseil municipal, être soumis à l'appréciation du préfet de police, et, en cas de dissentiment, transmis avec ses observations au ministre de l'intérieur qui prononcera.

Les marchés et adjudications relatifs aux services spéciaux de la préfecture de police continueront à être passés par le préfet de police.

Art. 2. Le préfet de police exercera, à l'égard des matières énumérées en l'article précédent, le droit qui lui est conféré par l'art. 34 de l'arrêté du 12 messidor an VIII.

Si les indications et réquisitions du préfet de police ne sont pas suivies d'effet, il pourra en référer au ministre compétent.

Dans les mêmes cas, si le préfet de police fait opposition à l'exécution de travaux pouvant gêner la circulation, ils ne pourront être commencés ou continués qu'en vertu de l'autorisation du ministre de l'intérieur.

Art. 3. Le préfet de la Seine ne pourra proposer au conseil municipal la concession d'aucun emplacement d'échoppe ou d'étalage, fixe ou mobile, ni d'aucun lieu de stationnement de voitures sur la voie publique, et il ne pourra délivrer d'autorisation concernant les établissements sur la rivière, les canaux et leurs dépendances qu'après avoir pris l'avis du préfet de police. En cas d'opposition de ce magistrat, il ne sera passé outre qu'en vertu d'une décision du ministre compétent.

Art. 4. Dans les circonstances motivant la concession de permissions d'étalage sur la voie publique d'une durée moindre de quinze jours, ces permissions pourront être accordées exceptionnellement par le préfet de police, après avoir pris l'avis du préfet de la Seine.

Art. 5. La taxe du pain sera établie par le préfet de la Seine, d'après les déclarations reçues et enregistrées à la Caisse de la boulangerie, en exécution du décret organique du 27 décembre 1853. Le préfet de police le fera observer, conformément à l'art. 27 de l'arrêté du 12 messidor an VIII, et assurera en outre la fidélité du débit du pain.

Le taux des différences en plus ou en moins mentionnées en l'art. 5 du décret du 27 décembre 1853, sera déterminé par le conseil municipal sur la proposition du préfet de la Seine. Il devra être approuvé par le ministre de l'agriculture, du commerce et des travaux publics.

Art. 6. Les dispositions des décrets, arrêtés et ordonnances contraires au présent décret sont et demeurent abrogées.

Art. 7. Nos ministres secrétaires d'État aux départements de l'intérieur, de l'agriculture, du commerce et des travaux publics sont chargés, chacun en ce qui le concerne, de l'exécution du présent décret.

Signé : NAPOLÉON.

Par l'Empereur,
Le Ministre Secrétaire d'État au département
de l'instruction publique et des cultes, chargé
par intérim du département de l'intérieur,
Signé : ROULAND.

CLXXXIV. — Arrêté *portant règlement pour le curage par abonnement des égouts particuliers* (1).

4 mai 1860.

Le Sénateur, Préfet de la Seine,

Vu l'article 6 du décret du 26 mars 1852 ;

Vu l'arrêté du 19 décembre 1854 ;

Vu les lois et les règlements concernant la voirie ;

Vu les rapports des ingénieurs du service municipal ;

Arrête :

Art. 1er. Les égouts particuliers pourront être curés par les soins de l'administration municipale.

Des abonnements seront souscrits, à cet effet, en forme de soumission, et approuvés, s'il y a lieu, par arrêtés préfectoraux, sur l'avis de l'ingénieur en chef du service des eaux et égouts.

Ils seront annuels et contiendront l'indication de la longueur et des limites de chaque galerie à nettoyer.

Art. 2. Pendant toute la durée de l'abonnement, le propriétaire sera déchargé du curage de l'égout particulier de son immeuble.

Art. 3. Il n'aura aucune observation à faire sur le système adopté pour le nettoiement, lequel sera fait par les agents et ouvriers de l'Administration, sous la direction de l'ingénieur en chef du service des eaux et des égouts.

Ces ouvriers et agents auront seuls, pendant la durée

(1) Voir plus loin, p. 650, l'Instruction annexée. — PRÉFECTURE DE LA SEINE (DIRECTION DES EAUX ET ÉGOUTS DE PARIS). — *Recueil de Règlements sur l'assainissement.*

de l'abonnement, le droit de pénétrer dans les galeries, sauf dans les deux cas suivants :

1° Réparations des maçonneries et des enduits du branchement à effectuer aux frais du propriétaire, et autorisées par arrêté préfectoral ;

2° Enlèvement des vidanges par le branchement d'égoût, en vertu d'une autorisation de l'Administration.

Dans ces deux cas, les ouvriers occupés par le propriétaire devront être agréés par l'ingénieur en chef chargé du service des eaux et des égouts.

Art. 4. L'abonné ne pourra renoncer à son abonnement qu'en avertissant le préfet de la Seine par écrit, trois mois à l'avance. Dans tous les cas, le prix de l'abonnement sera toujours exigible pour les trois mois qui suivront la réception de l'avertissement au secrétariat de la préfecture.

Art. 5. L'abonnement ne sera pas résilié par le seul fait de la mutation de la propriété. Le soumissionnaire ou ses héritiers seront responsables du prix de l'abonnement jusqu'à ce qu'ils aient accompli la formalité exigée par l'article précédent, ou qu'ils aient fait souscrire une nouvelle soumission par le nouveau propriétaire de l'immeuble.

Art. 6. Le prix des abonnements sera réglé d'après le tarif suivant :

> Pour les galeries de moins de 2 mètres de longueur . . . . 4 fr. »
> Par mètre courant de galerie de 2 mètres à 5 mètres de longueur. 2   »
> Supplément par mètre courant de galerie au-dessus de 5 mètres 1   »

Toute fraction de mètre sera comptée comme un mètre entier.

Art. 7. Le prix de l'abonnement sera payé à la caisse du receveur municipal, à l'Hôtel de Ville, en un seul payement et d'avance.

A défaut de payement régulier, à l'époque et de la manière ci-dessus indiquées, le service de curage pourra être suspendu, et l'abonnement pourra être résilié.

Art. 8. Les frais de timbre et d'enregistrement des soumissions et des arrêtés d'abonnement seront supportés par les abonnés.

G. E. HAUSSMANN.

INSTRUCTION

RELATIVE A LA CONSTRUCTION DES CUVETTES HYDRAULIQUES DANS LES BRANCHEMENTS D'ÉGOUTS (1).

Pour arrêter les émanations fétides des égouts à l'entrée des branchements particuliers, on adopte habituellement, à Paris, la cuvette à siphon, qui se place sous la porte cochère, à l'entrée du tuyau qui reçoit les eaux ménagères.

Beaucoup de propriétaires croient que cette cuvette leur est imposée par l'administration. C'est une erreur : *l'Administration municipale de Paris n'adopte spécialement aucun appareil;* l'art. 13 de l'ordonnance de police du 20 juillet 1838, qui prescrit l'emploi des cuvettes à siphon, ne s'applique qu'aux entrées des puisards.

Les cuvettes à siphon, placées au niveau du sol, à l'entrée des tuyaux de descente, ont d'assez grands inconvénients; elles exigent un entretien et des soins de propreté minutieux, sans lesquels les matières organiques, transportées par les eaux ménagères, s'y accumulent, s'y putrifient, et répandent les émanations infectes qui remontent dans les habitations.

Les meilleurs appareils hydrauliques sont ceux qui sont placés au fond même de l'égout; il suffit que le tuyau de descente plonge de quelques centimètres dans une cuvette, soit en fonte, soit en ciment, établie à 20 ou 30 centimètres au-dessus du radier de l'égout, pour qu'aucune émanation n'en provienne, parce que dans ce cas, la cuvette reste constamment remplie d'eau. Ce mode de fermeture hydraulique n'exige pas de nettoyage.

L'administration ne peut recommander aucun appareil spécial, mais les ingénieurs du service donneront aux personnes qui voudront bien les consulter les renseignements les plus précis, soit pour construire des cuvettes en ciment, soit pour établir des appareils en fonte.

Il est très essentiel que les tuyaux de descente ne soient pas branchés les uns sur les autres, et qu'ils descendent jusqu'à la cuvette placée dans l'égout.

(1) Voir plus haut, p. 647.

CLXXXV. — ARRÊTÉ *préfectoral relatif au tarif de location pour l'occupation temporaire de terrains communaux par des entrepreneurs ou autres pour y faire des dépôts de matériaux ou des chantiers* (1).

15 décembre 1860.

Depuis plusieurs années, les terrains appartenant à la ville par suite d'expropriation, ont été mis à la disposition des entrepreneurs de constructions et de démolitions pour dépôt de leurs matériaux, moyennant une redevance annuelle qui variait, suivant le quartier, de 1 franc à 3 francs le mètre superficiel.

Ces prix n'étant plus en rapport avec la valeur actuelle des terrains, j'ai décidé qu'à partir du 1ᵉʳ janvier prochain la redevance à payer par les entrepreneurs serait fixée d'après la valeur vénale desdits terrains et suivant la progression ci-après, savoir :

Pour les terrains d'une valeur au-dessous

de 100 fr.	0 fr. 50
de 101	à 200.	1	»
de 201	à 300.	1	50
de 301	à 400.	2	»
de 401	à 500.	2	50
de 501	à 600.	3	»
de 601	à 700.	3	50
de 701	à 800.	4	»
et de 801 et au-dessus	5	»

(1) SOCIÉTÉ CENTRALE DES ARCHITECTES, *Manuel des lois du bâtiment* (1ʳᵉ édit.).

CLXXXVI. — Décret *impérial portant que celui du 25 mars 1852 (1), sur la décentralisation administrative, est applicable au département de la Seine en ce qui concerne l'administration départementale proprement dite, et celle de la Ville et des établissement de bienfaisance de Paris (2).*

9-18 janvier 1861.

Art. 1ᵉʳ. L'article 7 de notre décret du 25 mars 1852 sur la décentralisation administrative est rapporté. — En conséquence les dispositions de ce décret actuellement en vigueur sont applicables au département de la Seine, en ce qui concerne l'administration départementale proprement dite et celle de la Ville et des établissements de bienfaisance de Paris.

Art. 2. Les budgets de la ville de Paris continueront à être soumis à notre approbation sur la proposition de notre ministre de l'intérieur.

(1) Voir, plus loin, décret du 13 avril 1861, qui modifie celui du 25 mars 1852.

(2) TRIPIER, *Codes français.*

CLXXXVII. — *Extrait du Décret qui modifie celui du 25 mars 1852, sur la décentralisation administrative* (1).

13 avril 1861.

Art. 1er. Les préfets statueront désormais sur les affaires départementales et communales qui exigeaient jusqu'à ce jour la décision du ministre de l'intérieur, et dont la nomenclature suit, par addition au tableau A annexé au décret du 15 mars 1852 : — 1° Approbation des conditions des souscriptions à ouvrir et des traités de gré à gré à passer pour la réalisation des emprunts des villes qui n'ont pas cent mille francs de recettes ordinaires ; — 2° Fixation de la durée des enquêtes qui doivent avoir lieu, en vertu de l'ordonnance du 18 février 1834, pour les travaux de construction de chemins vicinaux d'intérêt commun et de grande communication, ou de ponts à péage situés sur ces voies publiques, quand ils n'intéressent que les communes d'un même département ; — 3° Règlement des indemnités pour dommages résultant d'extraction de matériaux destinés à la construction des chemins vicinaux de grande communication ; — 4° Règlement des frais d'expertise mis à la charge de l'Administration, notamment en matière de subventions spéciales pour dégradations extraordinaires causées aux chemins vicinaux de grande communication ; — 5° Secours aux agents des chemins vicinaux de grande communication ; — 6° Gratifications aux mêmes agents ; — 7° Affectation du fonds départemental à des achats d'instruments ou à des

(1) ROGER et SOREL, *Codes et Lois usuelles*.

dépenses d'impressions spéciales pour les chemins vicinaux de grande communication ; . . . . .

Art. 2. Les préfets statueront aussi, sans l'autorisation du ministre de l'agriculture, du commerce et des travaux publics, mais sur l'avis ou la proposition des ingénieurs en chef, en ce qui concerne les numéros 1, 2, 3, 4 et 5, sur les divers objets dont suit la nomen= clature, par addition aux tableaux B et D annexés au décret du 25 mars 1852 : — 1° Approbation des adju= dications autorisées par le ministre pour travaux im= putables sur les fonds du Trésor ou des départements, dans tous les cas où les soumissions ne renferment aucune clause extra-conditionnelle, et où il n'aurait été présenté aucune réclamation ou protestation ; — 2° Ap= probation des prix supplémentaires pour des parties d'ouvrages non prévues aux devis, dans les cas où il ne doit résulter de l'exécution de ces ouvrages aucune augmentation dans la dépense ; — 3° Fixation de la durée des enquêtes à ouvrir dans les formes déter= minées par l'ordonnance du 18 février 1834, lorsque ces enquêtes auront été autorisées en principe par le ministre, et sauf le cas où les enquêtes doivent être ouvertes dans plusieurs départements sur un même projet ; — 4° Établissement de prises d'eau pour fon= taines publiques dans les cours d'eau non navigables ni flottables, sous la réserve des droits des tiers ; — 5° Répartition, entre l'industrie et l'agriculture, des eaux des cours d'eau non navigables ni flottables, de la manière prescrite par les anciens règlements ou les usages locaux ; — 6° Règlement des frais des visites annuelles des pharmacies, payables sur les fonds dé= partementaux ; — 7° Autorisations de fabriques d'eaux minérales artificielles ; — 8° Autorisations de dépôt d'eau minérale naturelle ou artificielle.

Art. 3. Les préfets statueront également, sans l'autorisation du ministre des finances, sur les objets ci-après, par addition à la nomenclature du tableau C du décret du 25 mars 1852 : — 1° Approbation des adjudications pour la mise en ferme des bacs ; — 2° Règlement, dans le cas où il n'est pas dérogé au tarif municipal, des remises allouées aux percepteurs receveurs des associations de desséchement.

Art. 6. Les sous-préfets statueront désormais, soit directement, soit par délégation des préfets, sur les affaires qui, jusqu'à ce jour, exigeaient la décision préfectorale, et dont la nomenclature suit : . . . . . 13° Approbation des travaux ordinaires et de simple entretien des bâtiments communaux, dont la dépense n'excède pas mille francs, et dans la limite des crédits ouverts au budget.

Art. 8. Les tableaux A, B, C, D, annexés au décret du 25 mars 1852 sont modifiés conformément aux dispositions ci-dessus. (*Voir plus loin des extraits de ces tableaux.*)

DÉCRET DU 13 AVRIL 1861

SUR LA DÉCENTRALISATION ADMINISTRATIVE (1).

Tableau A.

1° Acquisitions, aliénations et échanges de propriétés départe=
tementales non affectées à un service public; — 2° Affectation
d'une propriété départementale à un service d'utilité départe=
mentale, lorsque cette propriété n'est déjà affectée à aucun ser=
vice; — 3° Mode de gestion des propriétés départementales; —
4° Baux de biens donnés ou pris à ferme et à loyer dans le département; — 5° Autorisation d'ester en justice; — 6° Transactions qui concernent les droits des départements; — 7° Accep=
tation ou refus des dons au département, sans charge ni
affectation immobilière, et des legs qui présentent le même
caractere, ou qui ne donnent pas lieu à réclamation; — 8° Con=
trats à passer pour l'assurance des bâtiments départementaux;
— 9° Projets, plans et devis de travaux exécutés sur les fonds du
département, et qui n'engageraient pas la question de système
ou de regime intérieur, en ce qui concerne les maisons départementales d'arrêt, de justice ou de correction, ou les asiles
d'aliénés; — 10° Adjudication des travaux dans les mêmes
limites; — 11° Adjudication des emprunts départementaux
dans les limites fixées par les lois d'autorisation; — 12° Accep-
tation des offres faites par des communes, des associations ou
des particuliers, pour concourir à la dépense des travaux à la
charge des départements; — 13° Concession à des associations,
à des compagnies ou a des particuliers, des travaux d'intérêt départemental;..... 47° Mode de jouissance en nature des biens
communaux, quelle que soit la nature de l'acte primitif qui ait
approuvé le mode actuel; — 48° Aliénations, acquisitions,
échanges, partages de biens de toute nature quelle qu'en soit
la valeur; — 49° Dons et legs de toute sorte de biens, lorsqu'il
n'y a pas réclamation des familles; — 50° Transactions sur
toutes sortes de biens quelle qu'en soit la valeur; — 51° Baux

(1) Voir plus haut, p. 653.

à donner ou à prendre, quelle qu'en soit la durée; — 52° Distraction de parties superflues de presbytères communaux, lorsqu'il n'y a pas opposition de la part de l'autorité diocésaine; — 53° Tarifs des pompes funèbres; — 54° Tarifs des concessions dans les cimetières; — 55° Approbation des marchés passés de gré à gré; — 56° Approbation des plans et devis de travaux quel qu'en soit le montant; — 57° Plans d'alignement des villes; — 58° Assurances contre l'incendie; — 59° Tarif des droits de voirie dans les villes; — 60° Établissement de trottoirs dans les villes; — 61° Fixation de la durée des enquêtes qui doivent avoir lieu en vertu de l'ordonnance du 18 février 1834, pour les travaux de construction de chemins vicinaux d'intérêt commun et de grande communication, ou de ponts à péage situés sur ces voies publiques, quand ils n'intéressent que les communes d'un même département; — 62° Reglement des indemnités pour dommages résultant d'extraction de matériaux destinés à la construction des chemins vicinaux de grande communication; — 63° Règlement des frais d'expertise mis à la charge de l'administration, notamment en matière de subventions spéciales pour dégradations extraordinaires causées aux chemins vicinaux de grande communication.

Tableau B.

..... 7° Autorisation des établissements insalubres de première classe, dans les formes déterminées pour cette nature d'établissements, et avec les recours existant aujourd'hui pour les établissements de deuxième classe; — 8° Autorisation de fabriques et ateliers dans le rayon des douanes, sur l'avis conforme du directeur des douanes;..... 10° Autorisation de fabriques d'eaux minérales artificielles.

Tableau C.

..... 2° Location amiable, après estimation contradictoire, de la valeur locative des biens de l'État, lorsque le prix annuel n'excède pas cinquante francs; — 3° Concessions de servitudes à titre de tolérance temporaire et révocables à volonté; — 4° Concessions autorisées par les lois des 20 mai 1836 et 10 juin 1847 des biens usurpés, lorsque le prix n'excède pas 2,000 francs; — 5° Cession de terrains domaniaux compris dans le tracé des routes nationales, départementales et des chemins vicinaux;

— 6° Échanges de terrains provenant de déclassement de routes, dans le cas prévu par l'article 4 de la loi du 20 mai 1836 ; — 7° Liquidation de dépenses, lorsque les sommes liquidées ne dépassent pas 2,000 francs ; — 8° Demandes en autorisation concernant les établissements et constructions mentionnés dans les art. 151, 152, 153, 154 et 155 du Code forestier ; — 9° Vente sur les lieux des produits façonnés provenant des bois des communes et des établis-ements publics, quelle que soit la valeur de ces produits ; — 10° Travaux à exécuter dans les forêts communales ou d'établissements publics, pour la re-cherche et la conduite des eaux, la construction des récipients ou autres ouvrages analogues, lorsque ces travaux auront un but d'utilité communale ; — 11° Approbation des adjudications pour la mise en ferme des bacs ; — 12° Reglement, dans les cas où il n'est pas dérogé au tarif municipal, des remises allouées aux percepteurs-receveurs des associations de desséchement.

Tableau D.

1° Autorisation, sur les cours d'eau navigables ou flottables, des prises d'eau faites au moyen de machines, et qui, eu égard au volume du cours d'eau, n'auraient pas pour effet d'en altérer sensiblement le régime ; — 2° Autorisation des établissements temporaires sur lesdits cours d'eau, alors même qu'ils auraient pour effet de modifier le régime ou le niveau des eaux ; fixation de la durée de la permission ; — 3° Autorisation sur les cours d'eau non navigables ni flottables de tout établissement nouveau, tels que moulin, usine, barrage, prise d'eau d'irriga-tion, patouillet, bocard, lavoir à mines ; — 4° Régularisation de l'existence desdits établissements, lorsqu'ils ne sont pas encore pourvus d'autorisation réguliere, ou modification des rè-glements déjà existants ; — 5° Établissement de prises d'eau pour fontaines publiques dans les cours d'eau non navigables ni flottables, sous la reserve des droits des tiers ; — 6° Disposi-tions pour assurer le curage et le bon entretien des cours d'eau non navigables ni flottables de la manière prescrite par les an-ciens règlements ou d'après les usages locaux ; réunion, s'il y a lieu, des propriétaires intéressés en associations syndicales ; — 7° Répartition, entre l'industrie et l'agriculture, des eaux des cours d'eau non navigables ni flottables, de la manière prescrite par les anciens règlements ou les usages locaux ; — 8° Constitution en associations syndicales des propriétaires

intéressés à l'exécution et à l'entretien des travaux d'endigue-
ment contre la mer, les fleuves, les rivières et torrents, navigables ou non navigables, de canaux d'arrosage ou de canaux
de desséchement, lorsque ces propriétaires sont d'accord pour
l'exécution desdits travaux et la répartition des dépendances; —
9° Autorisation et établissement des débarcaderes sur les
bords des fleuves et rivières pour le service de la navigation;
fixation des tarifs et des conditions d'exploitation de ces dé-
barcadères; — 10° Approbation de la liquidation des plus-
values ou des moins-values en fin de bail du matériel des bacs
affermés au profit de l'État; — 11° Autorisation et établissement des bateaux particuliers; — 12° Fixation de la durée des
enquêtes à ouvrir, dans les formes déterminées par l'ordonnance du 18 février 1834, lorsque ces enquêtes auront été autorisées en principe par le ministre, et sauf le cas où les enquêtes
doivent être ouvertes, dans plusieurs départements sur un
même projet; — 13° Approbation des adjudications autorisées
par le ministre pour les travaux imputables sur les fonds du
Trésor ou des départements, dans tous les cas où les soumissions
ne renferment aucune clause extra-conditionnelle, et où il
n'aurait été présenté aucune réclamation ou protestation; —
14° Approbation des prix supplémentaires pour des parties
d'ouvrages non prévues au devis, dans le cas où il ne doit résulter de l'exécution de ces ouvrages aucune augmentation
dans la dépense; — 15° Approbation, dans la limite des crédits
ouverts, des dépenses dont la nomenclature suit : — a. Acquisition de terrains, d'immeubles, etc., dont le prix ne dépasse
pas 25,000 francs; — b. Indemnités mobilières; — c. Indemnités pour dommages; — d. Frais accessoires aux acquisitions
d'immeubles, aux indemnités mobilières et aux dommages ci-
dessus désignés; — e. Loyers de magasins, terrains. etc.; —
f. Secours aux ouvriers réformés, blessés, etc., dans les limites
déterminées par les instructions; — 16° Approbation de la répartition rectifiée des fonds d'entretien et des décomptes défi-
nitifs des entreprises, quand il n'y a pas d'augmentation sur
les dépenses autorisées; — 17° Autorisation de la mainlevée
des hypothèques prises sur les biens des adjudicataires ou de
leurs cautions, et du remboursement des cautionnements après
la réception définitive des travaux; autorisation de la remise
à l'Administration des domaines des terrains devenus inutiles
au service.

CLXXXVIII. — *Extrait d'une Instruction préfectorale
sur l'affichage des murs pignons* (1).

13 septembre 1861.

Un autre point a également appelé mon attention,
c'est celui de la redevance. L'uniformité du prix de
1 franc par chaque mètre superficiel, et par an, ne me
semble pas rationnelle. En effet, la jouissance d'un
mur pignon est beaucoup plus profitant dans les quartiers riches ou commerçants, que dans les parties
excentriques. Il y a donc lieu de déterminer ici, comme
je l'ai fait pour les terrains communaux, par ma circulaire du 15 décembre 1860, un tarif basé sur la
valeur même du terrain, en tenant compte, toutefois,
dans la fixation du chiffre des redevances, de la diffé-
rence qui existe entre les deux genres d'occupation.

J'ai décidé que le nouveau tarif applicable aux murs
pignons serait fixé, à partir de ce jour, de la manière
suivante :

Pour les murs pignons assis sur des terrains d'une
valeur au-dessous :

de . . .   100 fr.   0 fr. 50 c. par mètre et par an.
de 101 à 200   0   75   —
de 201 à 300   1   »   —
de 301 à 400   1   50   —
de 401 à 500   2   »   —
de 501 à 600   2   50   —
de 601 et au-dessus 3   »   —

Signé : HAUSSMANN.

(1) PRÉFECTURE DE LA SEINE (DIRECTION DE LA VOIRIE).

CLXXXIX. — INSTRUCTION *concernant la voirie urbaine* (1).

Circulaire aux Sous-Préfets, avec Instruction concernant la voirie urbaine.

31 mars 1862.

Monsieur le Sous-Préfet, je me suis aperçu que, dans plusieurs localités, les autorisations de construire le long des voies publiques ne sont pas toujours données avec toute la célérité désirable : si les communes n'ont pas de plans d'alignement homologués par l'autorité compétente, les maires sont souvent indécis sur ce qu'ils doivent faire; quelques-uns doutent qu'ils puissent obliger les propriétaires riverains à reculer ou à avancer leurs constructions; d'autres pensent qu'ils n'ont pas le droit de statuer avant d'en avoir référé au conseil municipal.

D'un autre côté, la commission de voirie vicinale et communale instituée près de la Préfecture pour examiner les projets d'alignement soumis à mon approbation, et me rendre compte de leur mérite, se plaint de ce que les plans sont rarement établis d'une manière uniforme, qu'ils manquent des indications nécessaires pour faire apprécier l'opportunité et la convenance des travaux proposés, et qu'ils laissent sur divers points une incertitude telle qu'il est difficile de juger si les modifications demandées dans les enquêtes sont susceptibles d'être admises.

(1) PRÉFECTURE DE LA SEINE, *Recueil des Actes administratifs*, XIXe année, 1862, n° 3.

Lorsque les plans sont arrêtés, les maires ne tiennent pas assez la main à l'exécution des règlements
qui défendent de faire aucuns travaux de nature à retarder la reprise d'alignement. Beaucoup semblent
ignorer les pouvoirs qui leur sont conférés à ce sujet,
et les servitudes dont sont frappés les terrains qui doivent servir à l'élargissement des rues, places, etc.

Enfin si, par suite de constructions nouvelles, un
propriétaire délaisse du terrain à la voie publique, ou
si c'est au contraire la commune qui en cède au riverain, il se passe ordinairement un temps considérable
avant que l'indemnité due à l'un ou à l'autre puisse
être payée. Il suffit qu'il n'y ait pas accord sur le prix
pour que l'affaire reste sans solution.

En général, les questions relatives aux demandes
en autorisation de bâtir, à la délivrance des permissions, à la confection des plans d'alignement, aux
conséquences qui découlent tant de l'approbation que
de l'exécution de ces plans, à la répression des contraventions, etc., sont presque partout perdues de vue;
il m'a donc paru utile de rappeler aux maires les
principes qui régissent cette partie importante de leurs
attributions, afin d'éviter à l'avenir des lenteurs re-
grettables et des conflits qui nuisent autant aux intérêts privés qu'à ceux des communes. Ces principes
sont résumés dans l'instruction ci-jointe, que je vous
prie de transmettre aux maires de votre arrondissement et à l'exécution de laquelle vous voudrez bien
veiller, en ce qui vous concerne.

Recevez, Monsieur le Sous-Préfet, l'assurance de ma
considération distinguée.

Le Sénateur, Préfet,
Signé : G.-E. HAUSSMANN.

SOMMAIRE

DES

MATIÈRES TRAITÉES DANS L'INSTRUCTION

Observation. — Les arrêts de la Cour de cassation cités dans l'instruction émanent généralement de la Chambre criminelle. Lorsqu'ils ont été rendus par d'autres chambres, il en est fait mention.

INSTRUCTION.

§ 1er. — Autorisation nécessaire pour bâtir. — Comment et par qui elle est donnée. — Réclamations en cas de refus ou de restrictions mises à son obtention. — Par qui elles sont jugées. — Réserve des droits des tiers. — Perception des droits de voirie.

Art. 1er. L'édit du mois de décembre 1607 est la loi constitutive et fondamentale de la petite voirie en France. (*Cass.*, 13 *juil.* 1860, *Barbey et Fardé.*)

Art. 2. Or, par cet édit, Henri IV a défendu à tous ses sujets de construire, reconstruire ou réparer aucun édifice, mur ou clôture, sur ou joignant la voie publique, et d'établir aucun ouvrage en saillie sur la façade des maisons, sans en avoir demandé et obtenu la permission de l'autorité compétente.

Art. 3. Ces prohibitions, qui ne concernaient d'abord que les villes, ont été sanctionnées et étendues à tous les bourgs et villages par la loi des 16-24 août 1790, ainsi que par l'art. 471 du Code pénal. (*Avis, Cons. d'Etat,* 14 *nov. et* 10 *déc.* 1823, 10 *août* 1825 *et* 1er *fév.* 1826; *Cass.*, 22 *fév.* 1839, *Crépin.*)

Art 4. Elles sont obligatoires par elles-mêmes, sans qu'il soit besoin que les maires aient rappelé les citoyens à leur observation par des arrêtés spéciaux. (*Cass.*, 9 *fév.* 1833, *Courtet;* 3 *juil.* 1835, *Rambaud;* 10 *nov.* 1836, *V° Chaumeron;* 23 *janv.* 1841, *V° Jeannin;* 9 *août* 1855, *Thamoineau;* 26 *août* 1859, *Causse et consorts.*)

Art. 5. Elles conservent également toute leur autorité et toute leur force dans les communes qui ne sont pas encore pourvues de plans généraux ou partiels d'alignements. (*Cass.*, 8 *janv.* 1841, *Lieutard et Romey;* 5 *fév.* 1844, *Ch. réun.*, *Corneille;* 14 *fév.* 1845, *Maupérin-Tondeur;* 14 *déc.* 1846, *Ch. réun.*, *Michelini;* 19 *mars* 1858, *Dussault;* 23 *août* 1860, *Ve Martin.*)

Art. 6. Mais si l'emplacement sur lequel on veut bâtir ou si l'édifice que l'on désire réparer ne joint pas la voie publique actuelle, une autorisation n'est pas nécessaire, lors même que le terrain nu et celui que couvre la construction seraient destinés à être occupés, soit pour l'ouverture d'une voie publique nouvelle, soit pour le prolongement d'une voie publique ancienne. Tant qu'il n'a pas été exproprié pour de telles opérations, le détenteur ne doit éprouver aucune gêne dans l'exercice légal de son droit de propriété. (*Cass.*, *Ch. réun.*, 25 *juil.* 1829, *Chandesais, et* 24 *nov.* 1837, *Mallez;* 17 *mai* 1838, *Coulin;* 28 *fév.* 1846, *Baril;* 6 *juil.* 1855, *Faure-Jublin;* 4 *juin* 1858, *Montels et Bernard;* 28 *juin* 1861, *Déhu; Avis, Cons. d'État,* 1er *février* 1826.)

Art. 7. Il en est de même pour les bâtiments que l'ouverture d'une rue nouvelle a rendus riverains de cette rue et qui forment saillie sur son alignement. Les propriétaires n'en conservent pas moins tous les droits appartenant aux détenteurs des terrains qui ne joignent pas la voie publique actuelle; dès lors, ces bâtiments sont également affranchis de toutes les servitudes de voirie, tant que l'expropriation n'en a pas été prononcée. (*Avis, Cons. d'État,* 13 *mars* 1838, *ville de Tours; Cass.,* 19 *juil.* 1861, *Lucotte.*)

Art. 8. Les riverains des rues ou passages qui ne sont pas encores classés au nombre des voies publiques communales, ne sont pas tenus non plus de se pourvoir d'une autorisation pour y faire des constructions; les principes qui régissent la voirie urbaine ne sont pas, en effet, applicables aux communications de cette nature. (*Cass.*, 13 *mai* 1854, *Bonamy*; 27 *juil.* 1854, *Azeau.*)

Art. 9. Dans tous les autres cas, une autorisation est exigée, même pour les ouvrages qui paraissent peu importants ou sans influence sur la durée des constructions, tels que l'agrandissement d'une baie, la construction d'un balcon, l'attache de persiennes ou de jalousies à une fenêtre, l'établissement d'une enseigne, la dépose et repose d'une borne, l'application d'un badigeon, la plantation d'une haie, etc. (*Cass.*, 21 *août* 1835, *Piscoret et Desaubes*; 4 *oct.* 1839, *Piétri*; 20 *oct.* 1841, *Hory*; 12 *fév.* 1847, *Buisson*; 13 *nov.* 1847, *Rouchon*; 1er *juil.* 1848, *Portois*; 29 *mai* 1852, *Génin*; 11 *fév.* 1859, *Lacave.*)

Art. 10. Toutefois, elle n'est pas indispensable pour de simples travaux d'entretien, tels que la réparation de la toiture d'une maison. (*Cass.*, 15 *oct.* 1853, *Sarailliet.*)

Art. 11. Les constructions en retraite sont soumises aux mêmes servitudes que les constructions en saillie, puisque les unes ne nuisent pas moins que les autres à l'embellissement des rues, et que, en outre, elles sont préjudiciables au public sous le rapport de la propreté, de la salubrité et de la sûreté. (*Cass.*, 26 *sept.* 1840, *Lenoble*; 12 *fév.* 1848, *Calmels de Puntis*, 5 *nov.* 1853, *Goutant*; 30 *août* 1855, *Percin*; 17 *fév.* 1860, *Malga.*)

Art. 12. Ce serait d'ailleurs une erreur de croire que les bâtiments situés sur l'alignement demeurent affranchis de ces servitudes, et que l'on peut se passer d'une autorisation pour y faire des travaux. (*Cass.*, 9 *février* 1833, *Pascal*; 7 *sept.* 1838, *Mille-*

*ville; Décis. Minist. Int., 21 déc. 1837, comm. de Les-
parre.)*

Art. 13. Enfin, lorsqu'un mur pignon, mis à découvert par la démolition d'une maison qui était en saillie, se trouve joindre la voie publique, qu'il soit de face ou latéral, il devient aussi soumis aux servitudes ordinaires de voirie ; on ne peut, en conséquence, ni le reconstruire, ni le réparer sans autorisation. *(Arrêt, Cons. d'État, 5 déc 1834, V* Bertrand; 31 janv. 1861, Royer; Cass., 17 janv. 1840, Delalonde.)*

Art. 14. L'obligation d'une autorisation suivant les formes administratives étant d'ordre public, un particulier ne pourrait y suppléer par un jugement de la juridiction civile qui, dans un intérêt privé, l'aurait condamné à élever, modifier ou réparer une construction sur ou joignant la voie publique. *(Cass., 16 juillet 1840, Ch. réun., Delalonde; 1er février 1845, Duclos.)*

Art. 15. Une autorisation est également nécessaire, quand même l'exécution des travaux serait la conséquence d'un traité passé avec la commune, soit pour l'ouverture ou l'élargissement d'une rue, soit pour la réparation d'un dommage résultant d'un changement du niveau de la voie publique. *(Cass., 18 mai 1844, Bouchardy; 17 nov. 1853, Blondel.)*

Art. 16. Les demandes en autorisation de bâtir ou de réparer sont signées par le propriétaire ou son fondé de pouvoirs. Elles doivent être libellées sur papier timbré. *(Loi, 13 brum. an VII, art. 12.)*

Art. 17. Henri IV a compris, dans la généralité des termes de la prohibition faite par son édit, non-seulement les propriétaires riverains, mais encore tous les ouvriers et artisans sans le concours desquels la contravention qu'elle tend à prévenir ne pourrait être commise. (*Cass.*, 26 *mars* 1841, *Audusseau ;* 13 *juil.* 1860, *Barbey et Fardé*.)

Art. 18. Un règlement municipal peut donc as-treindre les maçons, charpentiers', etc., qui se char-gent de l'entreprise des travaux, à en faire la dé-claration à la mairie, surtout si le propriétaire ne leur représente pas une permission régulière (*Cass.*, 31 *août* 1833, *Dechelle et consorts ;* 10 *avril* 1841, *Per-raudeau*.)

Art. 19. L'autorisation doit être donnée par le maire ou son adjoint, et, en cas d'empêchement, par le con-seiller municipal qui remplit provisoirement les fonc-tions de maire.

Celle qui, ne fût-elle que provisoire, émanerait du voyer de la commune ou de toute autre personne non investie du droit de la délivrer serait nulle et de nul effet. (*Cass.*, 6 *juil.* 1837, *Ch. réun., Giraud ;* 3 *sept.* 1846, *Filippi ;* 28 *mars* 1856, *Duboin*.)

Art. 20. Un propriétaire ne serait donc pas en règle parce que, après l'envoi de sa pétition, l'agent-voyer communal serait venu tracer l'alignement sur lequel il lui aurait déclaré qu'il pouvait construire. (*Cass.*, 17 *nov.* 1831, *Vingtrinier*.)

Art. 21. Le préfet lui-même ne pourrait, sans em-piéter sur les attributions municipales, permettre de bâtir ou de conserver un ouvrage en saillle dans une rue dépendant de la petite voirie. (*Arrêts, Cons. d'État*, 4 *mai* 1826, *Landrin ;* 28 *nov.* 1861, *Liouville ; Cass.*, 3 *août* 1837, *Grossetête*.)

Art. 22. Les compétences étant d'ordre public, nul ne peut être admis à soutenir qu'il ignore les prin-cipes qui les régissent. Dès lors, le propriétaire qui aurait élevé des constructions sur une voie commu-nale, en vertu d'une autorisation obtenue du Préfet, ne pourrait, s'il était obligé de les démolir, intenter une action en indemnité contre l'administration. (Ar= rêt, Cons. d'État, 4 mai 1826, Landrin.)

Art. 23. Lorsque la maison qu'il s'agit d'édifier ou de réparer borde d'un côté une route et de l'autre une rue, l'autorisation délivrée par le Préfet pour la partie située sur la grande voirie ne dispense pas le proprié= taire d'en demander une seconde au Maire pour la par= tie située sur la petite voirie. (Cass., 25 août 1843, Plu; 17 fév. 1844, Mahieux.)

Art. 24. Si le bâtiment est compris dans la zone des servitudes militaires, l'autorisation de l'officier du génie ne dispense pas non plus de celle du Maire. (Cass., 15 avril 1858, Josse.)

Art. 25. L'édit de 1607 veut que, après les ouvrages terminés, l'administration fasse vérifier si l'impétrant s'est exactement conformé à l'autorisation qu'il a re- çue. Il est donc nécessaire que cette autorisation, qui constitue d'ailleurs un acte administratif destiné à produire des effets légaux, soit donnée par écrit, qu'elle ait une date certaine et qu'elle précède l'exé- cution des travaux. (Cass., 4 août 1837, Gayette; 21 juil. 1838, Lucet; 12 août 1841, Audouard; 28 mars 1856, Duboin; 23 avril 1859, Benedetti; 5 juil. 1860, Testreau.)

Art. 26. En conséquence, une autorisation qui ne peut être représentée, telle qu'une autorisation ver- bale, n'a pas la moindre valeur; il est impossible, en effet, de constater s'il a été satisfait ou non à des pre- scriptions dont il n'existe aucune trace. (Arrêt, Cons. d'État, 23 fév. 1839, Lasnier; Cass., 12 juil. 1849, Du= chemin; 26 janv. 1856, Daget.)

Art. 27. La forme des actes par lesquels les Maires doivent délivrer les permissions de voirie n'a été indi-

quée par aucun règlement. Celle d'un arrêté étant la
plus commode, il convient de l'adopter.

Art. 28. Les arrêtés de cette nature n'ont pas besoin
d'être soumis aux formalités exigées par l'art. 11 de
la loi du 18 juillet 1837 pour les arrêtés qui statuent
d'une manière générale et permanente; ils sont immédiatement exécutoires. (*Cass.*, 5 *août* 1858, *Defaye.*)

Art. 29. La copie destinée à l'impétrant doit être
expédiée sur papier timbré. Si le maire emploie à ce
sujet des formules imprimées, il peut les faire viser
pour timbre au bureau de l'enregistrement. (*Lois*,
13 *brum.*, an *VII*, art. 12, *et* 15 *mai* 1818, *art.* 80; *Décis.
Min. Fin.*, 5 *mai* 1860.)

Art. 30. L'administration n'est pas tenue de notifier
les permissions de voirie qu'elle délivre. Il suffit qu'elle
les envoie à l'impétrant ou que celui-ci les retire à la
mairie. La notification serait d'ailleurs superflue, puisque celui qui veut construire ou réparer ne peut le
faire qu'après s'être pourvu de l'autorisation sans laquelle il doit s'abstenir, et dont, par conséquent, il ne
peut prétexter cause d'ignorance. (*Cass.*, 6 *juil.* 1837,
Ch. réun , *Giraud;* 8 *juin* 1844, *Blanchet.*)

Art. 31. L'autorisation crée, en faveur de celui qui
l'a obtenue, un droit qu'il peut exercer tant qu'elle n'a
pas été modifiée ou rapportée par l'autorité supérieure.
(*Cass.*, 6 *fév.* 1851, *Riffay.*)

Art. 32. Toutefois, si, lorsque le Maire n'a pas fixé
le délai pendant lequel elle était valable, l'impétrant
laisse passer une année entière sans en faire usage,
elle se trouve périmée de plein droit, suivant la règle
contenue à ce sujet dans les Lettres-Patentes du 22 octobre 1733, spéciales à la ville de Paris, et que leur
utilité générale rend applicables à toutes les commu-

nes. (*Cass.*, 10 *mars* 1859, *Bernardi ;* 29 *juil.* 1859, *Divoux.*)

Art. 33. Mais lorsque les travaux ont été entrepris avant que l'année fût révolue, ils peuvent être continués au delà de son expiration sans une autorisation nouvelle, pourvu qu'ils n'aient pas été interrompus et qu'aucune limite de temps n'ait été prescrite dans l'arrêté pour leur exécution. (*Cass.*, 11 *juil.* 1857, *Brune.)*

Art. 34. Le maire n'a pas le droit d'imposer, comme condition de l'exécution du travail qui fait l'objet de la demande, l'obligation d'en faire un autre qui n'a pas de rapports avec le premier. Il ne pourrait, par exemple, autoriser la réparation de la toiture ou de la façade d'une maison, à la condition de supprimer des gouttières saillantes ou des portes s'ouvrant en dehors ; de pareilles prescriptions doivent faire l'objet de mesures générales. (*Avis, Cons. d'État*, 2 *fév.* 1825, *ville de Bordeaux.*)

Art. 35. Si le maire répond par un refus, ou si les restrictions dont il accompagne l'autorisation qu'il délivre ne satisfont pas l'impétrant, celui-ci peut se pourvoir devant le Préfet. Il s'adresserait à tort aux tribunaux pour faire décider que le refus n'est pas fondé ou que les conditions imposées sont illégales. Il lui est d'ailleurs expressément défendu de passer outre à l'exécution des travaux refusés. (*Loi*, 14-22 *déc.* 1789, art. 60 ; *Arrêt, Cons. d'État*, 7 *fév.* 1834, *Bonnefoy ; Cass.*, 26 *sept.* 1851, *Ve Mézaille.*)

Art. 36. Un tiers qui se croit lésé par l'autorisation donnée par le maire peut également se pourvoir devant le Préfet. (*Arrêt, Cons. d'État*, 10 *août* 1828, *Anthéaume.*)

Art. 37. Les réclamants peuvent même exercer leur

recours devant le Ministre de l'Intérieur contre la décision du Préfet; mais ils ne pourraient lui déférer
directement l'arrêté du Maire. (*Arrêt, Cons. d'État,
16 juin 1824, Versigny; Décis. Min. Int., 13 sept. 1838,
ville de Cusset.*)

Art. 38. Aucun délai n'est imposé par les lois et
règlements sur la matière pour la présentation des
pourvois. L'arrêté municipal ou préfectoral peut donc
être réformé à quelque époque que ce soit; mais tant
qu'il subsiste, il est obligatoire. (*Arrêt, Cons. d'État,
14 juin 1836, Monmory; Cass., 20 juin 1829, Bicheux.*)

Art. 39. Le Maire qui donne ou refuse une permission de voirie n'agit pas comme syndic de la commu-
nauté des habitants ou comme investi des seules fonctions propres au pouvoir municipal; il prend une
mesure de police par délégation et sous la surveillance de l'autorité administrative. (*Loi, 18 juil. 1837,
art. 10, n° 1; Cass., 17 août 1837, Gazeau.*)

Art. 40. Simple agent subordonné en cette matière
à ses supérieurs dans l'ordre hiérarchique, il ne peut
donc être admis à critiquer leurs actes ni, par conséquent, à se pourvoir personnellement contre l'arrêté
du Préfet.

Art. 41. Mais, si cet arrêté paraît léser les intérêts
de la commune, celle-ci peut, par l'organe du maire,
en demander la réformation au Ministre de l'Intérieur.
(*Arrêt, Cons. d'État, 25 janv. 1838, commune de Les-
parre.*)

Art. 42. La décision par laquelle le Ministre de l'Intérieur confirme ou infirme l'arrêté préfectoral est un
acte administratif non susceptible de recours au Conseil d'État par voie contentieuse. (*Arrêts, Cons. d'État,
7 avril 1824, Robert c. Avit-Gréliche; 5 déc. 1837,
Bertrand-Menvielle.*)

Art. 43. Les Maires doivent statuer le plus promptement possible sur les demandes qui leur sont adressées; néanmoins, le retard qu'ils apporteraient à ce sujet n'autoriserait pas un propriétaire à commencer ses travaux avant d'en avoir reçu la permission, quand bien même il aurait mis le Maire en demeure de lui répondre dans un délai déterminé, attendu qu'il n'a pas le droit d'imposer une pareille obligation pour s'affranchir de l'observation d'une règle d'ordre public et qu'il peut toujours recourir à l'autorité administrative supérieure pour faire rendre la décision qu'il sollicite. (*Cass.*, 6 *déc.* 1834, *Coicaud;* 21 *févr.* 1845, *V*e *Samson-Lepesqueur.*)

Art. 44. Le propriétaire qui prétendrait avoir éprouvé un dommage, par suite du retard que l'administration aurait mis à répondre à sa demande, ne pourrait porter sa réclamation devant l'autorité judiciaire. (*Arrêt, Cons. d'État*, 19 *déc.* 1838, *Hédé.*)

Art. 45. Les autorisations de l'espèce sont essentiellement restrictives de leur nature ; elles interdissent donc virtuellement l'exécution de tous travaux qui ne s'y trouvent pas compris en termes précis et formels. Ainsi, l'autorisation de gratter, blanchir et badigeonner n'emporte pas l'autorisation de recrépir. (*Cass.*, 19 *nov.* 1840, *Flandrai et Ferrand;* 21 *mars* 1846, *Bouchard.*)

Art. 46. Les Maires ont d'ailleurs le droit de statuer sur tous les cas de petite voirie sans l'intervention du conseil municipal. (*Lois*, 14-22 *déc.* 1789, *art.* 50); 16-24 *août* 1790, *titre XI, art.* 3; 18 *juil.* 1837, *art.* 10 et 14; *Cass.*, 6 *avril* 1837, *Ch. des req., comm. de Decize c. Cartier.*)

Art. 47. Leurs autorisations n'étant données que sous le rapport de la police et de la voirie, ne dispen-

sent pas les impétrants de se conformer aux lois et
règlements qui soumettent à des servitudes spéciales
les propriétés situées sur le bord des fleuves et rivières, autour des places de guerre, près des cimetières, dans le voisinage des forêts et le long des chemins de fer. (*Ordonn.*, *août 1669, titre XXVIII, art. 7 ;
Loi 8-10 juil. 1791, titre I*er*, art. 30 et suivants ; Décret,
7 mars 1808 ; Code forest., art. 154 et suivants ; Loi,
15 juil. 1845.*)

Art. 48. Le Maire n'a pas à se préoccuper de la
question de savoir si le pétitionnaire est bien propriétaire du terrain sur lequel il se propose de bâtir ; les
permissions de voirie étant toujours données aux risques et périls de ceux qui les obtiennent et ne préju-
diciant nullement aux droits des tiers. (*Arrêts, Cons.
d'État, 3 déc. 1853, Jourdain ; 31 mai 1855, Favatier c.
David.*)

Art. 49. Il ne devrait donc pas surseoir à statuer sur
la demande d'une autorisation jusqu'après le jugement
par le tribunal compétent d'une contestation relative
à la jouissance de ces droits. (*Cass., Ch. civ., 17 avril
1823, Dupuis c. la Comp. des Canaux.*)

Art. 50. Après avoir délivré la permission d'élever
ou de réparer une construction sur ou joignant la voie
publique, le Maire dresse l'état des droits de voirie dus
par l'impétrant, conformément au tarif en vigueur
dans la commune. (*Loi, 18 juil. 1837, art. 31, n° 8.*)

Art. 51. Cet état est remis au receveur municipal
pour en opérer le recouvrement au profit de la commune, dans les formes déterminées par l'article 63 de
la loi du 18 juillet 1837. (*Avis, Cons. d'État, 11 janv.
1848.*)

Art. 52. Dès lors, si des poursuites sont nécessaires,
l'état que le Maire a arrêté doit être visé par le Sous-

préfet; cette formalité est exigée pour le rendre exécutire.

Art. 53. Le Conseil de Préfecture est incompétent pour statuer sur les réclamations auxquelles la perception de ces droits peut donner lieu. (*Arrêt, Cons. d'État, 26 août 1858, commune de Philippeville c. Alby et Graumann.*)

Art. 54. Ces réclamations sont jugées administrativement, c'est-à-dire par le Préfet, sauf recours au Ministre de l'Intérieur.

Art. 55. Aucune distinction n'est d'ailleurs établie entre les bâtiments élevés par des particuliers, et ceux affectés à des services publics, les droits sont dus aussi bien pour les uns que pour les autres. (*Avis, Cons. d'État, 11 janv. 1848.*)

Art. 56. Cependant, comme ces mêmes droits sont, en quelque sorte, la rémunération des frais qu'occasionne la délivrance des alignements , les Maires ne sont pas autorisés à les réclamer pour des constructions élevées dans des rues ou passages qui sont restés des propriétés privées. (*Décis. Min. Int., 27 juil. 1861, comm. de Saint-Maur (Seine).*)

§ 2. Ce qu'on entend par l'alignement. — Par qui et comment il est délivré. — Réclamations qu'il soulève. —Devant qui elles sont portées.

Art. 57. En donnant la permission d'élever une construction le long de la voie publique, le Maire indique l'alignement à suivre.

Art. 58. L'alignement, qu'il ne faut pas confondre avec le bornage ou la délimitation du domaine public communal, est la ligne sur laquelle doivent être établies les façades des constructions, de chaque côté des rues, places, etc., pour que ces voies obtiennent ou conservent la largeur et la direction que l'administration a jugé utile de leur assigner, en vue de la sûreté et de la facilité de la circulation, ainsi que de la salubrité publique et de l'embellissement des villes.

Art. 59. En conséquence, l'alignement peut être tracé en dedans comme en dehors de la ligne qui sépare la voie publique actuelle des propriétés riveraines. Il peut aussi se confondre avec cette ligne.

Art. 60. L'alignement intéressant particulièrement la sûreté et la commodité du passage, le pouvoir de le déterminer entre dans les attributions conférées exclusivement aux officiers municipaux, remplacés aujourd'hui par les maires, et implique l'obligation de veiller à ce qu'on n'entreprenne, sur ou joignant la voie publique, aucune construction qui n'aurait pas été préalablement autorisée. (*Lois, 14-22 déc. 1789, art. 50; 16-24 août 1790, titre XI, art. 3 ; 19-22 juil. 1791, art. 29 et 46; Cass., 29 mars 1821, Vaquerie; 14 sept. 1827, Pignatel; 20 juin 1829, Bicheux; 5 août 1858, Defaye; Avis, Cons., d'État, 3 avr. 1824.*)

Art 61. L'exercice de ce pouvoir n'est nullement subordonné à l'existence de plans arrêtés par l'autorité compétente. En effet, lorsqu'elle a assujetti les Maires à délivrer les alignements d'après ces plans, la loi du 16 septembre 1807, loin de leur enlever le droit qu'ils tenaient de la législation antérieure, de statuer dans tous les cas, n'a fait que confirmer cette législation et lui donner une nouvelle force. (*Cass., Ch. civ., 21 déc. 1824, Rodières; 6 sept. 1828, Jullien; 21 nov. 1828, Huvelin; 18 juin 1831, Falque; 6 octobre 1832, Bézins; 20 juil. 1833, Bouzingen; 10 mai 1834, Ch. réun., Langlois; même jour, Ch. réun., Challine; 16 oct.*

1835, *Mathevet;* 6 *juil.* 1837, *Ch. réun., Giraud;* 8 *janv.*
1841, *Lieutard et Romey;* 22 *mai* 1842, *Perraud;* 30 *janv.*
1847, *Basfoy;* 1ᵉʳ *août* 1856, *Roubaud.*)

Art. 62. Un système contraire serait subversif de
tout ordre, de toute amélioration dans l'intérieur des
cités ; il ne permettrait pas de faire jouir les habitants
des avantages d'une bonne police, et ce serait une violation manifeste des règles établies tant par l'ancien
que par le nouveau droit public. (*Cass.,* 18 *sept.* 1828,
Darolles.)

Art. 63. Dès lors, quand il existe un plan d'alignement, le Maire est tenu de s'y conformer exactement.
S'il s'en écartait, il commettrait un excès de pouvoir
et pourrait être passible de dommages-intérêts envers
le propriétaire obligé de démolir des constructions qui
se trouveraient irrégulièrement établies. (*Loi,* 16 *sept.*
1807, *art.* 52; *Décis. Min. Int.,* 1ᵉʳ *août* 1842, *ville de
Poitiers.*)

Art. 64. Mais, à défaut d'un plan dûment homologué, le Maire fixe, comme il l'entend, les alignements partiels qui lui sont demandés, en conciliant,
autant que faire se peut, l'intérêt public avec l'intérêt
particulier, et en prenant pour base de ses actes un
ensemble d'alignements raisonné. (*Décret,* 27 *juil.*
1808; *Arrêt, Cons. d'État,* 4 *nov.* 1836, *Gaucher; Circul.
Min. Int.,* 23 *août* 1841.)

Art. 65. Il peut donc obliger le riverain à placer sa
nouvelle construction en arrière de l'ancienne. Il peut
même lui donner la faculté de s'avancer sur la voie
publique. (*Avis, Cons. d'État,* 10 *déc.* 1823; *Ordonn.
roy.,* 19 *juil.* 1839, *maire de Brioude; Cass.,* 30 *janv.*
1836, *Weissgerber;* 8 *janvier* 1841, *Lieutard et Romey.*)

Art. 66. En effet, le droit de fixer l'alignement im-

plique nécessairement le droit de satisfaire, en le tra-
çant, à toutes les exigences de l'intérêt local, quelles
qu'en soient les conséquences; autrement il ne serait
qu'illusoire. (*Cass.*, 30 *janv.* 1847, *Basfoy.*)

Art. 67. A quelque degré d'instruction que soit un
plan d'alignement, tant qu'il n'a pas été approuvé par
l'autorité compétente, il n'est qu'un simple projet que
le Maire, s'il lui trouve quelque imperfection, est libre
de ne pas suivre en délivrant un alignement partiel.
(*Décis. Min. Int.*, 8 *déc.* 1837, *Haut-Rhin.*)

Art. 68. Pour être valable, un alignement partiel
n'a pas besoin de la sanction du conseil municipal;
le Maire n'est donc pas tenu de le lui soumettre.
(*Cass.*, *Ch. des req.*, 6 *avril* 1837, *comm. de Decize c.
Cartier.*)

Art. 69. Le droit de délivrer un alignement partiel
donne également au Maire celui de décider si, en l'absence d'un plan dûment homologué, une construction
élevée sans autorisation se trouve mal plantée et doit
être démolie. (*Cass.*, 20 *mai* 1859, *Mouls et Fauvel;*
19 *août* 1859, *Sauret.*)

Art. 70. Que l'alignement soit partiel ou qu'il procède d'un plan approuvé, le Maire, en le délivrant,
doit indiquer clairement les points de repère nécessaires pour établir convenablement le mur de face, et
même prescrire à l'impétrant de se faire tracer sur
place la direction de ce mur par l'agent-voyer communal. Cette dernière opération ne donne lieu d'ailleurs à aucune rétribution. (*Avis, Cons. d'État*, 14 *nov.*
1823.)

Art. 71. Une obligation de cette nature, lorsqu'elle
est insérée dans l'arrêté, est considérée comme une
des conditions substantielles de l'autorisation; en conséquence, le propriétaire qui n'y satisferait pas com-

mettrait une contravention. (*Cass.*, 3 *oct.* 1834, *Four-neaux.*)

Art. 72. Afin d'assurer encore mieux l'exécution de l'alignement, le maire en fait faire le récollement par le même agent, lorsque les fondations ont atteint le niveau du rez-de-chaussée et que la première assise de retraite n'est pas encore posée.

Art. 73. Ce récolement, que le propriétaire est tenu de provoquer, doit aussi être effectué sans frais. (*Édit, mois de déc.* 1607, *art.* 5.)

Art. 74. L'agent qui y procède en dresse un procès-verbal. Une expédition en est remise au propriétaire, s'il en fait la demande, après avoir été visée par le Maire.

Art. 75. Lorsqu'il s'agit de former une clôture en haie vive, celle-ci doit être établie à 50 centimètres en arrière de l'alignement, afin qu'en se développant elle n'anticipe pas sur la largeur assignée à la voie publique. (*Cod. Nap.*, *art.* 671.)

Art. 76. Le propriétaire qui veut bâtir le long d'un boulevard doit être prévenu que l'Administration ne consentira à la suppression ou au déplacement d'aucun arbre pour faciliter l'accès d'une porte charretière, qu'autant que l'impossibilité de placer cette porte dans l'intervalle de deux arbres consécutifs lui serait démontrée.

Art. 77. Si la commune est une de celles ou le décret sur la voirie de Paris a été rendu applicable, le pétitionnaire doit joindre à sa demande un plan et des coupes cotés de la construction qu'il projette, et se soumettre aux prescriptions qui lui seront faites dans l'intérêt de la sûreté publique et de la salubrité. (*Décret*, 26 *mars* 1852, *art.* 4.)

Art. 78. Le Maire ne serait pas fondé à lui imposer

un mode particulier de construction que l'un ou l'autre de ces deux intérêts ne réclameraient pas. (*Cass.*, 14 *août* 1836, *Chavanne et consorts.*)

Art. 79. Il ne pourrait donc pas exiger que, dans des vues d'embellissement et de décoration, il construisît la façade de sa maison suivant une ordonnance d'architecture uniforme ou symétrique, à moins d'engagements pris à ce sujet envers l'administration communale, lors de l'acquisition du terrain sur lequel il est question de bâtir.

Dans ce dernier cas, l'inexécution des engagements contractés ne constituerait pas une contravention de voirie et ne pourrait donner lieu qu'à une action civile. (*Cass.*, 13 *janv.* 1844, *Manigold* ; 23 *août* 1844, *Lefèvre-Testelin.*)

Art. 80. Les arrêtés d'alignement sont des actes administratifs dont le mérite ne peut être apprécié que par l'Administration elle-même ; les réclamations des tiers intéressés sont, en conséquence, jugées administrativement ; tout recours par la voie contentieuse ne serait pas recevable. (*Loi*, 16 *sept.* 1807, art. 2 ; *Décret*, 27 *juil.* 1808, art. 2 ; *Arrêts, Cons. d'État*, 22 *nov.* 1829, *Rousselot de Bienassis* ; 4 *mai* 1830, *Alaus* ; 4 *nov.* 1836, *Gaucher* ; 29 *déc.* 1840, *Ve Hervé* ; 13 *avril* 1850, *Ryberolles c. Chauvassaigne* ; *Circul. Min. Int.*, 23 *août* 1841.)

Art. 81. Le pouvoir de statuer sur ces réclamations a toujours été dévolu à l'autorité chargée de l'homologation des plans ; dès lors, il appartenait avant 1852 au chef de l'État. Le Préfet en est investi depuis cette époque ; mais comme ses décisions sont toujours susceptibles d'être déférées au Ministre de l'Intérieur, il en résulte que c'est maintenant ce dernier qui prononce définitivement. (*Décret*, 25 *mars* 1852 ; *Arrêt, Cons. d'État*, 19 *juil.* 1855, *Crouzet et Sansalva.*)

Art. 82. Ce même pouvoir est juridictionnel; le Préfet ne pourrait donc pas le déléguer au Sous-Préfet. (*Cass.*, 5 *août* 1858, *Defaye.*)

Art. 83. La décision par laquelle le Préfet annule ou maintient un arrêté municipal portant délivrance d'un alignement constitue un titre au profit du particulier qui l'a obtenue. Dès lors, elle ne peut être réformée que par l'autorité supérieure, c'est-à-dire par le Ministre de l'Intérieur. (*Décis. Min. Int.*, 5 *déc.* 1832, *ville de Saint-Étienne.*)

Art. 84. Lorsqu'elle use de son droit de réformation après que l'arrêté d'alignement a produit tous ses effets, l'Administration ne peut rendre cet arrêté comme non avenu et obliger le particulier qui l'a obtenu à démolir des constructions qu'il aurait élevées en s'y conformant. (*Cass.*, 16 *avril* 1836, *Laurey-Gautherin.*)

Art. 85. Aussi, quand les travaux sont déjà commencés ou, à plus forte raison, lorsqu'ils ont été terminés sans que le propriétaire ait reçu l'invitation de les suspendre, ce n'est que sous la réserve d'une indemnité que le Préfet peut faire à l'alignement une modification qui entraîne leur démolition totale ou partielle. (*Arrêt, Cons. d'État*, 14 *juin* 1836, *Monmory ; Circ. Minist. Int.*, 1er *juil.* 1840.)

Art. 86. Si le règlement de cette indemnité ne peut avoir lieu à l'amiable, le montant en est fixé comme en matière d'expropriation pour cause d'utilité publique. (*Arrêt, Cons. d'État*, 12 *déc.* 1818, *Hazet.*)

Art. 87. Lorsque l'alignement qui lui est donné résulte d'un plan dûment homologué, le particulier qui s'en trouverait lésé ne serait pas recevable à réclamer ; mais s'il prétendait que l'alignement n'est pas conforme au plan, il pourrait déférer, pour excès de pouvoir, l'arrêté du Maire au Conseil d'État, par la voie contentieuse. (*Loi, 7-14 oct. 1790, art. 3; Arrêt, Cons. d'État, 30 juin 1842, Génielle.*)

Art. 88. En réglant l'alignement, l'Administration ne préjuge aucunement les droits de propriété et de servitude existant sur le terrain où la construction doit être édifiée. Les contestations qui naissent à ce sujet sont de la compétence de l'autorité judiciaire. (*Arrêt, Cons. d'État, 6 déc. 1853, Sauvaget c. Leroy.*)

Art. 89. Toutefois, lorsqu'un particulier a bâti d'après l'alignement qui lui a été donné par le Maire, un tribunal ne peut lui prescrire, sur la réclamation d'un tiers, de démolir sa construction ou de la rétablir suivant un autre alignement. Il doit renvoyer le plaignant à se pourvoir devant le Préfet contre l'arrêté municipal. Ce n'est qu'après la décision administrative qu'il peut statuer sur la demande en dommages-intérêts résultant de l'exécution des travaux. (*Arrêts, Cons. d'État, 24 fév. 1825, Vᵉ Brun c. Planet et Guérin; 12 déc. 1827, Allard c. Sallin.*)

Art. 90. Le propriétaire qui élève une construction doit, indépendamment de l'alignement, observer les prescriptions des règlements qui existent dans la commune, relativement à la hauteur des maisons, à la dimension des saillies, au mode de couverture des toits, etc.

Il est donc convenable que ces prescriptions soient rappelées dans la permission.

Art. 91. Les Maires ne peuvent d'ailleurs procéder sur toutes ces matières que par la voie de règlements généraux; et de même qu'il ne leur est pas permis de dispenser, par des actes particuliers, certains individus de se conformer aux règlements de cette nature, ils ne peuvent exceptionnellement en soumettre d'autres à des prohibitions qui n'auraient pas été imposées à tous.

(*Cass.*, 30 *juin* 1832, *Lucas; 3 août* 1855., *Chemin;*
13 *avril* 1861, *Besnier.*)

Art. 92. Un propriétaire ne pourrait être admis à ne
pas suivre l'alignement qui lui aurait été donné, sous
le prétexte que la commune n'a pas des fonds nécessaires pour acquitter immédiatement le prix du terrain
qu'il devrait livrer à la voie publique; l'Administration
ne doit laisser faire, sous aucun motif, une chose contraire aux règlements et à l'intérêt général. (*Avis, Cons.
d'État,* 1ᵉʳ *fév.* 1826.)

Art. 93. Le maire qui, dans un intérêt de sûreté publique, prescrit de clore tous les terrains bordant les
rues, a le droit d'exiger que les clôtures soient établies
sur l'alignement. (*Décis. Min. Int.,* 22 *déc.* 1834, *ville
de Roubaix.*)

§ 3. De la confection et de l'approbation des plans d'alignement.

Art. 94. Lorsque, à défaut d'un plan déjà arrêté, le
Maire est obligé de fixer lui-même l'alignement qui lui
est demandé, il est souvent sollicité par des intérêts
opposés qui rendent sa tâche difficile. En outre, des
alignements partiels, quelque bien étudiés qu'ils soient,
ne peuvent avoir ni l'uniformité ni la régularité que
procure un système complet d'alignements coordonnés
avec soin et embrassant tout un quartier; il importe
donc que chaque commune soit pourvue d'un plan
général homologué par l'autorité compétente.

Art. 95. Les frais de confection de ces plans sont
d'ailleurs une charge obligatoire pour les communes.
En conséquence, si le conseil municipal refusait de
voter le crédit nécessaire à leur payement, il devrait
être inscrit d'office au budget. (*Loi,* 18 *juill.* 1837,
art. 30, *n°* 18.)

Art. 96. Les Maires doivent exiger que les géomètres auxquels ils s'adressent pour l'exécution de ce travail se conforment aux prescriptions suivantes :

1° Rapporter les plans à l'échelle de 5 millimètres pour 1 mètre et les tracer à l'encre de Chine sur du papier grand-aigle de 33 centimètres de hauteur;

2° Indiquer les constructions par une teinte gris foncé; les fossés, cours et mares d'eau, par une teinte vert clair, avec une flèche dirigée dans le sens de l'écoulement; les haies vives, par une teinte vert ombré; les haies sèches, par une ligne ponctuée à points allongés, d'une grosseur double de celle des traits ordinaires;

3° Dans les parties non bordées de constructions, faire figurer de chaque côté de la voie publique, et sur une zone ayant la même largeur que cette voie, les bornes de délimitation, les arbres à haute tige et les accidents de terrain;

4° Lorsque la rue présente un angle assez prononcé pour que le tracé ne puisse pas être contenu dans le papier, dessiner cet angle une seconde fois, avec ces mots : *partie répétée ci-contre;*

5° Désigner chaque parcelle ou propriété par le numéro qu'elle porte au cadastre ou dans la rue et par le nom du propriétaire;

6° Faire connaître, en outre, la nature, l'importance et l'état de chaque construction par les signes conventionnels suivants :

B	(construction en bois),
P	(construction en pierre et moellons),
PT	(construction en pierre de taille),
₀E	(maison n'ayant qu'un rez-de-chaussée),
₁E	(maison à un étage),

2E, 3E..... (maison à deux, à trois étages...),
S   (construction solide),
M   (construction médiocrc),
V   (construction en état de vétusté) ;

7° Inscrire au commencement du plan, c'est-à-dire à la gauche de la feuille, le nom de la commune, le nom et la longueur exacte de la voie, la date du plan et le certificat d'exactitude signé par le géomètre qui l'a levé ;

8° Réserver au-dessous un espace libre pour recevoir les diverses mentions administratives ;

9° Placer au bas l'échelle comprenant au moins 20 mètres ;

10° Répéter le nom de la commune et celui de la voie publique sur le verso de la feuille, aux deux extrémités du plan.

Art. 97. Les plans doivent être fournis en double expédition, indépendamment de la minute, et envoyés roulés.

Celle-ci doit contenir de plus que les expéditions le tracé graphique et les cotes de toutes les opérations géométriques qui ont servi à lever le plan, ainsi que les longueurs des façades.

Art. 98. Le préfet a fixé pour la confection des plans d'alignement un tarif établi comme il suit (*Arrêté*, 24 *fév.* 1857) :

	Levé.	Rapport.	Expédit.
Pour le plan, par 100 mètres de longueur	12 f. 00	5 f. 00	3 f. 00
Pour l'intérieur des propriétés, par 100 mètres superficiels :			
Terrains bâtis	3 f. 50	1 f. 50	0 f. 30

	Levé.	Rapport.	Expédit.
Terrains mixtes (cours et constructions)	2 f. 00	1 f. 00	0 f. 20
Terrains vagues	0 f. 70	0 f. 30	0 f. 05

Art. 99. Dans le cas où les plans seraient inexacts ou n'auraient pas été dressés conformément à leurs prescriptions, les Maires ne doivent pas les recevoir.

S'il s'élève quelques contestations à ce sujet, c'est au Préfet à les juger, sauf le recours devant le Ministre de l'Intérieur. (*Arrêt, Cons. d'État, 3 août 1828, Rousseau; Cass., Ch. civ., 28 juin 1853, Fauvelle.*)

Art. 100. Aussitôt que les plans leur sont remis, les maires étudient ou font étudier les projets d'alignement.

Ils ne doivent pas perdre de vue que le but que l'on se propose étant de pourvoir à la facilité de la circulation, ainsi qu'à l'embellissement et à la régularité de la voie publique, il y a lieu de faire prévaloir les raisons d'intérêt général sur les considérations d'intérêt particulier, sans oublier toutefois les égards dus à la propriété privée.

Art. 101. Ils doivent généralement ne pas s'attacher à un parallélisme rigoureux; conserver, autant que possible, les constructions établies en vertu d'autorisations récentes, et celles qui, bien qu'en retraite, n'offrent pas de graves inconvénients; prendre l'élargissement du côté où il cause le moins de dommage aux propriétés riveraines et où il peut être plus promptement réalisé; ménager les édifices publics, ainsi que les monuments qui ont de l'intérêt sous le rapport de l'art ou de l'histoire; éviter de briser la façade d'un bâtiment; éviter également les alignements curvilignes et leur substituer des parties de polygones rectilignes, dont la forme se prête mieux aux constructions ; si une voie forme la continuation d'une autre voie, chercher à faire coïncider leurs axes ou du moins à les rapprocher le plus possible ; combiner enfin les alignements de manière à ce que leur exécution partielle ne puisse pas entraver la circulation, et, à cet effet, ne pas admettre d'alignement par avancement, lorsque les constructions opposées sont frappées d'un reculement considérable.

Art. 102. Avant de présenter un projet d'alignement à l'approbation du Préfet, le Maire le soumet au conseil municipal pour que celui-ci en délibère. (*Loi*, 18 *juil.* 1837, *art.* 19, *n*° 7.)

Art. 103. Les délibérations du conseil municipal, en cette matière, n'ont d'autre valeur que celle d'un avis. Il n'est pas indispensable que cet avis soit approbatif, et le Maire n'est pas tenu de s'y conformer. (*Loi*, 16 *sept.* 1807, *art.* 52 ; *Décis. Min. Int.*, 28 *fév.* 1839, *dép. de l'Aude.*)

Art. 104. Le Maire fait parvenir à la préfecture, par l'intermédiaire du Sous-Préfet, les projets d'alignement qu'il a adoptés.

Art. 105. Le projet relatif à chaque rue est tracé par des lignes et hachures au crayon sur l'une des expéditions du plan.

Il est accompagné d'un rapport destiné à en bien faire connaître toutes les dispositions.

Les points de repère y sont désignés par des lettres majuscules.

Le plan doit être visé par le Maire.

Art. 106. Avant de faire subir à ces projets les épreuves de l'enquête voulue par les règlements, le Préfet peut y introduire les changements et modifications qui lui paraissent nécessaires, nonobstant les observations du Maire et du conseil municipal. (*Avis, Cons. d'État, 9 août 1832, ville de La Ferté-Gaucher.*)

Art. 107. Après l'enquête, le Préfet statue définitivement. Il a le droit d'arrêter des alignements autres que ceux présentés par l'autorité locale, lorsque ceux-ci ne lui semblent pas réunir toutes les conditions désirables. (*Décret, 25 mars 1852 ; Avis, Cons. d'État, 20 avril 1842.*)

Art. 108. Dès qu'un projet est approuvé, les alignements qu'il comporte sont indiqués sur la minute et sur les deux expéditions, tant par une large ligne noire que par des lettres et des cotes qui servent à les bien préciser.

On ajoute à la gauche du plan une légende qui en donne l'explication au moyen de points de repère fixes et faciles à trouver sur le terrain.

Art. 109. Le tracé des alignements est payé au géomètre qui en a été chargé, savoir :

Pour la minute, par 100 mètres de longueur.   1 fr. 00
Pour l'expédition.   0   75
Pour la légende, par plan   1   00
(*Arrêté préfectoral, 24 févr. 1857.*)

Art. 110. Les besoins de la circulation étant essentiellement variables, le Préfet peut modifier les alignements d'une rue déjà arrêtés soit par lui, soit par le pouvoir exécutif, lors même qu'ils auraient reçu un commencement d'exécution, et soumettre les propriétés riveraines nouvellement construites aux servitudes ordinaires de voirie. (*Avis, Cons. d'État, 7 août 1839 et 20 avril 1852.*)

Art. 111. Ce droit est inhérent à l'exercice de son autorité; mais il ne doit en user qu'avec une grande réserve; il convient donc que le Maire ne fasse de pro-

positions à cè sujet que lorsque l'intérêt public l'exige
impérieusement. (*Mêmes avis.*)

Art. 112. Dans ce cas, il faut repasser par toutes les
voies de l'instruction qui a précédé l'homologation du
premier plan. (*Mêmes avis.*)

§ 4. Conséquences de l'approbation des plans d'alignement.

Art. 113. L'approbation d'un plan d'alignement
attribue à la petite voirie la jouissance immédiate des
terrains libres qui doivent en faire partie, ainsi que le
droit de jouir des terrains clos ou couverts de constructions lors de la démolition volontaire ou forcée, pour
cause de vétusté, des murs et bâtiments qui s'opposent
à ce que l'Administration en prenne possession. (*Avis,
Cons. d'État,* 7 *août* 1839; *Cass.,* 12 *juill.* 1855, *Romagny;*
19 *juin* 1857, *Requiem.*)

Art. 114. En attendant, tout l'emplacement que le
plan affecte à l'élargissement de la voie publique est
grevé de la servitude légale *non ædificandi.* Cette servitude, qui modifie le droit de propriété dans l'intérêt
général et dont l'exercice est placé sous la surveillance
et le contrôle de l'autorité municipale, a pour but de
rendre plus prompt l'élargissement dont il s'agit, et
de diminuer les dépenses qu'il doit entraîner pour la
commune. (*Cass.,* 27 *janv.* 1837, *Mallez;* 2 *août* 1839,
Léger-Haas; 14 *août* 1845, *Vᵉ Houdbine;* 6 *avril* 1846,
Ch. réun., Gamelin; 25 *mai* 1848, *Chauvel;* 22 *nov.* 1850,
Gédéon de Clairvaux.)

Art. 115. Aucune construction ne peut donc être
élevée sans autorisation sur le terrain retranchable,
lors même, si ce terrain est ouvert, qu'elle serait
séparée de la voie publique actuelle par un espace plus
ou moins considérable, ou que, si ce terrain se trouve

fermé par un mur, elle serait établie derrière ce mur, et, par conséquent, dans l'intérieur d'une propriété close. (*Cass.*, 2 *août* 1828, *Chandesais;* 4 *mai* 1833, *Ch. réun., Aubin-Houtin;* 5 *juill.* 1833, *Marguilliers de Saint-Pierre de Caen;* 3 *déc.* 1842, *Evin;* 30 *janv.* 1847, *Basfoy.*)

Art. 116. Une autre conséquence de la même attri= bution est de donner au Maire le droit d'empêcher qu'on ne prolonge par des réparations confortatives la durée des constructions situées en retraite ou en saillie. (*Avis, Cons. d'État,* 21 *août* 1839; *Cass.,* 26 *sept.* 1840, *Lenoble;* 17 *déc.* 1847, *Rouchon;* 12 *févr.* 1848, *Calmels de Puntis.*)

Art. 117. La défense de construire ou de réparer sans l'assentiment du Maire est absolue; il importerait donc peu qu'on ne touchât pas au mur de face ou de clôture, ou que les travaux n'eussent pas pour résultat de prolonger la durée de ce mur. (*Cass.,* 21 *déc.* 1844, *Gamelin;* 7 *déc.* 1848, *Lignière et Bertal;* 22 *nov.* 1850, *Gédéon de Clairvaux.*)

Art. 118. Ces prohibitions ne constituent nullement une expropriation; le propriétaire conserve la jouis= sance de sa chose, seulement il est obligé de la laisser dans l'état où elle se trouvait lors de l'approbation du plan d'alignement. (*Cass.,* 7 *août* 1829, *Becq.*)

Art. 119. Il résulte de ce qui précède que, dès que la démolition d'un bâtiment en retraite ou en saillie est opérée, le propriétaire ne peut élever une nouvelle construction qu'en se conformant à l'alignement, et qu'il n'est pas nécessaire de remplir, à l'égard du terrain dont il est dépossédé, les formalités auxquelles est soumise l'expropriation pour cause d'utilité pu= blique. (*Cass*, 30 *janv.* 1836, *Weissgerber.*)

Art. 120. Ce n'est d'ailleurs qu'après la démolition

et l'enlèvement de tous matériaux et décombres qu'il peut exiger le prix de ce terrain. (*Cass.*, 7 *août* 1829, *Becq.*)

Art. 121. Les plans d'alignement servent encore à reconnaître et à spécifier les rues, places, etc., dont se composait le domaine public communal au moment de leur confection. (*Cass.*, 7 *févr.* 1852, *Picq et Châtelet.*)

Art. 122. Dès lors, si une rue était livrée à la circulation quand le plan d'alignement en a été dressé, l'arrêté qui approuve ce plan a pour effet d'attribuer virtuellement le sol de la rue à la petite voirie, bien que la propriété en soit contestée à la commune. Le droit des riverains qui s'en prétendent propriétaires se résout en une indemnité. (*Cass.*, 10 *sept.* 1840, *Rissel;* 28 *janv.* 1841, *Chantrelle;* 13 *juill.* 1861, *Chicard.*)

Art. 123. Contrairement à ce qui a lieu pour les terrains privés qui, lorsqu'ils sont ouverts, se trouvent incorporés immédiatement à la voie publique par suite de l'approbation du plan d'alignement, cette approbation n'enlève au terrain communal qui doit être réuni à la propriété riveraine son caractère de voie publique que lorsque le plan a reçu son exécution. Une construction contiguë à ce même terrain ne cesse pas, en attendant, d'être soumise à toutes les servitudes de voirie. (*Cass.*, 31 *mai* 1855, *Thiveau.*)

Art. 124. Les plans d'alignement une fois arrêtés sont obligatoires pour toutes les propriétés riveraines de la voie publique. L'Administration, devant être la première à donner l'exemple de la soumission à la loi générale, ne serait pas fondée à prétendre que des bâtiments servant à des services publics sont hors du droit commun. (*Avis, Cons. d'État,* 4 *juin* 1841, *Lunéville.*)

§ 5. Des effets de la délivrance de l'alignement. — Acquisitions
et cessions de terrains.

Art. 125. L'arrêté qui donne un alignement par
suite duquel on est obligé de reculer des constructions
et de délaisser du terrain a pour effet de réunir de
plein droit ce terrain à la voie publique ; le propriétaire
ne peut réclamer autre chose qu'une indemnité.
(*Arrêts, Cons. d'État*, 31 *août* 1828, *Lasbenès ;* 5 *fév.* 1857,
Bourette.)

Art. 126. En conséquence, dès l'instant que les
constructions sont démolies, le terrain destiné à l'élargissement de la voie publique s'y trouve incorporé
aussi complètement que s'il en eût toujours fait partie.
L'impétrant n'a donc pas le droit d'en conserver la
jouissance et d'y faire d'entreprises, lors même que la
commune ne lui en aurait pas encore payé le prix.
(*Cass.*, 4 *oct.* 1834, *Bérard ;* 16 *juil.* 1840, *Ch. réun.*,
Delalonde ; 10 *juin* 1843, *Léger ;* 19 *juin* 1857, *Requiem.*)

Art. 127. Cependant, il peut valablement, dans ce
dernier cas, concéder sur ce même terrain une hypo-
thèque s'appliquant à l'indemnité qui lui est due.
(*Cass., Ch. des req.*, 19 *mars* 1838, *Cuvillier c. Lagrenée.*)

Art. 128. L'impétrant ne serait pas non plus fondé
à réclamer l'usage des caves qui existeraient sous le
terrain délaissé, attendu que la propriété du sol emporte nécessairement la propriété du dessous. (*Code
Nap., art.* 552.)

Art. 129. S'il renonce à l'indemnité à laquelle il a
droit à raison de la cession de ce terrain, le Maire lui
demande d'en faire la déclaration par écrit, afin que
la commune soit mise à l'abri de toute réclamation
ultérieure.

Art. 130. S'il tient, au contraire, à en être payé, le règlement du prix a lieu autant que possible à l'amiable.

Art. 131. A cet effet, le maire fait dresser par l'agent-voyer communal le métré et l'estimation de ce même terrain.

Art. 132. L'estimation ne doit comprendre que la valeur vénale. Dès lors, l'impétrant ne pourrait pas exiger qu'on lui tînt compte de la dépréciation que le retranchement aurait pu causer au surplus de l'immeuble. (*Loi, 16 sept. 1807, art. 50; Cass., Ch. civ., 21 fév. 1849, Auguin et autres.*)

Art. 133. Si l'estimation lui paraît bien établie, et si l'impétrant y donne son adhésion, le Maire la présente à l'homologation du conseil municipal.

Art. 134. L'acquisition du terrain étant obligatoire pour la commune, le conseil municipal n'a besoin de prononcer que sur le prix. (*Avis, Cons. d'État, 1ᵉʳ déc. 1835; Circ. Min. Int., 23 janv. 1836.*)

Art. 135. S'il accepte l'estimation, la délibération par laquelle il exprime son avis est soumise à l'appréciation du Préfet, par l'intermédiaire du Sous-Préfet.

Art. 136. Lorsque la somme à payer n'excède pas 500 francs, le conseil municipal doit déclarer, dans la même délibération, si, à raison de la position du vendeur, il dispense le Maire de remplir, avant le payement du prix, les formalités de purge des hypothèques. (*Loi, 3 mai 1841, art. 19; Ordonn. roy., 18 avril 1842, art. 2.*)

Art. 137. Dès que la délibération est approuvée par le Préfet, la commune se rend propriétaire du terrain au moyen d'un acte de cession.

Art. 138. Aucune disposition législative ou réglementaire n'ayant rendu indispensable le ministère d'un notaire pour valider les acquisitions faites par les communes, le Maire peut se contenter d'un acte sous signature privée, passé dans la forme des actes administratifs, et dont une minute reste déposée aux archives de la mairie. Ce dernier mode, qui n'entraîne aucun frais, doit être préféré à un contrat notarié, surtout lorsque la parcelle de terrain est minime et que les droits du vendeur sont nettement établis. (*Inst. Min. Int.*, 24 *juin* 1838 ; *Loi, 3 mai* 1841, *art.* 56.)

Art. 139. Dans tous les cas l'acte n'a pas besoin d'être soumis à l'homologation de l'administration supérieure, si le Préfet n'a fait aucune réserve à cet effet en renvoyant la délibération du conseil municipal revêtue de son approbation. (*Inst. Min. Int., Bull. officiel de* 1858, *art.* 60.)

Art. 140. L'acte, qu'il soit administratif ou notarié, doit être visé pour timbre et enregistré gratis, l'acquisition ayant lieu pour cause d'utilité publique. (*Loi, 3 mai* 1841, *art.* 58 ; *Décret,* 26 *mars* 1852, *art.* 2, § 5.)

Art. 141. Si le prix dépasse 500 francs, ou si, lorsqu'il n'excède pas cette somme, le Maire n'a pas été autorisé à s'abstenir de la purge des hypothèques, cette purge doit avoir lieu dans les formes prescrites en matière d'expropriation. En conséquence, il suffit, avant d'envoyer l'acte à la transcription, qu'un extrait en soit publié à son de caisse dans la commune, affiché, tant à la porte principale de l'église qu'à celle de la mairie, et inséré dans un journal qui reçoit les annonces judiciaires et légales. (*Loi, 3 mai* 1841, *art.* 15 *et* 19.)

Art. 142. La commune ne jouit pas, comme l'État et le département, de l'avantage de ne payer aucun salaire pour la transcription. (*Inst. Min. Fin.,* 16 *nov.* 1842.)

Art. 143. Elle ne peut non plus s'opposer à ce qu'il soit pris une inscription d'office, quand bien même le vendeur aurait déclaré en dispenser le conservateur des hypothèques. Une pareille dispense ne peut avoir d'effet que pour les acquisitions faites au nom de l'État. (*Inst. Min. Fin.*, 17 *avril* 1835.)

Art. 144. A moins de stipulations contraires, les intérêts courent de plein droit à partir du jour où le terrain a été livré de fait à la voie publique. (*Code Nap.*, *art.* 1652.)

La commune doit donc chercher à se libérer le plus promptement possible.

Art. 145. Tout ce qui précède est également applicable au cas où le propriétaire, dont les constructions auraient pu durer encore longtemps, consent à prendre immédiatement alignement, moyennant une indemnité.

Art. 146. Si, lorsque la démolition a été volontaire et spontanée, le propriétaire et la commune n'ont pu tomber d'accord sur le prix du terrain, le règlement en est demandé au jury. (*Avis, Cons. d'État*, 1er *avril* 1841 ; *Arrêt, Cons. d'État*, 14 *déc.* 1857, *Larbaud.*)

Art. 147. Le Maire joint alors à la délibération du conseil municipal le métré dudit terrain, accepté par le propriétaire, et la déclaration par laquelle ce dernier consent à la cession sans l'accomplissement des formalités exigées par le titre II de la loi sur l'expropriation pour cause d'utilité publique.

Art. 148. La déclaration ne paraît même pas absolument nécessaire, puisque le consentement résulte implicitement de la reprise volontaire de l'alignement.

Art. 149. Muni de ces pièces, le Préfet provoque du tribunal un jugement donnant acte à la commune du consentement à la cession. (*Loi*, 3 *mai* 1841, *art.* 14, § 5.)

Art. 150. Ce jugement, qui équivaut à un contrat d'acquisition, est soumis aux formalités de publication et de transcription rappelées ci-dessus (n° 141); puis on procède conformément aux dispositions du titre IV de la loi du 3 mai 1841.

Art. 151. Les règles relatives à la fixation, soit à l'amiable, soit par le jury, du prix des portions de terrain que l'alignement retranche des propriétés riveraines doivent être également observées, lorsqu'il ajoute, au contraire, à ces propriétés des portions de terrains qui appartiennent à la voie publique. (*Avis, Cons. d'État, 1ᵉʳ avril* 1841.)

Art. 152. Les terrains laissés par les riverains, en dehors de la clôture de leurs propriétés, le long d'une rue, d'une place, etc., sont présumés, jusqu'à preuve contraire, dépendre de la voie publique: Dès lors, la commune est fondée à exiger le payement lorsqu'ils sont repris par suite d'alignement. (*Cass., ch. civ.,* 13 *mars* 1854, *comm. de Blanzay c. Jolly.*)

Art. 153. Si les droits de la commune sur le terrain à réunir à la propriété riveraine ne sont pas contestés, et qu'il y ait accord sur le prix, la cession est réalisée par un acte passé devant notaire ou sous signature privée, au choix de l'acquéreur.

Art. 154. En cas de désaccord, un jugement donne acte au riverain du consentement de la commune à la cession, et le jury est appelé à fixer le montant de l'indemnité. (*Avis, Cons. d'État, 1ᵉʳ avril* 1841.)

Art. 155. Indépendamment des frais de l'acte, l'acquéreur acquitte les droits d'enregistrement. Ces droits sont les mêmes que pour une mutation ordinaire de propriété.

Art. 156. Le prix du terrain cédé par la commune est payé entre les mains du receveur municipal et porté dans son compte au produit des ventes de meubles et d'immeubles.

Art. 157. A moins que l'acquéreur ne juge convenable d'accomplir les formalités hypothécaires, ce prix est acquitté immédiatement après la décision du jury, ou au moment de la vente, si elle a lieu à l'amiable. Dans ce dernier cas, le receveur intervient au contrat et donne quittance.

Art. 158. L'acte par lequel une commune a cédé à un particulier une parcelle de terrain retranchée de la voie publique, bien que passé dans la forme administrative, est un contrat de droit commun dont l'interprétation et l'application sont du ressort de l'autorité judiciaire. (*Arrêt, Cons. d'État, 10 fév.* 1859, *Ragot.*)

Art. 159. Lorsqu'il s'agit de partager entre deux ou plusieurs riverains une portion de terrain à réunir à leurs propriétés, les lignes qui doivent diviser ce terrain sont, autant que possible, des perpendiculaires abaissées sur l'axe de la rue ou de la place, afin que les nouvelles constructions se présentent d'équerre sur la voie publique.

Art. 160. La solution des contestations auxquelles donne lieu le mode de partage appartient à l'autorité administrative, à moins que ces contestations ne naissent de prétentions relatives à des droits respectifs de servitude, de vue ou d'accès ; dans ce dernier cas, les tribunaux civils sont seuls compétents pour les juger. (*Arrêts, Cons. d'État, 9 juin* 1824, *hérit. Denis c. Boucheporn* ; *27 juill.* 1834, *Gressent et Deshaies c. Pivain* ; *Ordonn. roy., 30 oct.* 1845, *Darras c. Baudrot-Pitolet* ; *Avis, Cons. d'État, 1*ᵉʳ *fév.* 1826 ; *13 janv.* 1847, *Marion et Hirel, à Louviers.*)

§ 6. De la réparation des bâtiments non alignés.

Art. 161. L'obligation imposée aux riverains des
rues, places, etc., de ne rien entreprendre sans permission, sur ou joignant la voie publique, a pour but
de donner au Maire les moyens de s'assurer si les travaux projetés sont susceptibles de nuire à la liberté
du passage ou de retarder l'exécution des plans d'alignement. (*Avis, Cons. d'État, 21 août 1839.*)

Art. 162. L'autorité administrative est seule compétente pour décider s'ils peuvent avoir ou non ces résul-
tats, et, en général, pour apprécier les circonstances
qui doivent déterminer à accorder ou à refuser la permission. (*Cass., 25 juin 1836, Ch. réun., Kœchlin-Dollfus;
10 nov. 1836, Aubert et Favet; 8 nov. 1861, Corté; Arrêts,
Cons. d'État, 7 fév. 1834, Bonnefoy; 1er sept. 1841, Cos-
nard.*)

Art. 163. Les décisions par lesquelles l'Administration déclare que des travaux sont confortatifs ne constituent que des actes administratifs, et ne sauraient être
déférées au Conseil d'État par la voie contentieuse.
(*Arrêt, Cons. d'État, 6 juill. 1850, Thomas.*)

Art. 164. Un Maire ne peut permettre que ce qu'il
n'était pas défendu aux anciens officiers de la petite
voirie d'autoriser. Dès lors, il excède ses pouvoirs en
consentant à ce qu'il soit fait aux constructions situées en saillie quelques ouvrages de nature à les conforter, conserver ou soutenir. Son devoir est, au
contraire, de s'opposer à leur exécution. (*Cass., 6 déc.
1833, Durieux-Demaret; 4 mai 1848, Toustain; 4 janvier 1835, Vanreynschoote.*)

Art. 165. Bien que les constructions en retraite
soient également contraires à la régularité de l'aligne-

ment, le Maire ne doit pas exercer la même rigueur à leur égard, puisque l'Administration a toujours, les moyens de faire disparaître les enfoncements qui nuisent à la salubrité ou à la sûreté publique. En effet, si le terrain appartient au riverain, elle peut, par mesure de police, contraindre ce dernier à le clore, et s'il dépend de la voie publique, elle a le droit d'obliger le riverain à l'acquérir pour le réunir à sa propriété, sous peine d'être dépossédé lui-même de l'ensemble de son immeuble. (*Lois*, 14-22 *déc.* 1789, *art.* 50; 16 *sept.* 1807, *art.* 53; *Avis, Cons. d'État*, 2 *fév.* 1825, *ville de Bordeaux;* 1ᵉʳ *fév.* 1826 *et* 21 *août* 1839.)

Art. 166. Il n'est pas possible de préciser *à priori* les travaux qui peuvent être permis et ceux qui doivent être interdits. Tout dépend de l'état des constructions qu'il s'agit de restaurer ou d'augmenter, du genre d'opérations à exécuter, de la nature des matériaux à employer, etc. Les travaux qui paraissent de peu de conséquence, tels qu'un simple crépissage et même un badigeon, peuvent avoir pour résultat, sinon de conforter, du moins de conserver; d'ailleurs, ils servent souvent à dissimuler des ouvrages plus importants. (*Cass.*, 23 *juill.* 1835, *Blanchard;* 20 *juill.* 1838, *Canet et Foulloy;* 11 *fév.* 1859, *Lacave.*)

Art. 167. Il est généralement reçu qu'il n'y a pas d'inconvénients à laisser réparer les parties supérieures d'un bâtiment, pourvu qu'on ne touche pas aux fondations ni au rez-de-chaussée; mais il ne peut y avoir de règles absolues à ce sujet, attendu que, même sans consolider la base d'un édifice, on peut, au moyen de certaines dispositions habilement exécutées, augmenter la durée de l'ensemble de la construction.

Art. 168. De même, on admet qu'il y a lieu de permettre l'ouverture ou l'agrandissement de baies, dans toutes les parties de la façade, ces opérations, loin d'ajouter à la solidité des murs, tendant, au contraire, à la diminuer; mais, dans ce cas, il ne faut pas que les ouvertures soient soutenues par de fortes pièces de décharge, que les nouveaux supports et points d'appui offrent une résistance plus grande que ceux qu'ils remplacent, et que les raccordements soient exé= cutés de manière à fortifier les anciennes maçonne= ries.

Art. 169. On convient également que rien ne doit s'opposer à ce qu'un bâtiment en saillie soit exhaussé, pourvu qu'on ne commence pas par le consolider, puisque la surcharge accélère ordinairement la ruine des parties inférieures, et avance, en conséquence, le moment où tout l'édifice devra être reconstruit. Cependant, comme l'exhaussement constitue par lui-même un nouvel œuvre; qu'il ajoute à la valeur de l'immeuble, et peut, dès lors retarder indirectement la reprise de l'alignement; qu'en outre, en cas d'expropriation, il expose la commune à une plus forte indemnité, le Maire est fondé à en refuser l'exécution. (*Cass.*, 12 *juill.* 1855, *Lormaud.*)

Art. 170. La permission de remplacer des pierres cassées ou écornées accidentellement ou par malveillance à l'étage inférieur d'une maison sujette à reculement ne pourrait non plus être accordée, quelle que fût la cause de la dégradation, puisque le remplacement constituerait une véritable consolidation. (*Avis, Cons. d'État*, 2 *fév.* 1825, *ville de Bordeaux; Décis. Min. Int., Paris*, 22 *déc.* 1846, *de Bervanger;* 20 *oct.* 1847, *Rebour.*)

Art. 171. En général, le Maire a le droit d'interdire l'exécution de tous les ouvrages qui auraient pour effet, soit de retarder la reprise d'alignement, soit d'augmenter la dépense qu'elle doit occasionner pour la commune. (*Cass.*, 25 *mai* 1848, *Chauvel.*)

Art. 172. Il peut donc défendre de faire, sans son autorisation, toutes réparations, tant intérieures qu'extérieures, de quelque nature et quelque légères qu'elles soient. (*Cass.*, 9 *oct.* 1834, *Malachanne.*)

Art. 173. Il peut même s'opposer au dérasement d'un mur, rien n'étant plus propre à prolonger sa durée que d'en diminuer la hauteur et le poids, et à maintenir ainsi sa conservation au delà du terme probable de son existence. (*Cass.*, 8 *janv.* 1830, *Bourgeois.*)

Art. 174. Cependant, comme le libre usage de la propriété est le principe général, et la servitude l'exception, s'il est démontré que l'intérêt public ne serait nullement compromis par l'exécution des travaux demandés, le Maire, en refusant de les autoriser, méconnaîtrait les principes d'équité dont l'administration ne doit jamais s'écarter, et qui, à défaut de droit écrit, doivent toujours faire la base de ses actes. (*Inst. Min. Int.*, 8 *fév.* 1843 *et* 13 *janv.* 1846, *Seine.*)

Art. 175. Il ne pourrait donc pas, quand un propriétaire ne se trouve plus clos du côté de la voie publique, par suite de retranchements opérés sur une partie de son immeuble, lui refuser d'établir une nouvelle clôture, sauf à tenir la main à ce que celle-ci ne soit pas construite de manière à prolonger la durée des bâtiments restés debout. (*Arrêt, Cons. d'État*, 24 *juin* 1816, *Delime; Cass.*, 13 *sept.* 1844, *Thomas.*)

Art. 176. Lorsque, usant de son droit d'appréciation, le Maire ne voit pas d'inconvénients à accueillir la demande qui lui est faite, moyennant certaines restrictions qu'il impose, il doit veiller à ce que l'impétrant se renferme exactement dans les limites de la permission.

Art. 177. Son pouvoir va jusqu'à enjoindre à un propriétaire de laisser le commissaire de police et les gens de l'art qui l'accompagnent s'introduire dans la maison, afin de vérifier s'il n'a pas été fait intérieurement et dans la partie retranchable des travaux qui n'auraient pas été autorisés. (*Code, Inst. crim., art.* 11 ; *Cass.,* 17 *déc.* 1847, *Rouchon.*)

Art. 178. Mais, lorsque la construction se trouve située sur l'alignement résultant d'un plan régulièrement approuvé, ou, à défaut de plan, sur un alignement que le maire juge convenable de maintenir, rien n'empêche d'autoriser le propriétaire à y faire toutes réparations et additions, pourvu qu'il se conforme, s'il établit des ouvrages en saillie, aux prescriptions réglementaires concernant leurs dimensions, leur élévation au-dessus du sol, etc.

Art. 179. Toutefois, s'il s'agit de surélever un bâtiment, et si un arrêté municipal a limité la hauteur des constructions, l'exhaussement ne peut être exécuté que dans les conditions de ce règlement.

§ 7. De la poursuite et de la répression des contraventions.

Art. 180. L'action pour la répression des contraventions en matière de voirie urbaine ne s'exerce, comme pour toutes les autres contraventions de police, que par le ministère public. (*Code, Inst. crim., art.* 1ᵉʳ.)

Art. 181. Néanmoins, les particuliers qui croient avoir à se plaindre de ces contraventions ont le droit de réclamer directement devant la juridiction répressive la réparation du dommage qu'ils peuvent en éprouver. (*Code, Inst. crim., art.* 1ᵉʳ *et* 3 ; *Cass.,* 5 *juill.* 1839, *Rebourseau c. Durand.*)

Art. 182. Ils ont aussi qualité pour joindre accessoirement leur demande à l'action publique, mais alors il faut qu'ils justifient d'un intérêt suffisant ou d'un préjudice direct. (*Arrêt, Cons. d'État, 14 déc. 1854, Astier.*)

Art. 183. La répression de ces mêmes contraventions est dévolue aux tribunaux de simple police. (*Code, Inst. crim., art. 138: Code pénal, art. 464 et suivants.*)

Art. 184. Les agents chargés de les constater sont les Maires et leurs adjoints, les commissaires de police et les gendarmes. (*Code, Inst. crim., art. 9; Décret, 1er mars 1854, art. 316.*)

Art. 185. Ils dressent à cet effet des procès-verbaux qui font foi en justice jusqu'à preuve contraire, et qui dès lors ne peuvent être contredits par de simples allégations des prévenus. (*Code, Inst. crim., art. 154; Cass., 17 déc. 1824, Vilhès; 25 mars 1830, Maupas; 1er avril 1854, Cazos.*)

Art. 186. Cependant, la force probante accordée par la loi à ces procès-verbaux ne s'applique qu'aux faits matériels que l'agent a constatés lui-même; le tribunal peut donc refuser d'ajouter foi à un procès-verbal qui n'est dressé que sur l'allégation d'un tiers. (*Cass., 2 janv. 1830, dame Dangremont; 1er févr. 1856, Sauvaire-Jourdan.*)

Art. 187. Les agents de police, tels que les sergents de ville et appariteurs, n'ont pas qualité pour verbaliser en cette matière; ils ne peuvent faire que de simples rapports, qui, pour faire foi en justice, doivent être corroborés par des dépositions de témoins. (*Cass., 26 mai 1854, Delahaye; 24 fév. 1855, Rambaud.*)

Art. 188. Il en est de même des agents-voyers des chemins vicinaux, ainsi que des gardes champêtres.

(*Cass.*, 23 *janvier* 1841, *V* Jeannin*; 6 *nov.* 1857, *Signé et consorts.*)

Art. 189. Un procès-verbal doit être clair et précis. Il faut qu'il soit daté et signé, qu'il énonce les nom, prénoms et qualités de l'agent qui le dresse, le lieu où il est rédigé, les noms, prénoms et domiciles, tant du propriétaire que de l'entrepreneur qui a dirigé les travaux; les circonstances du fait constitutif de la contravention, et tous les renseignements qui peuvent servir à la manifestation de la vérité.

Art. 190. Aucun mot ne doit y être surchargé ou gratté; il ne faut y laisser aucun blanc, et ne rien écrire hors ligne ou en interlignes. Les ratures doivent être approuvées et les renvois signés ou au moins paraphés. (*Code, Inst. crim., art.* 78; *Cass.*, 23 *juill.* 1824, *Bonnefoi.*)

Art. 191. Les procès-verbaux de l'espèce peuvent être dressés tous les jours, sans exception des fêtes et dimanches. (*Loi*, 17 *therm. an VI; Cass.*, 27 *août* 1807, *Jégu.*)

Art. 192. Il n'est pas indispensable, pour leur validité, que les Maires, adjoints ou commissaires de police soient revêtus de leur costume ou ceints de leur écharpe au moment où ils les rédigent. (*Cass.*, 10 *mars* 1815, *Mauriès; 11 nov.* 1826, *Giot.*)

Art. 193. Il n'est pas non plus nécessaire que les procès-verbaux soient écrits de la main même du fonctionnaire qui les dresse; ainsi le Maire peut employer, soit le secrétaire de la mairie, soit toute autre personne pour les écrire sous sa dictée. (*Cass.*, 19 *mars* 1830, *Grapin.*)

Art. 194. Ces procès-verbaux peuvent toujours être rédigés sur papier libre. Ils n'ont d'ailleurs pas besoin d'être affirmés pour faire foi en justice. (*Lois*, 13 *brum.*

an VII, art. 16, et 17 juill. 1856; Cass., 5 janv. 1838, Mayeur; 15 nov. 1839, Vacheron.)

Art. 195. Les mêmes actes sont enregistrés en débet dans les quatre jours, par le receveur du bureau le plus voisin, qui les vise en même temps pour valoir timbre. Les droits sont recouvrés plus tard sur les parties condamnées. (*Loi, 22 frim. an VII, titre III, art. 20, et titre XI, art. 70.*)

Art. 196. Toutefois, le défaut, tant du visa pour timbre que de l'enregistrement, n'entraînerait pas la nullité du procès-verbal; le juge devrait, ou surseoir jusqu'à ce que ces formalités eussent été remplies, ou statuer quand même. (*Cass., 5 mars 1819, Jollivet et consorts; 23 fév. 1827, Pain; 31 mars 1848, Redoulez; 15 oct. 1852, Esch.*)

Art. 197. Dans tous les cas, la répression des contraventions n'étant point subordonnée à la validité des procès-verbaux qui les constatent, le prévenu ne peut être renvoyé des fins de la plainte, quand le fait dont il s'est rendu coupable se trouve établi par des témoins ou par son propre aveu. (*Code, Inst. crim., art. 154; Cass., 18 mars 1854, Paradis.*)

Art. 198. Les témoins doivent être entendus à l'audience et prêter serment; il n'appartiendrait donc pas au juge d'admettre, comme preuves contraires des faits énoncés dans un procès-verbal régulier, des renseignements pris en dehors de l'audience, et d'entendre même le Maire ou des membres du conseil municipal dans leurs explications sans prestation de serment. (*Code, Inst. crim., art. 155; Cass., 14 déc. 1861, Baudrier.*)

Art. 199. Les procès-verbaux doivent être adressés en minute, immédiatement après leur enregistrement, au commissaire de police qui remplit près du tribunal les fonctions du ministère public. (*Code, Inst. crim.,* art. 15 ; *Décret, 18 juin 1811, art.* 59.)

Art. 200. Les Maires ne peuvent se permettre, ni de ne pas donner suite aux procès-verbaux, ni de transiger avec les contrevenants, sans encourir la peine portée par l'art. 131 du Code pénal. (*Min. Int., Circ., juill.* 1818, *et Inst.,* 20 *mars* 1839, *Seine.*)

Art. 201. Le tribunal ne peut être saisi que par une citation donnée par huissier à la requête du commissaire de police représentant le ministère public, ou de la partie qui réclame. (*Code, Inst. crim.,* art. 145.)

Art. 202. La citation ne serait pas nulle parce que l'huissier qui l'aurait signifiée ne serait pas celui de la justice de paix. (*Cass.,* 23 *mai* 1817, *Bazénerie.*)

Art. 203. La loi n'ayant déterminé aucune forme particulière pour ces sortes de citations, il n'est pas nécessaire, à peine de nullité, qu'elles soient motivées. (*Cass.,* 11 *fév.* 1808, *Durieux.*)

Art. 204. Elles sont suffisamment libellées, lorsqu'elles portent assignation à comparaître à tel jour et à telle heure pour avoir contrevenu à telle loi ou tel règlement. (*Cass.,* 23 *avril* 1831, *Audebaud.*)

Art. 205. Les jugements doivent être rendus en audience publique et le constater, à peine de nullité. (*Code, Inst. crim.,* art. 153; *Cass.,* 28 *nov.* 1856, *Cornieux.*)

Art. 206. Est également nul le jugement qui ne constate pas que le ministère public a été entendu. *Code, Inst. crim.,* art. 153; *Cass.,* 6 *déc.* 1861, *Vigoureux et consorts.*)

Art. 207. Le juge doit aussi, à peine de nullité, motiver son jugement et y insérer les termes de la loi pénale qu'il applique, ainsi que du règlement auquel il a été contrevenu. (*Code, Inst. crim.*, art. 153; *Cass.*, 17 *janv.* 1829, *Fleuriel.*)

Art. 208. Les peines infligées par la loi aux contre-venants en matière de voirie urbaine sont l'amende, et, en cas de récidive, la prison.

L'amende ne peut s'élever au-dessus de 5 francs, et l'emprisonnement ne peut être de plus de trois jours. (*Code pénal*, art. 471 *et* 474.)

Art. 209. Les jugements ne peuvent être attaqués par la voie de l'appel que lorsqu'ils prononcent un emprisonnement, ou que l'amende et les réparations civiles s'élèvent ensemble à plus de 5 francs, outre les dépens. Un jugement qui ne prononce qu'une amende, et à plus forte raison, celui qui renvoie le prévenu, est, en conséquence, rendu en dernier ressort. (*Code, Inst. crim.*, art. 172; *Cass.*, 3 *sept.* 1811, *Duhamel;* 26 *mars* 1813, *Lambay et consorts.*)

Art. 210. Celui qui prononce la démolition des travaux indûment exécutés est, au contraire, suscep-tible d'appel, puisque, dans ce dernier cas, la valeur de la réparation civile est indéterminée, et que, jointe au montant de l'amende, elle s'élève nécessairement à plus de 5 francs. (*Cass.*, 31 *janv.* 1851, *Vassas;* 26 *janv.* 1856, *Jobert et Ve Dupuis.*)

Art. 211. L'appel est suspensif. Il doit être porté au tribunal de police correctionnelle dans les dix jours de la signification de la sentence à personne ou à do-micile. (*Code, Inst. crim.*, art. 173 *et* 174; *Cass.*, 11 *juill.* 1850, *Andrieu.*)

Art. 212. Le ministère public n'est jamais recevable à appeler d'un jugement de simple police; cette fa-culté est exclusivement réservée à la partie condamnée. Il en résulte que la peine prononcée en première instance ne peut être aggravée devant la juridiction correctionnelle. (*Cass.*, 29 *mars* 1812, *Miller et Ma-thar.*)

Art. 213. Mais le ministère public peut se pourvoir en cassation contre un jugement de police en dernier ressort, ou contre un jugement du tribunal correctionnel rendu sur l'appel d'un jugement de police. Le Maire ne serait compétent à ce sujet que s'il était partie au jugement. (*Cass.*, 22 *janv.* 1837, *Hartmann.*)

Art. 214. Le délai pour se pourvoir est de trois jours francs, et court de la prononciation du jugement, sans qu'il soit besoin d'une signification. Les trois jours expirés, le jugement acquiert l'autorité de la chose jugée, et n'est susceptible que d'un pourvoi dans l'intérêt de la loi, c'est-à-dire pour le respect des principes. (*Code, Inst. crim., art.* 373; *Cass.*, 16 *nov.* 1848, *Leborgne.*)

Art. 215. Dans ce cas, le commissaire de police qui remplit les fonctions de ministère public n'a pas qualité pour l'exercer. Ce droit n'appartient qu'au procureur général près la Cour de cassation. (*Code, Inst. crim., art.* 409 *et* 442.)

Art. 216. Le juge ne peut prononcer d'autres peines que celles portées aux art. 471 et 474 du Code pénal lors même que l'arrêté du Maire auquel il a été contrevenu en aurait établi de plus fortes, attendu qu'il n'appartient pas au pouvoir municipal d'en créer arbitrairement dans les matières sur lesquelles il est autorisé à agir par voie de règlement. (*Cass.*, 17 *janv.* 1829, *Fleuriel.*)

Art. 217. Si, devant le tribunal, le ministère public abandonnait les poursuites, ce ne serait pas une raison pour le juge de se dessaisir de l'action et de renvoyer, uniquement pour ce motif, le prévenu des fins de la plainte. (*Cass.*, 6 *déc.* 1834, *Gaillard et Hamon.*)

Art. 218. Lorsqu'un particulier a, sans autorisation écrite et préalable du Maire, élevé ou réparé une construction quelconque sur ou joignant la voie publique, que le fait est constaté par un procès-verbal régulier et non débattu par la preuve contraire, le délinquant ne peut être acquitté, sous le seul prétexte que la contravention n'est pas suffisamment prouvée. (*Cass.*, 27 *déc.* 1844, *Baffoy;* 13 *juill.* 1850, *V⁰ Lemaître.*)

Art. 219. Ni sous le prétexte qu'aucun règlement municipal n'a prescrit la nécessité d'une autorisation pour de telles entreprises, ou du moins que le prévenu n'a pas été mis en demeure de s'y conformer. (*Cass.*, 8 *août* 1834, *Richard;* 15 *mai* 1835, *Bot;* 24 *juin* 1843, *Cléon.*)

Art. 220. Ni sous le prétexte qu'il s'est engagé devant le tribunal à solliciter la permission dont il aurait dû se pourvoir avant de commencer les travaux, ou qu'il l'a obtenue après leur exécution. (*Cass.*, 24 *janv.* 1835, *Boët;* 4 *oct.* 1839, *Piétri;* 8 *oct.* 1846, *Taillade.*)

Art. 221. Ni sous le prétexte que des témoins entendus à l'audience ont attesté qu'elle avait été donnée verbalement par le maire. (*Cass.*, 10 *fév.* 1853, *Crouzet.*)

Art. 222. Ni sous le prétexte que, depuis l'introduction de l'instance, la permission verbale a été ratifiée par écrit, ou que le maire a certifié qu'il l'avait réellement donnée. (*Cass.*, 26 *juin* 1835, *Giraud;* 13 *mars* 1841, *Coulanges.*)

Art. 223. Ni sous le prétexte que, tant que la commune n'a pas de plans d'alignement, les riverains des rues, places, etc., peuvent faire sur leurs propriétés tous les travaux qui leur conviennent, pourvu qu'ils n'empiètent pas sur la voie publique. (*Cass.*, 20 *juill.* 1833, *Lapeyre;* 14 *avril* 1848, *V*ᵉ *Levat;* 19 *fév.* 1858, *V*ᵉ *de la Tuollays.*)

Art. 224. Ni sous le prétexte que le Maire n'a adressé aucune injonction au contrevenant, ou que celui-ci a suspendu ses travaux dès qu'il en a reçu l'ordre. (*Cass.*, 19 *août* 1841, *Lieutard et Romey;* 3 *avril* 1846, *Dupré.*)

Art. 225. Ni sous le prétexte que le bâtiment élevé sans permission est sur l'alignement que le Maire aurait donné s'il lui eût été demandé, ou que la construction indûment réparée se trouve aussi sur l'alignement. (*Cass.*, 9 *fév.* 1833, *Courtet;* 14 *fév.* 1845, *Maupérin-Tondeur.*)

Art. 226. Ni sous le prétexte que, en opérant à son habitation l'exhaussement qui donne lieu à la poursuite dirigée contre lui, le prévenu s'est abstenu de toucher aux fondations et au rez-de-chaussée. (*Cass.*, 8 *fév.* 1845, *Vallée.*)

Art. 227. Ni sous le prétexte qu'il n'a fait que rentrer sur son propre terrain un des angles de sa maison; que la nouvelle construction a augmenté et non diminué la largeur de la voie publique, et que, si elle est en arrière de l'alignement, ce n'est que de quelques centimètres. (*Cass.*, 15 *oct.* 1834, *Martin;* 6 *août* 1836, *Joannès;* 17 *juill.* 1857, *Just-Lelong.*)

Art. 228. Ni sous le prétexte que le travail qui a motivé la plainte n'est que temporaire ou provisoire, et que le prévenu s'est engagé à l'enlever dans un délai déterminé. (*Cass.*, 11 *mars* 1830, *Pernet;* 30 *mai* 1833, *V*ᵉ *Challemaison.*)

Art. 229. Ni sous le prétexte qu'il a été exécuté par l'ordre d'un locataire et à l'insu du propriétaire. (*Cass.*, 22 *fév.* 1844, *François.*)

Art. 230. Ni sous le prétexte, lorsque le bâtiment est sujet à retranchement, que la façade à laquelle la réparation a été effectuée donne sur la cour et non sur la rue. (*Cass.*, 22 *mars* 1845, *Morgan de Maricourt.*)

Art. 231. Ni sous le prétexte que l'opération qualifiée de crépissage consiste seulement dans le fait d'avoir jeté çà et là quelques truellées de mortier. (*Cass.*, 1ᵉʳ *déc.* 1842, *Vᵉ Favre.*)

Art. 232. Ni sous le prétexte que, à raison de la grossièreté de l'ouvrage ou de sa nature non confortative, ou de la solidité de la construction à laquelle il a été fait, la durée de celle-ci ne sera nullement prolongée. (*Cass.*, 16 *avril* 1836, *Tournaire;* 1ᵉʳ *déc.* 1842, *Dugué;* 26 *août* 1843, *Duplessis;* 8 *août* 1856, *Fallot;* 23 *nov.* 1860, *Béléguie.*)

Art. 233. Ni sous le prétexte que, loin de conforter le mur de face, les travaux indûment exécutés tendent, au contraire, à en diminuer la solidité et à en accélérer la ruine. (*Cass.*, 16 *nov.* 1832, *Laclaverie;* 4 *janv.* 1839, *Bertin;* 7 *mars* 1857, *Bruno-Nicolas.*)

Art. 234. Ni sous le prétexte qu'ils avaient été rendus nécessaires par la malveillance, ou qu'ils étaient la conséquence obligée de ceux que le Maire avait autorisés. (*Cass.*, 16 *avril* 1836, *Delafosse;* 2 *août* 1839, *Léger-Haas;* 21 *mars* 1846, *Bouchard.*)

Art. 235. Ni sous le prétexte que la maison avait été mise en péril, soit par l'ouverture d'une baie pratiquée dans la façade, soit par la démolition d'une maison contiguë, et que l'administration, n'ayant fait aucune disposition pour l'acquérir, ne pouvait empêcher de la consolider. (*Cass.*, 15 *avril* 1837, *Chaumereau,* 4 *janv.* 1849, *Sanitas.*)

Art. 236. Ni sous le prétexte que, bien qu'une maison soit en saillie, l'expropriation peut seule enlever au propriétaire le droit de la réparer, et surtout celui de rétablir dans son premier état la partie qu'un incendie a détruite. (*Cass.*, 23 *août* 1839, *Maury;* 23 *sept.* 1843, *Jacquemin.*)

Art. 237. Ni sous le prétexte que le règlement municipal qui interdit de faire, sans autorisation, aucun ouvrage de nature à consolider, conserver ou soutenir la façade des maisons en saillie, ne s'applique pas à la reconstruction d'une jambe étrière, ou qu'en défendant de reconstruire les escaliers qui existent sur la voie publique, ce règlement ne comprend pas le remplacement d'une marche en bois par une marche en pierre. (*Cass.*, 8 *août* 1833, *Challine;* 23 *sept.* 1836, *Ventrillon.*)

Art. 238. Ni sous le prétexte que pratiquer dans un mur de face des ouvertures en forme de meurtrières et placer une barre de fer au milieu de chacune d'elles n'est pas une contravention, le fait ne constituant ni une construction nouvelle, ni une reconstruction, ni une réparation. (*Cass.*, 28 *août* 1835, *Kœchlin-Dollfus.*)

Art. 239. Ni sous le prétexte que, en reconstruisant un ouvrage en saillie, qu'il avait été obligé de démolir pour pouvoir faire un autre ouvrage, l'inculpé a simplement rétabli l'état de choses modifié momentanément par lui, avec l'intention de le conserver. (*Cass.*, 10 *sept.* 1857, *Lasserre.*)

Art. 240. Les tribunaux de répression n'ont point à s'occuper de la question intentionnelle. Ils ne peuvent donc relaxer le prévenu en admettant sa bonne foi, fondée sur ce qu'il ne croyait pas une permission nécessaire pour de simples travaux d'embellissement et de propreté; sur ce qu'il n'a fait que se conformer à l'usage suivi dans la commune; sur ce que des voisins ont exécuté, sans être inquiétés, les mêmes ouvrages que ceux pour lesquels il est poursuivi ; sur ce qu'il savait que l'autorisation de réparer n'aurait pu être refusée, son mur étant à l'alignement, etc. (*Cass.*, 12 *sept.* 1835, *Ve Marbeau;* 17 *déc.* 1836, *Ve Goujon de Cérisay;* 20 *sept.* 1839, *Régis;* 19 *juill.* 1845, *Lebret;* 12 *nov.* 1859, *Paradis.*)

Art. 241. L'acquittement ne peut non plus être prononcé sous le prétexte, si la nouvelle construction se trouve mal plantée, que l'inculpé a pu être induit en erreur par les jalons que l'agent-voyer-communal avait posés pour tracer l'alignement. (*Cass.*, 4 *août* 1853, *Langlois.*)

Art. 242. Lorsqu'un règlement municipal oblige les architectes, maçons et charpentiers à ne mettre la main à l'œuvre qu'après s'être assurés que le propriétaire est en règle, le juge ne peut acquitter les contrevenants sous le prétexte que cette défense est illégale ; qu'elle porte atteinte au droit de chaque citoyen d'exercer librement sa profession ; que, hors le cas où l'intention de nuire est évidente, l'ouvrier n'est pas autorisé à vérifier si le maître a le droit d'entreprendre le travail auquel il l'emploie, et que son seul devoir est de lui obéir. (*Cass.*, 13 *juin* 1835, *Schmaltzer et Schœn;* 12 *nov.* 1840, *Petitjour;* 17 *déc.* 1840, *Minot.*)

Art. 243. L'entrepreneur qui a violé un pareil règlement ne peut non plus être relaxé sous le prétexte qu'il n'a agi que d'après la commande et l'ordre exprès du propriétaire, et que celui-ci a pris fait et cause pour lui. (*Cass.*, 6 *août* 1836, *Imbert.*)

Art. 244. L'acquéreur d'un immeuble sur lequel ont été élevées par le précédent propriétaire des constructions contraires à l'alignement ou empiétant sur la voie publique ne peut être poursuivi pour cette double contravention, s'il y est resté étranger. (*Cass.*, 11 *juill.* 1857, *Chatard.*)

Art. 245. Aussitôt qu'une contravention lui est signalée, le Maire, indépendamment du procès-verbal qu'il en dresse ou fait dresser, doit prendre un arrêté portant injonction de suspendre les travaux, et même de les démolir. (*Cass.*, 12 *avril* 1822, *Collinet ; Arrêts, Cons. d'État,* 30 *juill.* 1817, *Aumeunier ;* 13 *juill.* 1828, *Jullien.*)

Art. 246. Il ne commet aucun excès de pouvoir en ne distinguant pas, dans son arrêté, les ouvrages qui sont confortatifs de ceux qui ne le sont pas. (*Arrêt, Cons. d'État,* 21 *juill.* 1858, *Piquet.*)

Art. 247. Néanmoins, l'injonction n'étant exigée par aucune loi, les travaux exécutés en violation des règlements constituent, par le fait seul de leur existence, une contravention que le juge doit réprimer, bien que le délinquant n'ait pas reçu sommation de les détruire. (*Cass.,* 19 *juill.* 1838, *V° Luickz.*)

Art. 248. Dans tous les cas, l'injonction du Maire n'a d'autre valeur que celle d'une simple mise en demeure, et la démolition ne peut être opérée d'office qu'après avoir été expressément ordonnée par le juge. (*Avis, Cons. d'État,* 29 *oct. et* 10 *déc.* 1823 ; *Cass.,* 26 *avr.* 1834, *V° Pihan.*)

§ 8. De la démolition.

Art. 249. La loi fait un devoir aux tribunaux de police, non seulement de prononcer sur les peines encourues, mais encore de statuer, par le même jugement, sur les demandes en restitution et en dommages-intérêts. (*Code, Inst. crim., art.* 161 ; *Cass.,* 4 *juill.* 1828, *Fadin et Tellié ;* 27 *mars* 1835, *Hellot.*)

Art. 250. En matière de petite voirie, les dommages résident évidemment dans l'existence des travaux exécutés au mépris des règlements. (*Cass.*, 29 *janv.* 1836, *Besins;* 21 *mars* 1851, *Quillet;* 26 *juin* 1851, *Auroy.*)

Art. 251. L'obligation d'ordonner la démolition de ces travaux est dès lors une conséquence nécessaire et inséparable de la reconnaissance et de la répression de la contravention. La démolition constitue même la seule réparation qui puisse être poursuivie dans les affaires de cette nature. (*Cass.*, 2 *déc.* 1825, *Lhuillier;* 7 *oct.* 1831, *Blin;* 22 *juill.* 1837, *Tirel;* 2 *févr.* 1861, *Marin.*)

Art. 252. L'édit du mois de décembre 1607 en porte la disposition formelle, puisqu'il répute *besogne mal plantée* tout travail entrepris sans permission ou effectué contrairement aux conditions de l'autorisation, et veut *qu'elle soit abattue.* (*Cass.*, 30 *janv.* 1836, *Vignaud;* 19 *sept.* 1845, *Weyer;* 12 *sept.* 1846, *Perrin.*)

Art. 253. Infliger une peine pécuniaire, sans prescrire en même temps la démolition, serait, en effet, consacrer l'existence des ouvrages constitutifs d'une contravention reconnue et punie, perpétuer la contravention elle-même, et manquer ainsi à la disposition la plus essentielle de la loi pénale. (*Cass.*, 26 *mars* 1830, *Baudin;* 20 *sept.* 1845, *Michelini.*)

Art. 254. Si, moyennant une amende légère, on laissait subsister les travaux indûment faits, si l'on conservait ainsi à leurs auteurs le fruit d'une violation coupable des prescriptions destinées à maintenir la sûreté ainsi que la salubrité des voies publiques, et à assurer avec le temps la décoration des cités, les règlements de voirie, comme les lois qui les protègent de toute leur autorité, seraient aussi impuissants que dérisoires, et il en résulterait l'anarchie la plus complète dans cette partie importante de l'Administration.

(*Cass.*, 18 *sept.* 1828, *Jacquemot;* 8 *janv.* 1830, *Bourgeois;* 6 *oct.* 1832, *Gaspard-Mazères.*)

Art. 255. Le jugement qui condamne à l'amende à raison d'un fait dont il laisse subsister la trace, présente d'ailleurs une contradiction en maintenant la contravention qu'il réprime. (*Cass.*, 10 *sept.* 1831, *Garaud;* 17 *févr.* 1832, *Bertrand-Saulé;* 24 *janv.* 1834, *Déchelle.*)

Art. 256. L'amende étant prononcée dans l'intérêt de la vindicte publique et la démolition à titre de réparation civile, l'auteur de la contravention est seul passible de l'amende; mais la démolition doit être poursuivie contre le détenteur de l'immeuble, n'en fût-il devenu propriétaire que depuis le jugement. (*Arrêts, Cons. d'État*, 5 *déc.* 1839, *de Loustal;* 14 *févr.* 1861, *Delarivière et Martin.*)

Art. 257. Comme la compétence des tribunaux de police se détermine par la quotité de l'amende et non par la valeur des dommages-intérêts qui peuvent suivre la condamnation, quelle que soit pour le condamné la perte résultant de la démolition, celle-ci, quand elle est requise, peut toujours être prononcée par ces tribunaux. (*Cass.*, 27 *juill.* 1827, *Deléme.*)

Art. 258. Si la contravention consiste dans la réparation ou l'exhaussement d'un bâtiment grevé, en tout ou en partie, de la servitude de retranchement, le nouvel œuvre constitue *la besogne mal plantée* que proscrit l'édit de 1607. La destruction de ce nouvel œuvre peut seule faire cesser le préjudice causé à l'intérêt général et éviter à la commune le surcroît de dépense qu'entraînerait l'expropriation d'un immeuble dont la valeur aurait été augmentée. (*Cass.*, 6 *août* 1852, *Romagné;* 12 *juill.* 1855, *Romagny;* 17 *nov.* 1859, *Marchand et Prévost.*)

Art. 259. Il en est de même si le nouvel œuvre, quel qu'il soit, est établi sur un terrain joignant la voie publique et destiné à en faire un jour partie, et à plus forte raison lorsque le constructeur a empiété sur le terrain communal. (*Cass.*, 13 *juill.* 1838, *Deguerre et Dugendre;* 27 *août* 1853, *Pont;* 18 *janv.* 1856, *Tattegrain;* 14 *août* 1858, *Long.*)

Art. 260. Enfin, l'obligation d'observer rigoureusement l'alignement touchant à des intérêts sérieux de voirie, l'établissement ou la réparation d'une construction en retraite constitue également *la besogne mal plantée* dont, aux termes du même édit, la suppression doit être exigée. (*Cass.*, 25 *août* 1853, *Hardy;* 18 *févr.* 1860, *Pillas.*)

Art. 261. Toutefois, comme la démolition n'a sa raison d'être, à cause de son caractère de réparation civile, que dans le fait nécessaire d'un dommage préexistant, il n'y a pas lieu de l'ordonner lorsque l'opération entreprise sans autorisation ne nuit pas à la voie publique et ne porte aucun préjudice à la commune. (*Cass.*, 23 *avril* 1859, *Courboin et Godard.*)

Art. 262. Si, par exemple, la maison construite ou restaurée se trouve sur l'alignement, ou si, quand elle est sujette à retranchement, l'autorité administrative a déclaré que les travaux qui y ont été faits n'ont pas pour résultat d'en prolonger la durée, ou si l'ouvrage qui a été établi sur la façade d'un bâtiment est dans les conditions du règlement municipal relatif aux saillies, l'amende seule doit être prononcée. (*Cass.*, 8 *déc.* 1849, *Jemain;* 30 *juin* 1853, *Bucheron;* 18 *nov.* 1853, *Despéroux;* 28 *juill.* 1854, *Touillet;* 24 *déc.* 1859, *de Rancourt.*)

Art. 263. Mais si l'entreprise qui fait l'objet de la contravention n'était pas de nature à être autorisée, si elle a été effectuée contrairement à l'alignement ou sans l'observation des prescriptions contenues dans un règlement municipal, si l'exécution en a été poursuivie malgré les défenses expresses du Maire, ou enfin si elle est préjudiciable au public, il y a lieu de faire démolir. (*Cass.*, *29 déc. 1820, Siadous; 17 juin 1830, Dufresne; 18 août 1836, Pontier; 2 mars 1844, Signoret; 3 déc. 1847, Parant; 11 janv. 1850, Mancel; 14 oct. 1852, Bélin; 8 déc. 1860, Havet.*)

Art. 264. Lors donc que, dans les cas spécifiés ci-dessus, la contravention est déclarée constante, le juge de police ne peut, en même temps qu'il prononce la peine de l'amende, se dispenser de condamner à la démolition, par le motif que la commune n'est pourvue d'aucun plan d'alignement, et que celui de la rue où la contravention a été commise n'est encore qu'à l'état de projet. (*Cass.*, *10 oct. 1832, veuve Bonnaud; 21 mai 1842, Perraud; 6 avril 1854, Blondel.*)

Art. 265. Ni par le motif que la démolition n'est pas comprise au nombre des peines prononcées par la loi, ou qu'elle n'a pas été expressément requise par le ministère public. (*Cass.*, *30 mai 1834, Bellencontre; 1ᵉʳ juin 1839, Magny; 22 nov. 1860, Pagès.*)

Art. 266. Ni par le motif, s'il s'agit d'une construction neuve, que, dans l'espèce, elle enlève une retraite à l'immoralité, et que loin de nuire à la voie publique, elle y protège les mœurs. (*Cass.*, *5 sept. 1835, Conannier.*)

Art. 267. Ou que le Maire a eu connaissance des travaux bien avant qu'ils fussent achevés et n'est point intervenu pour fixer l'alignement à suivre. (*Cass.*, *24 janv. 1834, Brunet et Boué.*)

Art. 268. Ou que rien ne prouve que la construction soit hors de l'alignement, et que d'ailleurs le prévenu n'a pas reçu sommation de la détruire. (*Cass.*, 27 *sept.* 1832, *Vve Massu.*)

Art. 269. Ou que, si elle se trouve mal plantée, c'est la faute du Maire, qui n'a déterminé, par un arrêté, qu'au moment où les travaux touchaient à leur fin, l'alignement qu'il avait d'abord donné verbalement. (*Cass.*, 20 *juin* 1834, *Vautrin.*)

Art. 270. Le juge commet d'ailleurs un excès de pouvoir lorsque, pour ne pas ordonner la démolition, il déclare qu'elle ne paraît ni urgente ni indispensable ; qu'elle n'aurait aucun résultat utile pour la commune ; que celle-ci est même intéressée à la conservation des travaux ; qu'il serait d'ailleurs impossible de remettre les lieux dans leur premier état. (*Cass.*, 23 *fév.* 1839, *Savoie;* 11 *janv.* 1840, *Battut;* 14 *fév.* 1845, *Rimbaud.*)

Art. 271. Ou bien quand il prononce que les travaux que l'on reproche au prévenu d'avoir exécutés sans autorisation se rattachaient essentiellement à ceux pour lesquels il avait obtenu une permission. (*Cass.*, 13 *août* 1841, *Briol.*)

Art. 272. Ou bien encore lorsqu'il décide qu'ils ne constituent que de simples travaux d'embellissement, ou qu'ils sont sans importance et même insignifiants relativement à la plus-value de l'immeuble ; que rien ne démontre qu'ils soient de nature à prolonger la durée de la construction, et particulièrement celle du mur de face ; qu'ils paraissent, au contraire, n'être pas confortatifs et avoir même pour effet de diminuer la solidité de ce mur. (*Cass.*, 7 *août* 1829, *Sell.er;* 17 *nov.* 1831, *Lacomme;* 11 *août* 1837, *Morlière;* 21 *juill.* 1838, *Delacroix;* 4 *août* 1838, *Bidau;* 4 *janv.* 1840, *Thibault;* 25 *juin* 1841, *Barbery;* 25 *juin* 1842, *Vve Bataille;* 15 *sept.* 1843, *Bories;* 30 *août* 1855, *Andoque;* 2 *mai* 1856, *Giacobbi,* 23 *août* 1860, *Rateau.*)

Art. 273. Ou enfin, quand il prétend, s'ils consistent dans l'exhaussement d'un édifice, que cette opération a été exécutée avec toute la solidité convenable et présente toutes les garanties désirables pour la sûreté publique ; que d'ailleurs elle ne peut être considérée comme un nouvel œuvre, et que, dans tous les cas, elle n'est pas confortative de sa nature. (*Cass.*, 6 *fév.* 1841, *Girard;* 12 *juill.* 1855, *Lormaud.*)

Art. 274. Lorsque la construction réparée ou édifiée se trouve en arrière de l'alignement, le juge ne doit pas non plus s'abstenir de prononcer la démolition, sur le motif, dans le premier cas, que le prévenu a pu croire qu'une autorisation n'était pas nécessaire, et, dans le second cas, qu'il y a lieu seulement de prescrire, par voie administrative, la clôture de l'enfoncement irrégulier. (*Cass.*, 5 *mars* 1842, *veuve Taburet-Chevalerie;* 21 *juin* 1844, *Olivary.*)

Art. 275. Il ne peut également se dispenser d'ordonner la suppression de marches indûment établies, par le motif que la saillie n'en excède pas celle des autres marches qui existent déjà dans la rue, et que, si la permission de les poser eût été demandée, elle aurait été accordée sans difficulté. (*Cass.*, 12 *août* 1841, *Gabaud et Malignon.*)

Art. 276. Le juge ne peut d'ailleurs surseoir à prononcer la démolition jusqu'à ce que l'administration supérieure ait approuvé le projet d'alignement suivant lequel la construction réparée se trouve en saillie. (*Cass.*, 3 *août* 1838, *Saint-Paul.*)

Art. 277. Ni jusqu'à ce que des experts chargés par lui de vérifier si les travaux sont réellement confortatifs aient fait leur rapport. (*Cass.*, 18 *sept.* 1835, *Gagniard;* 20 *avril* 1843, *Vène;* 1er *juill.* 1843, *Harel.*)

Art. 278. Ni jusqu'à ce qu'il ait été statué sur le

pourvoi que le prévenu a formé ou se propose de former contre l'arrêté qui lui a fixé l'alignement ou enjoint de supprimer les ouvrages indûment exécutés. (*Cass.*, 26 *sept.* 1838, *Bézins;* 7 *nov.* 1844, *Brassat;* 3 *mai* 1850, *Rocher.*)

Art. 279. Il ne peut non plus décider, sans se contredire lui-même, que le prévenu qu'il condamne à l'amende pour n'avoir pas suivi l'alignement donné par le Maire ne sera tenu d'observer cet alignement qu'autant qu'il lui aura été légalement notifié et qu'il ne l'aura pas fait réformer par l'autorité supérieure. (*Cass.*, 15 *mai* 1835, *Loye.*)

Art. 280. Si, en condamnant un individu à l'amende pour avoir établi sans autorisation un ouvrage en saillie, le tribunal omet de prononcer la démolition, le Maire n'a pas moins le droit d'ordonner la suppression de la saillie. La désobéissance à l'arrêté municipal constituerait une nouvelle contravention, et le propriétaire qui s'en rendrait coupable ne pourrait être acquitté par application de la maxime : *Non bis in idem.* (*Cass.*, 17 *août* 1843, *Guillon.*)

Art. 281. La démolition, lorsqu'elle est prescrite par le juge, doit toujours comprendre la totalité et non pas seulement une partie du nouvel œuvre. (*Cass.*, 29 *août* 1835, *Loyau-Pillarault;* 6 *août* 1836, *Beauchaine;* 20 *juill.* 1839, *Bertrand;* 12 *mai* 1843, *Dupont;* 29 *août* 1856, *Champion-Cochart.*)

Art. 282. Mais elle ne peut être étendue au delà. Si, par exemple, un mur en saillie a été exhaussé sans autorisation, c'est la partie en surélévation et non l'ancien mur qui lui sert de base qui doit être démolie. (*Cass.*, 4 *déc.* 1856, *Couasnon.*)

Art. 283. La démolition ayant le caractère d'une réparation civile et non d'une peine, il n'y a pas lieu

II   46

d'insérer dans le jugement le texte de la loi qui l'ordonne. (*Code*, *Inst. crim.*, art. 163 ; *Cass.*, 24 *mars* 1860, *Lalanne.*)

Art. 284. Le juge, en statuant sur une contravention de voirie urbaine, épuise sa juridiction relativement aux faits antérieurs, en sorte que, s'il a omis de prononcer la démolition, même par inadvertance, le ministère public ne peut plus la lui demander par une action nouvelle. (*Cass.*, 19 *févr.* 1859, *Drouin.*)

Art. 285. Comme il n'appartient qu'à l'autorité municipale, soit de prescrire tout ce qu'exigent la sûreté et la commodité du passage, soit de faire exécuter les condamnations prononcées à cet égard par les tribunaux de police, le juge de répression ne peut s'attribuer le droit d'accorder un sursis au contrevenant pour effectuer la démolition. (*Cass.*, 18 *déc.* 1840, *Brun.*)

Art. 286. Il ne pourrait donc pas décider qu'elle n'aura lieu que lorsqu'il sera procédé à l'élargissement de la rue, suivant le plan qui en a été arrêté. (*Cass.*, 18 *févr.* 1860, *Chapeaurouge.*)

Art. 287. Il peut seulement fixer un délai après lequel l'Administration aura la faculté d'agir d'office, si le contrevenant est resté dans l'inaction ; mais ce délai ne doit être que celui présumé nécessaire pour opérer la démolition. (*Cass.*, 8 *juill.* 1843, *Martin et Bonnefoy.*)

Art. 288. Autrement, les tribunaux de police pourraient journellement empiéter sur les attributions de l'autorité administrative, s'immiscer dans l'appréciation des mesures qui lui sont exclusivement confiées, en contrarier et en paralyser les effets. (*Cass.*, 18 *déc.* 1840, *Vve Barbier.*)

Art. 289. Le Maire peut d'ailleurs, si l'intérêt public paraît l'exiger, contraindre le contrevenant à effectuer la démolition dans un délai plus court que celui fixé par le juge. (*Cass., 15 sept. 1825, Sauer.*)

Art. 290. Lorsque, après l'expiration du délai d'appel, le délinquant laisse sans exécution le jugement qui l'a condamné à démolir, le Maire y fait procéder d'office par les ouvriers qu'il a requis. La commune avance les frais faits à ce sujet, et le receveur municipal en poursuit le recouvrement, suivant l'état dressé par le Maire et rendu exécutoire par le visa du Sous-Préfet. (*Loi, 18 juill. 1837, art. 10 et 63.*)

Art. 291. Quand bien même la démolition des travaux indûment exécutés aurait pour conséquence la chute du bâtiment, elle n'en doit pas moins être effectuée lorsqu'elle a été ordonnée, sauf au Maire à faire poser provisoirement quelques étais et à procéder ensuite comme dans le cas de péril imminent. (*Avis, Cons. d'État, 2 févr. 1825, ville de Bordeaux.*)

Art. 292. Il est de principe que l'acte du souverain qui remet les peines de simple police n'enlève pas aux particuliers, communes et établissements publics leurs droits aux dommages-intérêts qui peuvent leur être alloués par les tribunaux. Dès lors, l'amnistie n'est pas applicable au chef de l'action du ministère public relatif à la démolition. Celle-ci doit, s'il y a lieu, être prononcée quand même. (*Cass., 29 avril 1831, Vasseur.*)

Art. 293. L'Administration a le droit d'apprécier s'il peut être apporté quelque adoucissement aux mesures prescrites par l'autorité du juge. En conséquence, lorsque l'intérêt public ne doit pas en souffrir, le Maire peut, avec l'assentiment du Préfet, tolérer l'existence des travaux indûment exécutés, ou accorder un sursis conditionnel au contrevenant pour en opérer la démolition. (*Décis., Min. Int., Seine, 10 nov. 1837, Fabien, et 25 mars 1842, Oudart; Cass., 18 févr. 1860, Thibault.*)

Art. 294. Il doit surtout user de cette faculté lorsque le rétablissement des lieux dans leur premier état, ou même le reculement d'une construction en saillie, n'aurait aucun avantage immédiat pour la circulation, ou bien encore lorsque, en construisant en arrière de l'alignement, un propriétaire s'est proposé d'orner la façade de sa maison au moyen d'une décoration architecturale ou de lui donner un certain aspect.

Art. 295. Le sursis doit faire l'objet d'un acte administratif, qui est transcrit au bureau des hypothèques, afin que, si l'immeuble passe en d'autres mains, le nouveau détenteur n'en puisse prétendre cause d'ignorance.

Dans le cas d'ailleurs où l'intérêt public viendrait à l'exiger, l'Administration pourrait toujours faire cesser la tolérance dont elle aurait usé envers le contrevenant ; elle serait également en droit de rapporter la décision qui aurait suspendu l'exécution du jugement, si les conditions du sursis n'étaient pas remplies.

§ 9. Des questions préjudicielles.

Art. 296. Lorsque le prévenu articule un fait dont la preuve ferait disparaître la contravention, ou pourrait modifier la décision de la question principale soumise au juge de police, il soulève une question qu'on appelle préjudicielle. Jusqu'à ce que celle-ci ait été résolue, la question principale doit rester suspendue. (*Code forest., art.* 182.)

Art. 297. Ce principe est général et absolu, et, bien qu'il n'ait été rappelé que dans une loi spéciale, il régit et limite la compétence de tous les tribunaux de répression. (*Cass., 12 janv.* 1856, *Vve Blaise.*)

Art. 298. Ainsi, l'individu poursuivi pour n'avoir pas observé les prescriptions de l'autorisation qui lui a été accordée soulève une question préjudicielle lorsqu'il soutient, au contraire, qu'il ne s'en est pas écarté, et comme l'autorité judiciaire ne peut, sous aucun prétexte, connaître des actes de l'Administration, le tribunal de police doit surseoir à statuer au fond jusqu'à ce que cette dernière ait prononcé sur la question préjudicielle. (Lois, 16-24 août 1790, tit. II, art. 13 et 16 fruct. an III; Cass., 6 oct. 1832, Facquer; 8 oct. 1842, Broustet; 7 mars 1844, Tuillé; 9 mai 1844, Forneret; 13 fév. 1845, Marin-Grégoire; 6 janv. 1853, Filiatre; 1er fév. 1856, Sauvaire-Jourdan.)

Art. 299. Il en est de même lorsque la prévention résulte de ce que l'alignement donné par le Maire n'aurait pas été suivi et que l'inculpé objecte que cet alignement n'est pas conforme au plan approuvé par l'autorité compétente. (Cass., 27 déc. 1839, Lecompte.)

Art. 300. Ou si, étant accusé d'avoir, sans autorisation, élevé ou réparé une construction, il excipe de ce que le terrain sur lequel elle est située ne joint pas la voie publique actuelle. (Cass., 7 nov. 1844, Baldit.)

Art. 301. Ou bien encore quand, la citation ayant eu lieu pour le même fait, il y a doute sur le point de savoir si la construction est hors de l'alignement. (Cass., 27 déc. 1856, Soret; 20 août 1858, Simonel; 24 déc. 1859, de Rancourt; 18 août 1860, Chavanet; 23 août 1860, veuve Martin; 25 janv. 1861, Caldier.)

Art. 302. Ou enfin lorsque l'inculpé prétend que, bien que cette construction ne soit pas sur l'alignement, les travaux qu'il y a faits ne sont nullement confortatifs. (Cass., 17 fév. 1837, Bossis et consorts; 5 oct. 1837, veuve Caillot; 2 déc. 1837, Riquier; 27 juill. 1860, Bernard et Deschamps.)

Art. 303. En général, toutes les fois que le ministère public et le prévenu de contravention à un arrêté municipal sont divisés sur l'interprétation de cet arrêté, il n'appartient qu'à l'autorité administrative d'en fixer le sens et la portée. (*Cass.*, 5 *mars* 1842, *Lemasson-Morinière ; 2 oct.* 1852, *Langlois ;* 14 *juil.* 1860, *Tonnelier.*)

Art. 304. Lorsque la poursuite a pour motif, soit un empiètement commis sur la voie publique, soit la suppression d'un passage conduisant à un établissement public, le prévenu, s'il oppose l'exception de propriété ou de possession immémoriale du terrain litigieux, soulève aussi une question préjudicielle; mais celle-ci est de sa nature de la compétence exclusive des tribunaux civils. (*Cass.*, 11 *nov.* 1831, *Coppin ;* 27 *sept.* 1833, *Mary ;* 23 *janv.* 1836, *Ch. réun.*, *Chandesais ;* 24 *nov.* 1859, *Vicq.*)

Art. 305. Dans ce dernier cas, le tribunal de police ne peut admettre l'exception proposée qu'en déclarant qu'elle lui paraît fondée sur un titre apparent ou sur des faits de possession équivalents, personnels au prévenu et par lui articulés avec précision. Si l'allégation ne lui semble pas avoir un caractère suffisant de vraisemblance, il doit passer outre au jugement de l'action. (*Code forest.*, art. 182 ; *Cass.*, 18 *déc.* 1840, *Rey ;* 14 *juill.* 1860, *Fontaine.*)

Art. 306. Il doit en faire autant, lorsque la question soulevée ne peut exercer aucune influence sur le litige qui lui est soumis. Ainsi, la circonstance qu'un individu prévenu d'avoir construit le long de la voie publique, sans en avoir demandé la permission ou sans s'être conformé à l'alignement qui lui avait été fixé, serait propriétaire du terrain sur lequel il a bâti, ne peut donner lieu à une question préjudicielle de nature à

motiver un sursis, puisque, lors même que le terrain
lui appartiendrait, il n'aurait pas moins commis une
contravention. (*Cass.*, 19 *déc.* 1828, *Voisin;* 26 *mars*
1836, *Morichon;* 2 *déc.* 1841, *Durazzo;* 28 *juin* 1844,
Corneille; 14 *août* 1858, *Long;* 13 *juill.* 1861, *Chicard.*)

Art. 307. Il offrirait en vain de prouver que les nouvelles constructions reposent sur l'emplacement des
anciennes et que l'existence de celles-ci remontait à
plus de trente ans ; le fait, fût-il établi, n'autorisait
pas à se passer d'une autorisation. (*Cass.*, 19 *mars* 1835,
Blaise-Barron.)

Art. 308. Il en serait de même si, par ses constructions ou autrement, cet individu avait intercepté une
rue, une impasse ou un passage livré depuis longtemps
à la circulation. En effet, nul ne peut se faire justice à
soi-même ; il n'est pas permis de s'approprier les
choses dont le public a la jouissance, sous le prétexte
qu'on peut être fondé à en revendiquer la propriété.
(*Cass.*, 4 *août* 1837, *Paté;* 29 *nov.* 1844, *Farjon;* 25 *févr.*
1858, *Fidelin.*)

Art. 309. L'exception de propriété ne serait pas non
plus susceptible de retarder la répression d'une contravention commise dans une rue dont le plan d'alignement aurait été approuvé par l'autorité compétente ;
les prétentions de l'inculpé, si elles étaient admises,
devant dans ce cas se résoudre en une indemnité.
(*Voir art.* 122.)

Art. 310. Le prévenu de contravention à un arrêté
municipal défendant d'étaler des marchandises le long
des boutiques dépourvues de devantures, qui allègue-
rait son titre de propriété du sol, ne soulèverait pas
non plus une question préjudicielle, attendu que, tant
qu'un terrain est livré à la circulation, il est nécessairement soumis aux mesures de police et de vigilance

applicables à toute voie publique. (*Cass.*, 5 *févr.* 1844, *Ch. réun.*, *Mellinet.*)

Art. 311. Le juge doit également statuer immédiatement sur la contravention résultant de ce qu'un propriétaire a exécuté à un bâtiment situé hors de l'alignement des travaux que le Maire avait expressément refusé d'autoriser. Il n'y a pas lieu, dans ce cas, de faire préalablement décider si ces travaux sont ou non confortatifs. (*Cass.*, 6 *mars* 1845, *Corlay ;* 4 *mai* 1848, *Moleur.*)

Art. 312. Lorsqu'un particulier, poursuivi pour ne s'être pas conformé à l'alignement qui lui avait été donné, ou pour avoir violé les défenses que le Maire lui avait faites, s'est pourvu près de l'administration supérieure afin de faire réformer l'arrêté municipal, il n'y a pas lieu non plus de surseoir, attendu que, les actes de l'espèce étant exécutoires par provision, quand bien même celui qui fait l'objet du pourvoi. serait réformé, l'infraction qui en a eu lieu, au moment où il était obligatoire, n'en constituerait pas moins une contravention. (*Cass.*, 26 *juill.* 1827, *Moulères ;* 21 *févr.* 1840, *Dagar.*)

Art 313. Il ne faut pas confondre les moyens de défense dont l'appréciation appartient au juge de répression, avec les questions préjudicielles, dont il doit laisser la solution à qui de droit. Ainsi, le tribunal de police doit décider lui-même si le fait d'avoir superposé des briques les unes sur les autres constitue une construction de mur sans mortier ni liaison, ou, comme le prétend le prévenu, un simple apport de matériaux. (*Cass.*, 25 *mai* 1848, *Chauvel.*)

Art. 314. Il est également compétent pour décider si le terrain attenant à un bâtiment auquel des travaux ont été exécutés sans autorisation, fait ou non partie

de la voie publique. Effectivement, l'existence même
de la voie publique est un fait que les tribunaux
ordinaires doivent vérifier et reconnaître, d'après les
principes du droit commun, sans qu'il y ait lieu d'en
renvoyer, soit d'office, soit sur la demande des parties,
l'examen à l'autorité administrative. (*Cass.*, 27 *août*
1853, *Pont; Ch. civ.*, 4 *août* 1858, *Gardin.*)

Art. 315. Aucune loi n'a établi de délai à l'expiration duquel le prévenu qui a soulevé une question
préjudicielle, et qui n'a point encore agi pour la faire
résoudre par qui de droit, soit réputé avoir abandonné
l'exception qui y a donné lieu. Cependant, comme
l'ordre public ne permet pas que l'action pour la
répression de la contravention reste indéfiniment suspendue, le tribunal, en prononçant le sursis, doit fixer
lui-même le délai dont il s'agit. (*Cass.*, 10 *août* 1821,
Bézuchet; 23 *août* 1822, *Pavy;* 15 *févr.* 1828, *d'Aoust;*
23 *juill.* 1830, *Ressès;* 23 *août* 1839, *Borédon;* 17 *janv.*
1840, *Rouveure.*)

Art. 316. Il ne peut se borner à renvoyer les parties
à fins civiles, en laissant à la plus diligente le soin de
saisir le juge compétent. Il doit, au contraire, mettre
expressément à la charge du défendeur l'obligation de
poursuivre la décision à intervenir. Cette obligation
pèse exclusivement, en effet, sur celui qui a élevé la
question préjudicielle. (*Code forest., art.* 182; *Cass.*,
21 *mai* 1829, *Fougassié;* 3 *juin* 1830, *Rivière;* 19 *févr.*
1858, *Peytot;* 11 *avril* 1861, *Laquerrière.*)

Art. 317. Le juge de répression ne peut d'ailleurs,
sans commettre un excès de pouvoir, assigner le délai
dans lequel l'autorité compétente sera tenue de statuer.
(*Cass.*, 19 *oct.* 1842, *Delalonde;* 7 *mai* 1851, *Vayssaire.*)

Art. 318. Enfin, tant que la question préjudicielle
n'est pas résolue, il ne doit ni absoudre, ni condamner,

ni se dessaisir, puisque sa décision est nécessairement subordonnée au sort de l'exception renvoyée devant d'autres juges. (*Cass.*, 26 *avril* 1828, *Védel;* 9 *mai* 1828, *Robert.*)

Art. 319. C'est donc à tort qu'il prononcerait immé= diatement la peine de l'amende, en se réservant de prononcer plus tard, le cas échéant, la démolition des travaux. Il ne peut statuer par deux décisions distinctes sur une contravention unique. (*Cass.*, 28 *sept.* 1838, *Chantale-Verrine;* 13 *déc.* 1843, *Pouget;* 7 *juill.* 1860, *Duplessis.*)

§ 10. De la prescription.

Art. 320. L'action publique et l'action civile sont prescrites pour une contravention de police après une année révolue à compter du jour où elle a été commise, si, dans l'intervalle, il n'est pas intervenu de condamnation. (*Code, Inst. crim.*, *art.* 640.)

Art. 321. La demande en destruction des travaux indûment faits ayant le caractère d'une action civile, et une telle action n'étant qu'un accessoire de l'action publique, il s'ensuit que, lorsque la peine de l'amende est prescrite, la démolition ne peut plus être prononcée. (*Cass.*, 10 *juin* 1843, *Maussion;* 12 *déc.* 1845, *Noël.*)

Art. 322. La prescription, en cette matière, est d'ordre public; elle doit donc, si le prévenu ne la propose pas, être suppléée d'office par le juge. (*Cass.*, 28 *nov.* 1856, *Vénèque.*)

Art. 323. La disposition législative qui l'a établie, étant générale et absolue, ne souffre aucune exception pour le cas où, soit à raison du respect dû au domicile, soit pour tout autre motif, la contravention résultant de travaux exécutés clandestinement n'aurait été connue que tardivement par le ministère public. (*Cass.*, 26 *juin* 1845, *Canton;* 25 *mai* 1850, *Lamant;* 10 *janv.* 1857, *Satabin.*)

Art. 324. Les réparations effectuées au mépris d'un règlement municipal, bien que permanentes, ne peuvent être considérées comme le renouvellement continuel du même fait, et être assimilées à un délit successif. Dès lors, la prescription est acquise à leur auteur, si elles remontent à plus d'une année. On objecterait en vain, lorsque le bâtiment est en saillie, que le sol sur lequel elles ont eu lieu a été attribué par le plan d'alignement à la voie publique, et que la voie publique est imprescriptible. (*Cass.*, 23 *mai* 1835, *Vve Fabre;* 2 *juin* 1854, *Panaille et Portier.*)

Art. 325. Il en est de même d'une plantation de bornes et de l'établissement de tout autre objet en saillie. (*Cass.*, 17 *fév.* 1844, *Marietton;* 28 *avril* 1859, *Barthélemy.*)

Art. 326. La prescription peut aussi être opposée après une année révolue, même pour une construction élevée hors de l'alignement, attendu que la contravention a été consommée au moment où les travaux ont été achevés. (*Cass.*, 28 *nov.* 1856, *Vénèque.*)

Art. 327. Le délai d'un an dans lequel il doit être définitivement statué, soit en première instance, soit en appel, ne peut être prorogé par aucun acte d'instruction, et par conséquent par le seul état de litispendance. (*Cass.*, 1er *juill.* 1837, *Picot-Dagard.*)

Art. 328. Les arrêtés municipaux, en matière de voirie urbaine, devant recevoir leur exécution tant qu'ils n'ont pas été réformés par l'autorité administrative supérieure, et le recours à cette autorité ne formant pas un obstacle au jugement des tribunaux de répression, il en résulte qu'il ne peut interrompre la prescription. (*Cass.*, 1er *juill.* 1837, *Picot-Dagard.*)

Art. 329. Comme on ne doit entendre par condamnation qu'un jugement émané d'un tribunal, et que l'arrêté par lequel un Maire ordonne la destruction de travaux faits en contravention n'a pas ce caractère, un pareil arrêté ne peut non plus interrompre la prescription. (*Cass.*, 15 *mai* 1835, *Lalande-Bréard.*)

Art. 330. Au contraire, lorsqu'une question préjudicielle a été soulevée devant le tribunal et a nécessité de la part de celui-ci un renvoi devant l'autorité administrative ou la juridiction civile, la prescription reste suspendue jusqu'à la décision à laquelle est subordonné le jugement de l'action. En effet, l'article 640 du Code d'instruction criminelle ne déroge pas au principe du droit commun et de toute équité, suivant lequel la prescription ne court pas contre celui qui est empêché d'agir. (*Cass.*, 19 *oct.* 1842, *Delalonde;* 7 *mai* 1851, *Vayssaire.*)

Art. 331. Le même article ne déroge pas non plus au droit de recours que le ministère public tient de la loi. Dès lors si, avant l'expiration de l'année, il est intervenu un jugement qui renvoie le prévenu et qu'il y ait eu pourvoi en cassation contre ce jugement dans le délai légal, la prescription reste également suspendue : s'il en était autrement le recours serait illusoire. (*Cass.*, 24 *oct.* 1830, *Gibert;* 16 *juin* 1836, *Chandesais;* 3 *déc.* 1847, *Parant.*)

Art. 332. Mais si, après l'appel ou le pourvoi, l'action n'a pas été exercée dans le délai d'un an, soit devant le tribunal correctionnel, soit devant la Cour de cassation, elle se trouve éteinte par la prescription. (*Cass.*, 19 *juill.* 1838, *Poulenc et Bélières.*)

Art. 333. Quand des travaux forment un tout indivisible, la prescription ne peut être utilement invoquée pour la partie de ces travaux dont l'exécution remonte à plus d'une année, si l'autre partie n'était pas ter= minée depuis un an lors de la citation donnée au contrevenant. (*Cass.*, 4 *déc.* 1857, *D*ᵘᵉ *Guillemot*.)

Art. 334. Lorsque la prescription est admise, l'effet en est restreint à la poursuite de la contravention et ne porte aucune atteinte aux droits civils ou admi= nistratifs résultant, soit de la propriété du sol, soit de son imprescriptibilité. (*Cass.*, 27 *mars* 1852, *Bastard;* 28 *nov.* 1856, *Vénèque.*)

Art. 335. En conséquence, si la construction qui fait l'objet de la contravention empiète sur la voie publique, le Maire peut toujours réclamer la restitution du terrain qui a été envahi. Toutefois, comme la re= vendication a pour base unique un droit purement civil, elle ne peut être poursuivie que devant la juri- diction civile. Dès lors, l'arrêté portant injonction de rendre le terrain usurpé ne saurait, en cas d'inexécution, donner lieu à une condamnation en matière de police. (*Cass.*, 2 *août* 1856, *Miraca.*)

Art. 336. De même, lorsqu'un Maire laisse subsister des travaux faits indûment à une maison en saillie, à la condition qu'elle sera démolie dans un délai déter- miné, il ne peut, dans le cas où cette condition ne serait pas remplie, déférer au tribunal de police la contravention résultant de l'exécution des travaux si elle remonte à plus d'une année, attendu que la pres= cription n'a pas été détruite par l'effet de la transac= tion ; il ne peut non plus lui demander d'assurer l'exécution de cette transaction, les tribunaux de ré- pression étant incompétents à ce sujet. (*Cass.*, 2 *août* 1856, *Heurley.*)

Art. 337. S'il s'agit d'ouvrages placés en saillie sur

la façade d'un bâtiment, qu'ils aient ou non été autorisés, leur existence n'étant que précaire et de pure
tolérance, et ne pouvant dès lors fonder ni possession
ni prescription, le Maire a toujours le droit d'en exiger
l'enlèvement dès que l'intérêt de la circulation lui
paraît réclamer cette mesure. Le principe de la non-
rétroactivité des lois ne peut s'appliquer aux arrêtés
qu'il prend à ce sujet. (*Code Nap.*, art. 2226 et 2232;
Cass., 4 *juin* 1830, *veuve Bury;* 30 *juin* 1836, *Coppens;*
18 *août* 1847, *Métreau;* 25 *mai* 1850, *Lamant;* 17 *nov.*
1859, *Beaugrand.*)

Art. 338. Ce droit ne souffre aucune atteinte de ce
que le particulier, poursuivi antérieurement pour avoir
établi sans autorisation l'ouvrage en saillie, aurait été
relaxé de l'action intentée contre lui, à cause de l'an-
cienneté de la construction. (*Cass.*, 11 *sept.* 1847, *Pom-
meraye.*)

Art. 339. Si le Maire use de ce même droit, et que
son injonction reste sans effet, le juge de police doit
réprimer la contravention qui résulte alors, non de
l'établissement de la saillie, mais de la désobéissance
à l'arrêté municipal qui en a prescrit l'enlèvement.
(*Cass.*, 3 *févr.* 1844, *Rivat=Madignier.*)

Art. 340. L'arrêté par lequel un Maire ordonne la
suppression de bornes placées en saillie le long et aux
angles des maisons, étant pris dans les limites de ses
pouvoirs, ne peut être déféré au Conseil d'État par la
voie contentieuse; mais il ne fait pas obstacle à ce que
les propriétaires riverains fassent valoir devant l'autorité compétente les droits qu'ils prétendraient résulter pour eux de la propriété du sol sur lequel ces
bornes avaient été établies. (*Arrêts, Cons. d'État,*
7 *janv.* 1858, *Arrachard et consorts;* 22 *déc.* 1859, *Blanc.*)

TABLE DES LOIS, ARRÊTS, ETC.

AUXQUELS LA PRÉSENTE INSTRUCTION SE RÉFÈRE.

1° LOIS, DÉCRETS, ORDONNANCES.

Numéros.

Code Napoléon 75, 128, 144, 337
   — Inst. crim. 180, 181, 183, 184, 185, 190, 197, 198, 199, 201,
         205, 206, 207, 209, 211, 214, 215, 249, 283, 320
   — Pénal 3, 200, 208, 216
   — Forestier. 47, 296, 305, 316

2° ARRÊTS DU CONSEIL D'ÉTAT.

14 juin	1816,	Delime.	175
30 juill.	1817,	Aumeunier.	245
12 déc.	1818,	Hazet.	86
7 avril	1824,	Robert c. Avit-Gréliche.	42
9 juin	—	Hérit. Denis c. Boucheporn.	160
16 juin	—	Versigny.	37
25 févr.	1825,	Vᵉ Brun c. Planet et Guérin.	89
4 mai	1826,	Landrin 21,	22
12 déc.	1827,	Allard c. Sallin	89
13 juill.	1828,	Jullien	245
3 août.	—	Rousseau.	99
10 août.	—	Antheaume.	36
31 août.	—	Lasbènes.	125
22 nov.	1829,	Rousselot de Bienassis	80
4 mai	1830,	Alaus.	80
7 févr.	1834,	Bonnefoy. 35,	162
27 juill.	—	Gressent et Deshayes c. Pivain.	160
5 déc.	—	Vᵉ Bertrand.	13
14 juin	1836,	Montmory. 38,	85
4 nov.	—	Gaucher. 64,	80
5 déc.	1837,	Bertrand Menvielle.	42
25 janv.	1838,	Com. de Lesparre.	41
19 déc.	—	Hédé.	44
23 févr.	1839,	Lasnier.	26
5 déc.	—	De Loustal.	256
29 déc.	1840,	Vᵉ Hervé.	80
1ᵉʳ sept.	1841,	Cosnard.	162
30 juin	1842,	Génielle.	87
13 avril	1850,	Rybérolles c. Chauvassaigne.	80
6 juill.	—	Thomas.	163
3 déc.	1853,	Jourdain.	48

3° ARRÊTS DE LA COUR DE CASSATION.

Numéros.

26 juin	1835,	Giraud	222
3 juill.	—	Rambaud	4
23 juill.	—	Blanchard	166
21 août	—	Piscoret et Desaubes	9
28 août	—	Kœchlin-Dollfus	238
29 août	—	Loyau-Pillarault	281
5 sept.	—	Conannier	266
12 sept.	—	Vᵉ Marbeau	240
18 sept.	—	Gagniard	277
16 oct.	—	Mathevet	61
23 janv.	1836,	Chandesais	304
29 janv.	—	Bésins	250
30 janv.	—	Weissgerber	65, 119
30 janv.	—	Vignaud	252
26 mars	—	Morichon	306
16 avril	—	Laurey-Gautherin	84
16 avril	—	Tournaire	232
16 avril	—	Delalosse	234
16 juin	—	Chandesais	331
25 juin	—	Kœchlin-Dollfus	162
30 juin	—	Coppens	337
6 août	—	de Joannès	227
6 août	—	Imbert	243
6 août	—	Bauchaine	281
18 août	—	Pontier	263
23 sept.	—	Ventrillon	237
10 nov.	—	Vᵉ Chaumeron	4
10 nov.	—	Aubert et Favet	162
17 déc.	—	Vᵉ Goujon de Cerisay	240
22 janv.	1837,	Hartmann	213
27 janv.	—	Mallez	114
17 févr.	—	Bossis et consorts	302
6 avril	—	Com. de Decize c. Cartier	46, 68
15 avril	—	Chaumereau	235
1ᵉʳ juill.	—	Picot-Dagard	327, 328
6 juill.	—	Giraud	19, 30, 61
22 juill.	—	Tirel	251
3 août	—	Grossetête	21
4 août	—	Gayette	25
4 août	—	Paté	308
11 août	—	Morlière	272

			Numéros.
30 janv.	1847,	Basfoy	61, 66, 115
12 févr.	—	Buisson	9
18 août	—	Métreau	337
11 sept.	—	Pommeraye	338
13 nov.	—	Rouchon	9
8 déc.	—	Parant	263, 331
17 déc.	—	Rouchon	116, 177
12 févr.	1848,	Calmels de Pontis	11, 116
31 mars	—	Redoulez	196
14 avril	—	Vᵉ Levat	223
4 mai	—	Toustain	164
4 mai	—	Moleur	311
25 mai	—	Chauvel	114, 171, 313
1ᵉʳ juill.	—	Portois	9
16 nov.	—	Leborgne	214
7 déc.	—	Lignière et Bertal	117
4 janv.	1849,	Sanitas	235
21 févr.	—	Auguin et autres	132
12 juill.	—	Duchemin	26
8 déc.	—	Jemain	262
11 janv.	1850,	Mancel	263
3 mai	—	Rocher	278
25 mai	—	Lamant	323, 337
11 juill.	—	Andrieu	211
13 juill.	—	Lemaitre	218
22 nov.	—	Gédéon de Clairvaux	114, 117
31 janv.	1851,	Vassas	210
6 févr.	—	Riffay	31
21 mars	—	Quillet	250
7 mai	—	Vayssaire	317, 330
26 juin	—	Auroy	250
26 sept.	—	Vᵉ Mézaille	35
7 févr.	1852,	Picq et Chatelet	121
27 mars	—	Bastard	334
29 mai	—	Génin	9
6 août	—	Romagné	258
2 oct.	—	Langlois	303
14 oct.	—	Belin	263
5 oct.	—	Esch	196
6 janv.	1853,	Filiatre	298
0 févr.	—	Crouzet	221

Numéros.

28 juin 1853,	Fauvelle	99
30 juin =	Bucheron	262
4 août =	Langlois	241
25 août =	Hardy	260
27 août —	Pont	259, 314
15 oct. =	Sarailliet	10
5 nov. =	Goutant	11
17 nov. =	Blondel	15
18 nov. =	Despéroux	262
13 mars 1854,	Com. de Blanzay c. Jolly	152
18 mars =	Paradis	197
1er avril =	Cazos	185
6 avril =	Blondel	264
13 mai —	Bonamy	8
26 mai =	Delahaye	187
2 juin —	Panaille et Portier	324
27 juill. =	Azeau	8
28 juill. =	Touillet	262
4 janv. 1855,	Vanreynschoote	164
24 févr. —	Rambaud	187
31 mai —	Thiveau	123
6 juill. =	Faure-Jublin	6
12 juill. —	Romagny	113, 258
12 juill. —	Lormand	169, 273
3 août —	Chemin	91
9 août =	Thamoineau	4
30 août =	Percin	11
30 août —	Andoque	272
12 janv. 1856,	Ve Blaise	297
18 janv. =	Tattegrain	259
26 janv. =	Daget	26
26 janv. =	Jobert et Ve Dupuis	210
1er févr. =	Sauvaire-Jourdan	186, 298
28 mars =	Duboin	19, 25
2 mai —	Giacobbi	272
1er août —	Roubaud	61
2 août =	Miraca	335
2 août =	Heurley	336
8 août =	Fallot	232
29 août —	Champion-Cochart	281
28 nov. =	Cornieux	205

				Numéros.
28 nov.	1856,	Venèque	. . . .	322, 326, 334
4 déc.	—	Couasnon	. . . .	282
27 déc.	—	Soret	. . . .	301
10 janv.	1857,	Satabin	. . . .	323
7 mars	—	Bruno-Nicolas	. . . .	233
19 juin	—	Requiem	. . . .	118, 126
11 juill.	—	Brune	. . . .	33
11 juill.	—	Chatard	. . . .	244
17 juill.	—	Just-Long	. . . .	227
10 sept.	—	Lasserre	. . . .	239
6 nov.	—	Signé et consorts	. . . . .	188
4 déc.	—	Dlle Guillemot	. . . . . .	333
19 févr.	1858,	Vᵉ De La Tuollays	. . . .	223
19 févr.	—	Peytot	. . . .	316
25 févr.	—	Fidelin	. . . .	308
19 mars	—	Dussault	. . . .	5
15 avril	—	Josse	. . . .	24
4 juin	—	Montels et Bernard	. . . .	6
4 août	—	Garsin	. . . .	314
5 août	—	Defaye	. . . . . .	28, 60, 82
14 août	—	Long	. . . .	259, 306
20 août	—	Simonel	. . . .	301
11 févr.	1859,	Lacave	. . . .	9, 166
19 févr.	—	Douin	. . . .	284
10 mars	—	Bernardi	. . . .	32
23 avril	—	Benedetti	. . . .	25
23 avril	—	Courboin et Godard	. . . .	261
28 avril	—	Barthélemy	. . . .	325
20 mai	—	Mouls et Fauvel	. . . . .	69
22 juill.	—	Divoux	. . . .	32
19 août	—	Sauret	. . . .	69
26 août	—	Causse et consorts	. . . .	4
12 nov.	—	Paradis	. . . .	240
17 nov.	—	Beaugrand	. . . .	337
17 nov.	—	Marchand et Prévost	. . . .	258
24 nov.	—	Vicq	. . . .	304
24 déc.	—	De Rancourt	. . . . . .	262, 301
17 févr.	1860,	Malga	. . . .	11
18 févr.	—	Pillas	. . . .	260
18 févr.	—	Thibault	. . . .	293
18 févr.	—	Chapeaurouge	. . . . . .	286

4° AVIS DU CONSEIL D'ÉTAT.

5° CIRCULAIRES, INSTRUCTIONS, DÉCISIONS.

CLXXXX. — Arrêté *relatif à l'emploi du béton et des ciments dans la construction des fosses d'aisances* (1).

1er août 1862.

Le Sénateur, préfet de la Seine, Grand'Croix de l'Ordre impérial de la Légion d'honneur,

Vu : 1° L'ordonnance royale du 24 septembre 1819, réglant la construction des fosses d'aisances dans Paris, et portant, art. 4 : « Les murs, la voûte et le fond des fosses d'aisances seront entièrement construits en pierres meulières maçonnées avec du mortier de chaux maigre et du sable de rivière bien lavé. Les parois des fosses seront enduites de pareil mortier lissé à la truelle » ;

2° Les ordonnances de police des 23 octobre 1819 et 23 octobre 1850 ;

3° Les rapports de l'Ingénieur en chef chargé du service des Eaux et des Égouts, en date des 14 août 1860 et 14 octobre 1861 ;

4° Les conclusions de l'Inspecteur général directeur des Travaux publics, en date du 24 février dernier ;

Vu la loi des 16-24 août 1790 et celle des 19-22 juillet 1791 ;

Vu le décret du 10 octobre 1859, art. 1er-3° ;

Arrête :

Art. 1er. A l'avenir, les bétons de ciment romain, de Vassy ou de Portland, et le béton Coignet, seront admis dans la construction des fosses d'aisances conjointe-

(1) Préfecture de la Seine (Direction des Eaux et des Égouts). — *Assainissement.*

ment avec la maçonnerie en meulières hourdées en mortier de chaux hydraulique.

Les fosses, ainsi construites, resteront soumises à la réception préalable par les agents de l'administration, en exécution des ordonnances de police susvisées.

Art. 2. M. l'Inspecteur général des Ponts et Chausées, Directeur du service municipal, est chargé d'assurer l'exécution du présent arrêté qui sera inséré au *Recueil des Actes administratifs de la Préfecture.*

G. E. HAUSSMANN.

CLXXXXI. — NOTE *de service sur les fourneaux dépourvus de hottes* (1).

10 septembre 1862.

La Commission des logements insalubres a spécialement appelé l'attention de l'Administration sur les
graves inconvénients que présentent, au point de vue
de la salubrité, les fourneaux dépourvus de hottes : de
nombreux accidents sont occasionnés par les gaz délétères du charbon, et chaque jour la Commission est
dans l'obligation de prescrire des travaux qui auraient
dû être exécutés par les constructeurs eux-mêmes.

On ne peut méconnaître l'intérêt que présente pour
la sûreté publique la mesure réclamée par la Commission des logements insalubres, mais il a paru nécessaire
de la compléter par la pose de ventouses ou prises d'air
destinées à activer l'ascension des gaz délétères.

En conséquence, MM. les commissaires-voyers
auront, à l'avenir, à exiger pour tous les fourneaux de
cuisine l'établissement d'une hotte pour les couvrir et
d'une ventouse ou prise d'air pour les ventiler. Il est
bien entendu que la hotte sera en communication
directe avec le tuyau de cheminée.

Le Directeur de la Voirie de Paris,
TRANCHANT.

(1) PRÉFECTURE DE LA SEINE. (DIRECTION DE LA VOIRIE DE
PARIS.)

CLXXXXII. — *Extrait de l'Ordonnance concernant les personnes qui élèvent des animaux dans Paris, tels que porcs, lapins, poules, pigeons et autres* (1).

3 novembre 1862.

Nous, Préfet de police,

Considérant qu'aux termes des anciens règlements de police, et notamment des ordonnances des 4 juin 1667, 22 avril 1668, 22 mai 1733 et 22 juin 1764, il est défendu de nourrir dans Paris aucuns porcs, lapins, pigeons et volailles ;

Considérant que les animaux élevés à l'intérieur ou dans les dépendances des habitations, peuvent nuire à la salubrité, ou être une cause d'incommodité pour le voisinage ;

Considérant, toutefois, qu'il existe des localités où les inconvénients dont il s'agit ne peuvent pas se produire ;

Vu : 1° la loi des 16-24 août 1790, titre XI, art. 3, §§ 1 et 2 ;

2° L'arrêté des consuls, du 12 messidor an VIII ;

Ordonnons ce qui suit :

Art. 1er. Il est interdit d'élever dans Paris, sans autorisation, des porcs ou autres animaux tels que boucs, chèvres, lapins.

Art. 2. Il est également interdit d'élever, sans autorisation, des pigeons, poules et autres oiseaux de basse-

(1) SERVICE MUNICIPAL DE PARIS (ASSAINISSEMENT). — *Recueil des Ordonnances.*

cour qui peuvent être une cause d'insalubrité ou d'incommodité.

Art. 3. Toute demande en autorisation d'avoir, dans les dépendances d'une habitation, un ou plusieurs des animaux désignés dans les articles précédents, sera adressée au Préfet de police.

Art. 4. La permission ne sera délivrée qu'après visite des lieux et rapport constatant qu'il ne peut en résulter aucun inconvénient pour le voisinage.

Art. 5. Les locaux autorisés, dans lesquels seront placés les animaux, devront être maintenus en état constant de propreté.

Art. 6. Les animaux trouvés dans des locaux non autorisés et qui, après sommation, n'auraient pas été enlevés, seront saisis à la diligence du commissaire de police. Les porcs saisis seront conduits, soit au marché de la Vallée, s'ils sont âgés de moins de six semaines, soit au marché du quartier de la Maison-Blanche, pour y être vendus, marché tenant, par les soins du commissaire de police, qui nous adressera un procès-verbal de la vente.

Les fonds provenant de la vente, déduction faite des frais, seront déposés à la caisse de la Préfecture de police, pour y rester jusqu'à ce qu'il ait été statué sur la contravention.

Art. 7. Il est défendu de laisser vaguer des poules et autres oiseaux domestiques dans les rues, places, halles et marchés et sur aucun point de la voie publique.

Art. 8. L'ordonnance du 3 décembre 1829 est rapportée.

CLXXXXIII. — ARRÊTÉ *concernant l'exécution et l'en
tretien par la Ville de Paris des branchements d'égouts
particuliers* (1).

9 juin 1863

LE SÉNATEUR, PRÉFET DU DÉPARTEMENT DE LA SEINE,
grand'Croix de l'Ordre impérial de la Légion d'honneur,

Vu le décret du 26 mars 1852, portant art. 6 :
« Toute construction nouvelle dans une rue pourvue
« d'égout devra être disposée de manière à y con-
« duire les eaux pluviales et ménagères. La même
« disposition sera prise pour toute maison ancienne
« en cas de grosses réparations, et, en tout cas, *avan*
« *dix ans.* »

Vu l'arrêté du 19 décembre 1854, qui détermine les
dimensions et le système de construction des galeries
ou branchements d'égout en maçonnerie à construire
sous la voie publique au compte des propriétaires riverains, pour assurer l'écoulement, à l'égout de la
Ville, des eaux provenant de leurs propriétés ;

Vu les arrêtés des 1er avril 1839, 20 décembre 1843,
13 décembre 1844 et 25 janvier 1851, relatifs aux raccordements sur tranchées dans les voies publiques de
Paris ;

Vu la loi des 19-24 août 1790, celle des 18-22 juillet
1791, celle du 16 septembre 1807 et le décret du
10 octobre 1859 ;

Vu le rapport, en date du 17 avril dernier, par lequel l'ingénieur en chef des eaux, après avoir rappelé

(1) SERVICE MUNICIPAL DE PARIS (ASSAINISSEMENT). — *Recueil
des ordonnances*, cité.

que, jusqu'en 1862, c'est-à-dire jusqu'à l'expiration du délai de *dix ans*, accordé par le décret du 26 mars 1852, pour l'application générale de ses dispositions aux maisons anciennes, on ne construisait guère de branchements particuliers que sur des points isolés, en cas de constructions nouvelles ou de grosses réparations ; qu'on a donc pu ne pas voir tout d'abord beaucoup d'inconvénients à autoriser les propriétaires intéressés à faire exécuter les travaux par des entrepreneurs de leur choix ; mais qu'à mesure que ces travaux se sont multipliés, on a reconnu les dangers que présentent, pour la sûreté publique, les tranchées souvent très-profondes pratiquées dans le sol des rues par des entrepreneurs qui ne sont pas ordinairement pourvus du matériel nécessaire au soutènement des terres, et dont plusieurs, par leur imprudence ou leur impéritie, ont déjà causé des accidents suivis de mort d'hommes ; que d'ailleurs, malgré la surveillance de ses agents, l'administration n'a de garantie suffisante ni pour la qualité des matériaux employés, ni pour la solidité des voûtes de maçonnerie qui doivent supporter la voie publique, ni pour la conservation des égouts municipaux sur lesquels les galeries particulières viennent s'embrancher ; enfin, que les interruptions ou les embarras de circulation forcément occasionnés par l'exécution de ces travaux sont singulièrement aggravés par le défaut d'entente des riverains qui ont des branchements à construire dans la même rue ;

Qu'il y a donc un intérêt d'ordre général à substituer à l'exécution individuelle une exécution collective dirigée par les agents de l'administration, conformément aux règles suivies pour l'établissement des branchements de conduites d'eau et de gaz ;

Que l'intérêt des particuliers ne saurait en être lésé, puisque, d'une part, il est incontestable que des travaux faits d'ensemble par un entrepreneur désigné par une adjudication publique sont finalement plus économiques que des travaux isolés et traités de gré à gré ; et, d'autre part, que l'intervention de l'administration dans la direction de constructions faites pour le compte des particuliers a pour conséquence d'affranchir ceux-ci de toute responsabilité ultérieure vis-à-vis d'elle, touchant la solidité de ces constructions ; qu'au surplus, les propriétaires qui ne sauraient pas reconnaître ces avantages ne pourraient s'en prendre qu'à eux-mêmes d'avoir laissé écouler le délai de *dix ans* fixé par le décret de 1852, sans profiter de la latitude complète qui leur a été laissée pendant tout ce délai ;

Vu les conclusions du Directeur du service municipal des Travaux publics, qui propose d'étendre le mode d'exécution administrative, non-seulement à l'établissement, mais encore à l'entretien de tout branchement particulier, à raison des inconvénients que présente l'introduction d'ouvriers étrangers à l'administration dans le réseau des égouts publics ;

ARRÊTE :

Art. 1er. A l'avenir, lorsqu'en exécution du décret du 26 mars 1852, il y aura lieu de construire des branchements d'égouts particuliers, sous la voie publique, pour conduire les eaux pluviales et ménagères des propriétés privées à l'égout de la ville, les travaux seront exécutés pour le compte des propriétaires intéressés, par l'entrepreneur général de l'entretien des égouts municipaux, s'il s'agit d'un travail isolé ou de travaux collectifs ne dépassant pas une dépense totale évaluée à *dix mille francs*. Dans ce cas, le décompte du prix des travaux sera réglé sous la déduction du rabais de l'entreprise d'entretien.   ·

S'il s'agit d'exécuter une série de branchements dont la dépense totale dépasse *dix mille francs*, les travaux ·seront adjugés à un entrepreneur spécial, à moins que les branchements ne doivent être établis sur des égouts municipaux en cours de construction ou dont les travaux n'aient pas encore été définitivement reçus, auxquels cas l'exécution en sera confiée à l'entrepreneur de ces égouts aux conditions de son adjudication.

Art. 2. Dans tous les cas prévus en l'article précédent, l'ingénieur en chef des eaux dressera un projet comprenant les branchements à construire sous la voie publique, de l'égout de la ville au mur de face des maisons riveraines.

Ce projet indiquant par des plans, coupes et tableaux récapitulatifs, le tracé et la disposition des branchements, ainsi que l'estimation de la dépense répartie entre chaque propriétaire, sera communiqué aux intéressés par les soins du maire de l'arrondissement.

Pendant un délai de huit jours, qui courra de la date de l'avertissement donné par le maire à chaque intéressé, un procès-verbal sera ouvert pour recevoir les observations des propriétaires.

A l'expiration du délai de huitaine, le maire renverra le projet à la direction du service municipal des travaux publics, avec le procès-verbal d'enquête, en y joignant les certificats des avertissements donnés à chaque propriétaire.

Il sera statué sur le vu des pièces et sur les conclusions du directeur du service municipal des travaux publics.

Art. 3. Dans le mois qui suivra l'exécution, l'Ingénieur en chef des eaux dressera le décompte des travaux proprement dits, déduction faite du rabais de l'adjudication; et le complètera par les sommes dues pour raccordements de conduites d'eau et de gaz, de chaussées et de trottoirs, et pour toutes autres dépenses accessoires, dont les états lui seront fournis par les services compétents.

L'état du métrage définitif des travaux à sa charge sera notifié à chaque propriétaire avec le décompte.

L'intéressé pourra, dans les trois jours qui suivront la notification, présenter des observations sur cet état.

Après ce délai, il sera passé outre à l'établissement des comptes partiels qui seront transmis au bureau des taxes et recouvrements pour servir à l'établissement d'un rôle, dont le montant sera perçu par le receveur municipal, comme en matières de contributions directes.

Art. 4. Tous les travaux d'entretien des branchements d'égouts et de leurs accessoires sous la voie publique, quelle que soit l'époque de la construction, seront faits sur l'ordre des ingénieurs par l'entrepreneur de l'entretien des égouts municipaux. Le mémoire des dépenses sera réglé d'après le prix de l'adjudication en vigueur, rabais déduits, et le montant en sera recouvré comme il est dit en l'art. 3.

Art. 5. Les propriétaires resteront libres d'employer les entrepreneurs de la Ville, aux conditions de leurs marchés avec elle, ou tous autres entrepreneurs, ainsi qu'ils l'entendront, pour la construction ou l'entretien des ouvrages se prolongeant à l'intérieur de leurs immeubles au delà du mur de face.

Art. 6. Le Directeur du service municipal des Travaux publics est chargé de l'exécution du présent arrêté.

Signé : G. E. HAUSSMANN.

CLXXXXIV. — ARRÊTÉ *préfectoral concernant les marquises et bannes* (1).

29 février 1864.

Le Sénateur Préfet du département de la Seine, grand'croix de l'ordre impérial de la Légion d'honneur,

Vu la loi des 16-24 août 1790;

Vu l'ordonnance royale du 24 décembre 1793;

Vu la décision de police du 15 février 1850;

Sur le rapport du Directeur de la voirie de Paris, duquel il résulte qu'en présence des accidents qui se produisent fréquemment, il importe à la sûreté de la circulation que les dispositions réglementaires concernant les marquises et les bannes soient modifiées;

ARRÊTE :

Art. 1ᵉʳ. A l'avenir, il ne pourra être établi de marquises et bannes qu'au-devant des maisons pourvues de trottoirs.

Art. 2. La hauteur minima et la saillie maxima des marquises et bannes sont fixées ainsi qu'il suit :

Marquises. . . Hauteur, 3 mètres. Saillie, 0ᵐ,80.
Bannes . . . . Id. 2ᵐ,50 Id. 1ᵐ,50.

Les hauteurs seront mesurées du sol du trottoir, à la partie la plus basse de la marquise ou banne.

(1) PRÉFECTURE DE LA SEINE (DIRECTION DE LA VOIRIE DE PARIS).

Les saillies devront, dans tous les cas, s'arrêter à 0^m,25 en arrière de l'arête de la bordure des trottoirs.

Art. 3. Le Directeur de la voirie est chargé de l'exécution du présent arrêté.

Signé : G. E. HAUSSMANN.

Pour ampliation :

Le Secrétaire général de la Préfecture,
G. SÉGAUD.

CLXXXXV. — Loi *relative aux alignements sur les routes impériales, les routes départementales et les chemins vicinaux de grande communication.*

4 mai 1864.

Art. 1er. Sur les routes impériales et départementales, partout où il existe un plan d'alignement régulièrement approuvé, le sous-préfet délivre les alignements conformément à ce plan.

Art. 2. Le même droit appartient au sous-préfet, en ce qui concerne les chemins vicinaux de grande communication, partout où il existe un plan régulièrement approuvé.

(1) Roger et Sorel, *Codes et Lois usuelles.*

CLXXXXVI. — Loi *qui modifie l'art. 2 de la Loi du 13 avril 1850, relative à l'assainissement des logements insalubres* (1).

25 mai 1864.

NAPOLÉON, par la grâce de Dieu et la volonté nationale, Empereur des Français, à tous présents et à venir, salut;

Avons sanctionné et sanctionnons, promulgué et promulguons ce qui suit :

LOI

(Extrait du procès-verbal du Corps législatif.)

Le Corps législatif a adopté le projet de loi dont la teneur suit :

Article unique. Sont substituées au dernier paragraphe de l'art. 2 de la loi du 13 avril 1850 les dispositions suivantes :

Dans les communes dont la population dépasse cinquante mille âmes, le conseil municipal pourra, soit nommer plusieurs commissions, soit porter jusqu'à vingt le nombre des membres de la commission existante. — A Paris, le nombre des membres pourra être porté jusqu'à trente.

Délibéré en séance publique, à Paris, le 3 mai 1864.

Le Président,
Signé : DUC DE MORNY.

Les Secrétaires,
Signé : SÉVERIN ABBATUCCI, Comte LE PELETIER-D'AUNAY, Marquis DE TALHOUET, H. BUSSON-BILLAULT.

(1) PRÉFECTURE DE LA SEINE (DIRECTION DES TRAVAUX DE PARIS).

CLXXXXVII. — Loi *relative aux rues formant le prolongement des chemins vicinaux* (1).

8 juin 1864.

Art. 1er. Toute rue qui est reconnue, dans les formes légales, être le prolongement d'un chemin vicinal, en fait partie intégrante et est soumise aux mêmes lois et règlements.

Art. 2. Lorsque l'occupation de terrains bâtis est jugée nécessaire pour l'ouverture, le redressement ou l'élargissement immédiat d'une rue formant le prolongement d'un chemin vicinal, l'expropriation a lieu conformément aux dispositions de la loi du 3 mai 1841 combinée avec celle des cinq derniers paragraphes de l'art. 16 de la loi du 21 mai 1836. — Il est procédé de la même manière lorsque les terrains bâtis sont situés sur le parcours d'un chemin vicinal en dehors des agglomérations communales (2).

(1) ROGER et SOREL, *Codes et lois usuelles.*
(2) Voir plus haut, p. 761, loi du 4 mai 1864.

CLXXXXVIII. — *Extrait de l'Ordonnance de police concernant l'établissement des salles de spectacle : emplacements, abords, mode de construction, distribution, aménagement au point de vue des mesures de sûreté publique, circulation, salubrité, exploitation, police intérieure et extérieure* (1).

1er juillet 1864.

Nous, Préfet de police,

Vu : la loi des 16-27 août 1790 (titre XI, art. 3, § 5); celle des 19-22 juillet 1791 (art. 46, § 1er);

Les arrêtés du gouvernement du 1er germinal an VII, 12 messidor an VIII et 3 brumaire an XI; l'arrêté ministériel du 25 avril 1807; le décret du 30 décembre 1852; la loi du 10 juin 1853 (art. 1er); le décret du 6 janvier 1864, et la circulaire de Son Excellence le Ministre de la maison de l'Empereur et des beaux-arts, du 28 avril 1864;

Considérant que le décret du 6 janvier 1864 supprime les privilèges auxquels l'industrie théâtrale était jusqu'à présent assujettie, et confère à toute personne le droit de faire construire et exploiter un théâtre, à la charge d'une déclaration préalable à l'autorité;

Considérant que le décret réserve, outre la censure théâtrale, l'exécution des lois, décrets, ordonnances et règlements de police de droit commun, et, pour les théâtres subventionnés, celle des clauses et conditions de leurs cahiers des charges avec l'Administration;

(1) PRÉFECTURE DE POLICE. — *Recueil des Ordonnances,* année 1864.

Voulant refondre en une seule et même ordonnance les dispositions de l'ancienne réglementation qui intéressent essentiellement la sûreté publique et le bon ordre, et qui sont contenues, notamment, dans les ordonnances des 9 juin 1829 et 16 mars 1857;

Ordonnons ce qui suit :

CONSTRUCTION.

Déclaration préalable. — Art. 1er. Tout individu voulant faire construire et exploiter un théâtre, est tenu d'en faire la déclaration préalable au Ministre de la maison de l'Empereur et des beaux-arts, ainsi qu'à la Préfecture de police.

Il sera joint à l'appui les plans détaillés, avec coupes, et l'indication du nombre des places, calculé par personne à raison de $0^m,80$ de profondeur sur $0^m,45$ de largeur, pour les places en location, et $0^m,70$ sur $0^m,45$ pour les autres places.

Les travaux ne pourront être commencés que sur notre avis formel, après examen du projet.

Sauf les cas de dérogation, que nous nous réservons d'admettre, les salles seront établies, construites et distribuées conformément aux prescriptions suivantes :

Mesures d'isolement. — Art. 2. L'édifice peut être isolé ou adossé, au choix du constructeur. En cas d'isolement, il sera laissé sur tous les côtés qui ne seront pas bordés par la voie publique un espace libre ou chemin de ronde, qui pourra n'être que de 3 mètres de largeur, si les maisons voisines n'ont pas jour sur ledit chemin. Dans le cas contraire, la largeur serait rationnellement augmentée, eu égard, notamment, à l'importance et aux dispositions de l'édifice.

En cas d'adossement, il sera construit un contre-mur en briques de 0^m,25 au moins d'épaisseur, pour préserver les murs mitoyens.

L'épaisseur de ce contre-mur pourrait être augmentée comme la largeur du chemin de ronde ci-dessus, et par les mêmes considérations.

Prescriptions concernant la grosse construction, surtout en vue des dangers d'incendie. — Art. 3. Les murs intérieurs, les murs qui séparent les loges d'acteurs et le théâtre, le mur d'avant-scène, le mur qui sépare la salle, le vestibule et les escaliers seront en maçonnerie.

Art. 4. Les portes de communication entre les loges d'acteurs et le théâtre seront en fer et battantes, de manière à être constamment fermées.

Le mur d'avant-scène qui s'élève au-dessus de la toiture ne pourra être percé que de l'ouverture de la scène et de baies de communication fermées par des portes en fer.

L'ouverture de la scène doit être fermée par un rideau en fil de fer maillé, de 0^m,05 au plus de maille, qui intercepte entièrement toute communication entre les parties combustibles du théâtre et de la salle. Le rideau doit être soutenu par des cordages incombustibles.

Les décorations fixes, dans les parties supérieures de l'ouverture d'avant-scène, doivent toujours être incombustibles.

Art. 5. Tous les escaliers, les planchers de la salle, les cloisons des corridors doivent être également en matériaux incombustibles.

Art. 6. La calotte de la salle doit être en fer et plâtre, sans boiseries.

Pompes à incendie et leur alimentation. — Art. 7. Dans

l'une des parties les plus élevées du mur d'avant-scène
et sous les combles, il sera placé un appareil de secours
contre l'incendie, avec colonne en charge, au poids de
laquelle il sera, au besoin, ajouté une pression hydraulique assez puissante pour fournir un jet d'eau dans
les parties les plus élevées du bâtiment. La capacité
de l'appareil se déterminera selon l'importance du
théâtre.

Art. 8. Les pompes doivent être installées au rez-
de-chaussée, dans un local séparé du théâtre par des
murs en maçonnerie.

Art. 9. Elles seront toujours alimentées par les
eaux de la ville, recueillies dans des réservoirs et un
puits, de manière que chacune des deux conduites
puisse suffire au jet des pompes établies.

Art. 10. En dehors des salles de spectacle, il doit
être établi des bornes-fontaines, alimentées par les
eaux de la ville et pouvant servir chacune au débit
d'une pompe à incendie; le nombre en est déterminé
par l'autorité.

Chauffage et ventilation. — Art. 11. La salle ne peut
être chauffée que par des bouches de chaleur dont le
foyer est dans les caves.

Les bouches s'ouvriront à 0^m,30 au-dessus du plancher.

Art. 12. Les salles de spectacle doivent être ventilées convenablement; l'air y sera renouvelé au moyen
de dispositions que l'autorité appréciera.

Des thermomètres seront placés en vue dans les corridors.

*Dispositions relatives à l'établissement d'ateliers au-
dessus du théâtre.* — Art. 13. Aucun atelier ne peut
être établi au-dessus du théâtre.

Art. 14. Des ateliers ne peuvent être établis au-dessus de la salle que pour les peintres et les tailleurs, et sous la condition que les planchers soient carrelés et lambrissés; dans le cas où l'on établirait des ateliers pour les peintres, la sorbonne, à moins que les combles ne soient en fer et plâtre, doit être enfermée dans des cloisons hourdées et enduites en plâtre, plafonnée, carrelée et fermée par une porte en tôle.

Art. 15. Aucune division ne peut être faite dans les combles que pour les ateliers désignés ci-dessus.

Corridors et escaliers de dégagement. — Art. 16. La largeur des corridors de dégagement, le nombre et la largeur des escaliers, ainsi que les portes de sortie, seront proportionnés à l'importance du théâtre.

Toutefois, il doit y avoir au moins deux escaliers spécialement destinés au service de la salle et donnant issue à l'extérieur.

Magasins de décorations et machines. — Art. 17. Tout théâtre doit avoir un magasin de décorations et machines hors de son enceinte, étab. dans des conditions convenables et avec notre autorisation.

Art. 18. Aucun magasin ou approvisionnement inutile de décorations, machines, accessoires, ne doit être fait sur le théâtre ou sur la scène : leur lieu de dépôt doit toujours être séparé du théâtre par un mur en maçonnerie.

Interdictions pour certaines locations et logements. — Art. 19. Il est interdit de louer une boutique ou un magasin dépendant du théâtre, à tout commerce ou industrie qui offrirait des dangers exceptionnels d'incendie, notamment par la nature de ses marchandises ou de ses produits.

Les tuyaux de cheminée des boutiques louées, s'ils traversent le théâtre et ses dépendances, seront en maçonnerie et montés verticalement jusqu'au-dessus du comble. Ces tuyaux seront, en outre, dans la hauteur de la salle, garnis d'une enveloppe de briques.

Art. 20. Personne autre que le concierge et le garçon de caisse ne peut occuper de logement dans les salles des théâtres, ni dans aucune partie des bâtiments qui communiquent avec les salles.

EXPLOITATION.

Réception de la salle. — Service d'ordre et de police. — Art. 21. L'ouverture d'un théâtre ne peut avoir lieu qu'après qu'il a été constaté par nous que la salle est solidement construite et dans des conditions suffisantes de sûreté, de salubrité et de commodité.

Des modifications apportées ultérieurement dans la construction, dans la division et dans les distributions intérieures nécessiteraient un nouvel examen avant la réouverture.

Art. 22. Les agents de l'autorité devront être mis à même d'exercer dans chaque théâtre une surveillance quotidienne, tant au point de vue de la censure dramatique que dans l'intérêt de l'ordre et de la sécurité publique.

Art. 23. Il y aura un bureau pour les officiers de police et un corps de garde.

Art. 28. Le service des sapeurs-pompiers s'effectuera conformément à la consigne générale du 20 juillet 1862, approuvée par nous.

Des cadrans-compteurs, servant à constater les rondes faites pendant la nuit, seront placés dans l'intérieur des théâtres, sur les points que désignera le commandant du bataillon des sapeurs-pompiers.

Urinoirs. — Art. 29. Les directeurs feront établir des urinoirs fixes ou mobiles, appropriés aux localités et dans des conditions de convenance et de salubrité que l'autorité appréciera.

Police intérieure de la salle et de la sortie. — Art. 58. A la fin du spectacle, toutes les portes latérales et autres issues seront ouvertes pour faciliter la sortie du public.

Les battants de ces portes devront s'ouvrir en dehors, et leurs abords, tant à l'intérieur qu'à l'extérieur, seront constamment libres de tout obstacle ou embarras.

Toutes les portes des loges s'ouvriront de l'intérieur et à la volonté des spectateurs.

Art. 59. Il est expressément défendu aux directeurs de faire cesser l'éclairage dans l'intérieur de la salle, dans les escaliers, corridors et vestibules, avant l'entière évacuation du théâtre.

Art. 60. Des lampes brûlant à l'huile, contenues dans des manchons de verre, allumées depuis l'entrée du public jusqu'à la sortie, seront placées en nombre suffisant, tant dans la salle que dans les corridors et escaliers, pour prévenir une complète obscurité, en cas d'extinction subite du gaz.

DISPOSITIONS GÉNÉRALES.

Art. 69. Sont et demeurent rapportés les ordonnances et arrêtés précédents, en contradiction ou en double emploi avec la présente, notamment les ordonnances des 9 juin 1829, 26 décembre 1832, 3 octobre 1837, 22 novembre 1838, 7 mars 1839, 15 juin 1841, 23 novembre 1843, 30 mars 1844; l'arrêté du 11 mars 1845, et les ordonnances des 8 mars 1852 et 16 mars 1857.

Art. 70. La présente ordonnance sera imprimée,

publiée et affichée à Paris et dans les communes du ressort de la préfecture de police. Elle sera apposée, au moins en extrait, dans des cadres grillés placés en permanence sous les corridors et dans les vestibules des salles de spectacle, sur les points où la circulation n'en serait pas gênée.

CLXXXXIX. — Décret *qui modifie celui du 27 juillet 1859 portant règlement sur la hauteur des maisons, les combles et les lucarnes dans la Ville de Paris.*

1ᵉʳ août 1864.

(*Ce Décret est rapporté par l'art. 3 du Décret du 18 juin 1872.* — Voir plus loin.)

CC. — Décret *impérial relatif aux chaudières à vapeur autres que celles qui sont placées à bord des bateaux* (1).

26 janvier 1865.

Napoléon, par la grâce de Dieu et la volonté nationale, empereur des Français, à tous présents et à venir, salut. Sur le rapport de notre ministre secrétaire d'État au département de l'agriculture, du commerce et des travaux publics ;

Vu l'ordonnance royale du 22 mai 1843, relative aux machines et chaudières à vapeur autres que celles qui sont placées sur des bateaux ;

Vu les rapports de la Commission centrale des machines à vapeur établie près du ministère de l'agriculture, du commerce et des travaux publics ;

Notre Conseil d'État entendu ;

Avons décrété et décrétons ce qui suit :

Art. 1er. Sont soumises aux formalités et aux mesures prescrites par le présent décret les chaudières fermées destinées à produire la vapeur, autres que celles qui sont placées à bord des bateaux.

TITRE PREMIER. — Dispositions relatives a la fabrication, a la vente et a l'usage des chaudières fermées destinées a produire la vapeur.

Art. 2. Aucune chaudière neuve ou ayant déjà servi ne peut être livrée par celui qui l'a construite, réparée ou vendue, qu'après avoir subi l'épreuve prescrite ci-après.

(1) H. Bunel, *Établissements insalubres*, etc., cité.

Cette épreuve est faite chez le constructeur ou chez le vendeur, sur sa demande, sous la direction des ingénieurs des mines ou, à leur défaut, des ingénieurs des ponts et chaussées, ou des agents sous leurs ordres.

Les épreuves des chaudières venant de l'étranger sont faites, avant la mise en service, au lieu désigné par le destinataire dans sa demande.

Art. 3. L'épreuve consiste à soumettre la chaudière à une pression effective double de celle qui ne doit pas être dépassée dans le service, toutes les fois que celle-ci est comprise entre un demi-kilogramme et six kilogrammes par centimètre carré inclusivement.

La surcharge d'épreuve est constante et égale à un demi-kilogramme par centimètre carré pour les pressions inférieures et à 6 kilogrammes par centimètre carré pour les pressions supérieures aux limites ci-dessus.

L'épreuve est faite par pression hydraulique.

La pression est maintenue pendant le temps nécessaire à l'examen de toutes les parties de la chaudière.

Art. 4. Après qu'une chaudière ou partie de chaudière a été éprouvée avec succès, il y est apposé un timbre indiquant en kilogrammes, par centimètre carré, la pression effective que la vapeur ne doit pas dépasser. Les timbres sont placés de manière à être toujours apparents après la mise en place de la chaudière. Ils sont poinçonnés par l'agent chargé d'assister à l'épreuve.

Art. 5. Chaque chaudière est munie de deux soupapes de sûreté chargées de manière à laisser la vapeur s'écouler avant que sa pression effective atteigne, ou, tout au moins, dès qu'elle atteint la limite maximum indiquée par le timbre dont il est fait mention à l'article précédent.

Chacune des soupapes offre une section suffisante pour maintenir à elle seule, quelle que soit l'activité du feu, la vapeur dans la chaudière à un degré de pression qui n'excède dans aucun cas la limite ci-dessus.

Le constructeur est libre de répartir, s'il le préfère, la section totale d'écoulement nécessaire des deux soupapes réglementaires entre un plus grand nombre de soupapes.

Art. 6. Toute chaudière est munie d'un mano-mètre en bon état, placé en vue du chauffeur, disposé et gradué de manière à indiquer la pression effective de la vapeur dans la chaudière. Une ligne très-apparente marque sur l'échelle le point que l'index ne doit pas dépasser.

Un seul manomètre peut servir pour plusieurs chaudières ayant un réservoir de vapeur commun.

Art. 7. Toute chaudière est munie d'un appareil d'alimentation d'une puissance suffisante et d'un effet certain.

Art. 8. Le niveau que l'eau doit avoir habituellement dans chaque chaudière doit dépasser d'un centimètre au moins la partie la plus élevée des carneaux, tubes ou conduits de la flamme et de la fumée dans le fourneau.

Ce niveau est indiqué par une ligne tracée d'une manière très-apparente sur les parties extérieures de la chaudière et sur le parement du fourneau.

La prescription énoncée au paragraphe 1er du présent article ne s'applique point :

1° Aux surchauffeurs de vapeur distincts de la chaudière ;

2° A des surfaces relativement peu étendues et placées de manière à ne jamais rougir, même lorsque le feu est poussé à son maximum d'activité, telles que la partie supérieure des plaques tubulaires des boîtes à fumée dans les chaudières de locomotives, ou encore telles que les tubes ou parties de cheminée qui traversent le réservoir de vapeur, en envoyant directement à la cheminée principale les produits de la combustion ;

3° Aux générateurs dits à production de vapeur instantanée et à tous autres qui contiennent une trop petite quantité d'eau pour qu'une rupture puisse être dangereuse.

Le ministre de l'agriculture, du commerce et des travaux publics peut, en outre, sur le rapport des ingénieurs et l'avis du préfet, accorder dispense de ladite prescription dans tous les cas où, à raison soit de la forme ou de la faible dimension des générateurs, soit de la position spéciale des pièces contenant de la vapeur, il serait reconnu que la dispense ne peut pas avoir d'inconvénients.

Art. 9. Chaque chaudière est munie de deux appareils indicateurs du niveau de l'eau, indépendants l'un de l'autre et placés en vue du chauffeur.

L'un de ces deux indicateurs est un tube en verre disposé de manière à pouvoir être facilement nettoyé et remplacé au besoin.

TITRE II. — DISPOSITIONS RELATIVES A L'ÉTABLISSEMENT DES CHAUDIÈRES A VAPEUR PLACÉES A DEMEURE.

Art. 10. Les chaudières à vapeur destinées à être employées à demeure ne peuvent être établies qu'après une déclaration au préfet du département. Cette déclaration est enregistrée à sa date. Il en est donné acte.

Art. 11. La déclaration fait connaître :

1° Le nom et le domicile du vendeur des chaudières ou leur origine ;

2° La commune et le lieu précis où elles sont établies ;

3° Leur forme, leur capacité et leur surface de chauffe ;

4° Le numéro du timbre exprimant en kilogrammes, par centimère carré, la pression effective maximum sous laquelle elles doivent fonctionner ;

5° Enfin, le genre d'industrie et l'usage auxquels elles sont destinées.

Art, 12. Les chaudières sont distinguées en trois catégories.

Cette classification est basée sur la capacité de la chaudière et sur la tension de la vapeur ; on exprime en mètres cubes la capacité de la chaudière avec ses tubes bouilleurs ou réchauffeurs, mais sans y comprendre les surchauffeurs de vapeur ; on multiplie ce nombre par le numéro du timbre augmenté d'une unité. Les chaudières sont de la première catégorie quand le produit est plus grand que quinze ; de la deuxième, si ce même produit surpasse cinq et n'excède pas quinze ; de la troisième, s'il n'excède pas cinq.

Si plusieurs chaudières doivent fonctionner ensemble dans un même emplacement et si elles ont entre elles une communication quelconque, directe ou indirecte, on prend, pour former le produit comme il vient d'être dit, la somme des capacités de ces chaudières.

Art. 13. Les chaudières comprises dans la première

catégorie doivent être établies en dehors de toute maison et de tout atelier surmonté d'étages.

N'est point considéré comme un étage au-dessus de l'emplacement d'une chaudière une construction légère dans laquelle les matières ne sont l'objet d'aucune élaboration nécessitant la présence d'employés ou ouvriers travaillant à poste fixe.

Dans ce cas, le local ainsi utilisé est séparé des ateliers contigus par un mur ne présentant que les passages nécessaires pour le service.

Art. 14. Il est interdit de placer une chaudière de première catégorie à moins de 3 mètres de distance du mur d'une maison d'habitation appartenant à des tiers.

Si la distance de la chaudière à la maison est plus grande que 3 mètres et moindre que 10 mètres, la chaudière doit être généralement installée de façon que son axe longitudinal prolongé ne rencontre pas le mur de ladite maison, ou que, s'il le rencontre, l'angle compris entre cet axe et le plan du mur soit inférieur au dixième d'un angle droit.

Dans le cas où la chaudière n'est pas installée dans les conditions ci-dessus, la maison doit être garantie par un mur de défense.

Ce mur, en bonne et solide maçonnerie, a 1 mètre au moins d'épaisseur en couronne; il est distinct du parement du fourneau de la chaudière et du mur de la maison voisine, et est séparé de chacun d'eux par un intervalle libre de 30 centimètres de largeur au moins.

Sa hauteur dépasse de 1 mètre la partie la plus élevée du corps de la chaudière, quand il est à une distance de celle-ci comprise entre 30 centimètres et 3 mètres. Si la distance est plus grande que 3 mètres, l'excédant de hauteur est augmenté en proportion de la distance, sans toutefois excéder 2 mètres.

Enfin la situation et la longueur du mur sont combinées de manière à couvrir la maison voisine dans toutes les parties qui se trouvent à la fois au-dessous de la crête dudit mur, d'après la hauteur fixée ci-dessus, et à une distance moindre que 10 mètres d'un point quelconque de la chaudière.

L'établissement d'une chaudière de première catégorie à la distance de 10 mètres ou plus des maisons d'habitation n'est assujetti à aucune condition particulière.

Les distances de 3 mètres et de 10 mètres fixées ci-dessus sont réduites respectivement à $1^m,50$ et 5 mètres lorsque la chaudière est enterrée de façon que la partie supérieure de ladite chaudière se trouve à 1 mètre au moins en contre-bas du sol du côté de la maison voisine.

Art. 15. Les chaudières comprises dans la deuxième catégorie peuvent être placées dans l'intérieur de tout atelier, pourvu que l'atelier ne fasse pas partie d'une maison habitée par des personnes autres que le manufacturier, sa famille et ses employés, ouvriers et serviteurs.

Art. 16. Les chaudières de troisième catégorie peuvent être établies dans un atelier quelconque, même lorsqu'il fait partie d'une maison habitée par des tiers.

Art. 17. Les fourneaux des chaudières comprises dans la deuxième et la troisième catégorie sont entièrement séparés des maisons d'habitation appartenant à des tiers ; l'espace vide est de 1 mètre pour les chaudières de la deuxième catégorie et de 50 centimètres pour les chaudières de la troisième.

Art. 18. Les conditions d'emplacement établies par

les articles 14 et 17 ci-dessus cessent d'être obligatoires lorsque les tiers intéressés renoncent à s'en prévaloir.

Art. 19. Le foyer des chaudières de toute catégorie doit brûler sa fumée.

Un délai de 6 mois est accordé pour l'exécution de la disposition qui précède aux propriétaires de chaudières auxquels l'obligation de brûler leur fumée n'a point été imposée par l'acte d'autorisation.

Art. 20. Si, postérieurement à l'établissement d'une chaudière, un terrain contigu vient à être affecté à la construction d'une maison d'habitation, le propriétaire de ladite maison a le droit d'exiger l'exécution des mesures prescrites par les articles 14 et 17 ci-dessus, comme si la maison eût été construite avant l'établissement de la chaudière.

Art. 21. Indépendamment des mesures générales de sûreté prescrites au titre Ier, de la déclaration prévue par les articles 10 et 11 du titre II, les chaudières à vapeur fonctionnant dans l'intérieur des mines sont soumises aux conditions spéciales fixées par les lois et règlements concernant l'exploitation des mines.

TITRE III. — DISPOSITIONS RELATIVES AUX CHAUDIÈRES DES MACHINES LOCOMOBILES ET LOCOMOTIVES.

Art. 22. Sont considérées comme locomobiles les machines à vapeur qui peuvent être transportées facilement d'un lieu dans un autre, n'exigent aucune construction pour fonctionner sur un point donné et ne sont effectivement employées que d'une manière temporaire à chaque station.

Art. 23. Les chaudières des machines locomobiles sont soumises aux mêmes épreuves et munies des mêmes appareils de sûreté que les générateurs établis à demeure; toutefois elles peuvent n'avoir qu'un seul tube indicateur du niveau de l'eau, en verre. Elles portent en outre une plaque sur laquelle sont gravés, en lettres très-apparentes, le nom du propriétaire, son domicile et un numéro d'ordre si le propriétaire en possède plusieurs.

Elles sont l'objet d'une déclaration adressée au préfet du département où est le domicile du propriétaire de la machine.

Art. 24. Aucune locomobile ne peut être employée sur une propriété particulière à moins de 5 mètres de tout bâtiment d'habitation et de tout amas découvert de matières inflammables appartenant à des tiers, sans le consentement formel de ceux-ci.

Le fonctionnement des locomobiles sur la voie publique est régi par les règlements de police locaux.

Art. 25. Les machines à vapeur locomotives sont celles qui, sur terre, travaillent en même temps qu'elles se déplacent par leur propre force.

Art. 26. Les dispositions de l'article 23 sont applicables aux chaudières des machines locomotives.

Art. 27. La circulation des locomotives sur les chemins de fer a lieu dans les conditions déterminées par des règlements d'administration publique.

Un règlement spécial fixera, s'il y a lieu, les conditions relatives à la circulation des locomotives sur les routes autres que les chemins de fer.

TITRE IV. — DISPOSITIONS GÉNÉRALES.

Art. 28. Les ingénieurs des mines, ou, à leur défaut, les ingénieurs des ponts et chaussées ainsi que les agents sous leurs ordres commissionnés à cet effet sont chargés, sous la direction des préfets et avec le concours des autorités locales, de la surveillance relative à l'exécution des mesures prescrites par le présent décret.

Art. 29. Les contraventions au présent règlement sont constatées, poursuivies et réprimées, conformément à la loi du 21 juillet 1856, sans préjudice de la responsabilité civile que les contrevenants peuvent encourir, aux termes des articles 1382 et suivants du code Napoléon.

Art. 30. En cas d'accident ayant occasionné la mort ou des blessures graves, le propriétaire ou le chef de l'établissement doit prévenir immédiatement l'autorité chargée de la police locale et l'ingénieur chargé de la surveillance.

L'autorité chargée de la police locale se transporte sur les lieux et dresse un procès-verbal, qui est transmis au préfet et au procureur impérial.

L'ingénieur chargé de la surveillance se rend également sur les lieux dans le plus bref délai, pour visiter les chaudières, en constater l'état et rechercher les causes de l'accident. Il adresse sur le tout un rapport au préfet, et un procès-verbal au procureur impérial.

En cas d'explosion, les constructions ne doivent point être réparées et les fragments de la chaudière rompue ne doivent point être déplacés ou dénaturés avant la clôture du procès-verbal de l'ingénieur.

Art. 31. Les chaudières qui dépendent des services spéciaux de l'État sont surveillées par les fonctionnaires et agents de ces services. Leur établissement reste assujetti à la déclaration prévue par l'article 10 et à toutes les conditions d'emplacement et autres qui peuvent intéresser les tiers.

Art. 32. Les conditions d'emplacement prescrites pour les chaudières à demeure par le présent décret ne sont point applicables aux chaudières pour l'établissement desquelles il aura été satisfait à l'ordonnance royale du 22 mai 1843.

Art. 33. Les attributions conférées aux préfets des départements par le présent décret sont exercées par le préfet de police dans toute l'étendue de son ressort.

Art. 34. L'ordonnance royale du 22 mai 1843, relative aux machines et chaudières à vapeur autres que celles qui sont placées sur des bateaux, est rapportée.

Art. 35. Notre ministre secrétaire d'État au département de l'agriculture, du commerce et des travaux publics est chargé de l'exécution du présent décret, qui sera inséré au *Bulletin des Lois*.

Signé : NAPOLÉON.

Par l'Empereur,
*Le ministre secrétaire d'État au département
de l'agriculture, du commerce et des travaux publics,*

Signé : Armand BÉHIC.

CCI. — ORDONNANCE *de police concernant les débits de triperie dans Paris* (1).

21 avril 1865.

Nous, Préfet de police,

Vu : 1° l'arrêté du Gouvernement du 12 messidor an VIII ;

2° Les ordonnances de police des 28 mai 1812 et 11 janvier 1813, qui règlent les rapports commerciaux entre les tripiers et les bouchers ;

3° L'ordonnance de police du 21 janvier 1813, qui soumet l'exploitation des débits de triperie à certaines conditions restrictives ;

Considérant que les règlements précités, relatifs au commerce de la triperie, ne sont plus en harmonie avec le régime de la liberté de la boucherie, et que les seules règles à prescrire pour l'exercice de ce commerce sont celles qui peuvent intéresser la salubrité publique,

Ordonnons ce qui suit :

Art. 1er. Les ordonnances de police des 28 mai 1812, 11 janvier 1813 et 21 du même mois susvisées, concernant le commerce de la triperie à Paris, sont et demeurent abrogées.

Art. 2. Tout individu qui voudra exploiter à Paris un débit de triperie devra en faire préalablement la

____

(1) PRÉFECTURE DE LA SEINE (DIRECTION DES TRAVAUX DE PARIS).

déclaration à notre préfecture, et indiquer le lieu où il se proposera d'établir son étal.

A défaut d'opposition formée par la préfecture de police dans un délai de vingt jours, l'étal pourra être ouvert.

L'opposition ne pourra être basée que sur l'inexécution des conditions déterminées par l'art. 3 ci-après :

Art. 3. L'exploitation d'un débit de triperie à Paris sera subordonnée aux conditions suivantes :

1° Le local devra être suffisamment aéré et ventilé ;

2° Le sol sera établi en pente et en surélévation de la voie publique ; il sera entièrement dallé ou carrelé avec jointoiement en ciment romain ;

3° Les murs seront revêtus de matériaux ou d'enduits imperméables jusqu'à hauteur des crochets de suspension ;

4° Il ne pourra y avoir dans l'étal, ni âtre, ni cheminées, ni fourneaux ;

5° Aucune chambre à coucher ne devra se trouver en communication directe, soit avec l'étal, soit avec ses dépendances.

6° Les tables et comptoirs seront recouverts de plaques en marbre ou en pierre de Château-Landon ;

7° A défaut de puits ou d'une concession d'eau pour le service de l'étal, il y sera suppléé par un réservoir de la contenance d'un demi-mètre cube, au minimum, qui devra être rempli tous les jours.

Art. 4. Il n'est en rien dérogé par la présente ordonnance aux règlements concernant les ateliers de préparation et de cuisson de tripes, classés parmi les établissements insalubres et incommodes.

Art. 5. Les commissaires de police, le chef de la seconde division et les architectes de notre préfecture

sont chargés, chacun en ce qui le concerne, de l'exécution de la présente ordonnance, qui sera imprimée,
publiée et affichée.

Par le Préfet de police :
Le Secrétaire général,
G. JARRY.

Le Préfet de police,
BOITELLE.

CCII. — ARRÊTÉ *relatif à l'établissement des tuyaux de prises d'eau dans les branchements d'égouts particuliers* (1).

24 avril 1866.

LE SÉNATEUR, PRÉFET DU DÉPARTEMENT DE LA SEINE, grand'croix de l'ordre impérial de la Légion d'honneur,

Vu le règlement sur les abonnements aux eaux de Paris, approuvé le 30 novembre 1860, notamment les articles 8 et 9 (2);

Vu le rapport en date du 9 mars dernier, par lequel l'ingénieur en chef des eaux (1re division) propose, pour tous les cas où la prise d'eau est pratiquée sur une conduite publique en galerie, d'obliger le concessionnaire à placer le tuyau alimentaire dans le branchement d'égout qui dessert l'immeuble où l'eau est amenée;

Vu l'avis du Directeur du service municipal des travaux publics :

ARRÊTE :

Art. 1er. Dans tous les cas où la prise d'eau, soit d'une concession d'établissement public, soit d'un abonnement privé, sera pratiquée sur une conduite publique posée sans galerie, le tuyau alimentaire devra être placé dans le branchement d'égout desservant l'immeuble. Cette mesure sera appliquée immédiate-

(1) PRÉFECTURE DE LA SEINE (DIRECTION DES EAUX ET DES ÉGOUTS DE PARIS). *Recueil des règlements sur l'assainissement.*

(2) Voir plus loin, *Règlements et tarifs sur les abonnements aux eaux* (30 novembre 1860. — 3 novembre 1869).

ment si ce branchement existe, sinon aussitôt que l'é-
gout particulier aura été construit.

Le tuyau devra, pour entrer dans la propriété, pénétrer dans le mur pignon du branchement, ou, s'il y
a impossibilité, être dévié latéralement sous le trottoir, le long de la façade de la propriété. Dans ce cas,
il sera contenu dans un fourreau métallique étanche,
incliné vers l'égout. Le travail sera exécuté conformément à l'article 8 du règlement sus-visé, aux frais du
concessionnaire ou de l'abonné, par les entrepreneurs, soit du service des eaux, soit de la compagnie,
aux conditions de leur marché.

Faute de satisfaire à cette prescription dans le délai
de quinzaine à compter de l'invitation qui aura été
signifiée à qui de droit par les soins de l'ingénieur en
chef, la prise d'eau sera détachée de la conduite publique, d'office et aux frais du concessionnaire ou
abonné, et le service sera supprimé.

Art. 2. Le directeur du service municipal des travaux publics est chargé de l'exécution du présent arrêté, qui sera inséré au *Recueil des actes administratifs*
et imprimé à la suite du règlement sus-visé.

G. E. HAUSSMANN.

CCIII. — Décret impérial *concernant les établissements réputés insalubres, dangereux ou incommodes* (1).

31 décembre 1866.

Napoléon, par la grace de Dieu et la volonté nationale, empereur des Français, à tous présents et à venir, salut.

Sur le rapport de notre ministre secrétaire d'État au département de l'agriculture, du commerce et des travaux publics ;

Vu le décret du 15 octobre 1810, l'ordonnance royale du 14 janvier 1815, et le décret du 25 mars 1852 sur la décentralisation administrative (2) ;

Vu les ordonnances des 29 juillet 1818, 25 juin 1823, 20 août 1824, 9 février 1825, 5 novembre 1826, 20 septembre 1828, 31 mai 1833, 5 juillet 1834, 30 octobre 1836, 27 janvier 1837, 25 mars, 15 avril et 27 mai 1838, 27 janvier 1846 et les décrets des 6 mai 1849, 19 fé-

______

(1) H. Bunel, *Établissements-insalubres*, etc.

(2)   *Extrait du décret du 25 mars 1852.*

§ 2. Les préfets statueront également, sans l'autorisation du ministre de l'intérieur, sur les divers objets concernant les subsistances, les encouragements à l'agriculture, l'enseignement agricole et vétérinaire, les affaires commerciales et la police sanitaire et industrielle dont la nomenclature est fixée par le tableau B.

Tableau B.

§ 8. Autorisation des établissements insalubres de première classe, dans les formes déterminées par cette nature d'établissements, et avec les recours existants aujourd'hui pour les établissements de deuxième classe.

vrier 1853, 21 mai 1862, 26 août 1865 et 18 avril 1866, portant addition ou modification aux classements des établissements réputés insalubres, dangereux ou incommodes ;

Vu les avis du Comité consultatif des arts et manufactures ;

Notre Conseil d'État entendu ;

AVONS DÉCRÉTÉ ET DÉCRÉTONS ce qui suit :

Art. 1er. — La division en trois classes des établissements réputés insalubres, dangereux ou incommodes, aura lieu conformément au tableau annexé au présent décret. Elle servira de règle toutes les fois qu'il sera question de prononcer sur les demandes en formation de ces établissements.

Art. 2.— Notre ministre secrétaire d'État au département de l'agriculture, du commerce et des travaux publics, est chargé de l'exécution du présent décret, qui sera inséré au *Bulletin des lois.*

Signé : NAPOLÉON.

Par l'Empereur :

Le ministre secrétaire d'État
au département de l'agriculture, du commerce
et des travaux publics,

Signé : ARMAND BÉHIC.

NOMENCLATURE

DES

ÉTABLISSEMENTS INSALUBRES, DANGEREUX

OU INCOMMODES

ANNEXÉE AU DÉCRET CI-DESSUS

DÉSIGNATION DES INDUSTRIES	INCONVÉNIENTS	CLASSES
Abattoir public	Odeur et altération des eaux.	1re
Absinthe. (Voir *Distillerie*.)		
Acide arsénique (Fabrique de l') au moyen de l'acide arsénieux et de l'acide azotique :		
1° Quand les produits nitreux ne sont pas absorbés	Vapeurs nuisibles.	1re
2° Quand ils sont absorbés	*Idem*	2^e
Acide chlorhydrique (Production de l') par décomposition des chlorures de magnésium, d'aluminium et autres :		
1° Quand l'acide n'est pas condensé. .	Émanations nuisibles. . . .	1re
2° Quand l'acide est condensé	Émanations accidentelles. .	2^e
Acide muriatique. (Voir *Acide chlorhydrique*.)		
Acide nitrique.	Émanations nuisibles. . . .	3^e
Acide oxalique. (Fabrication de l') :		
1° Par l'acide nitrique.		
a. Sans destruction des gaz nuisibles.	Fumée	1re
b. Avec destruction des gaz nuisibles.	Fumée accidentelle	3^e
2° Par la sciure de bois et la potasse.	Fumée.	2^e
Acide picrique :		
1° Quand les gaz nuisibles ne sont pas brûlés.	Vapeurs nuisibles.	1re
2° Avec destruction des gaz nuisibles.	*Idem*	3^e
Acide pyroligneux (Fabrication de l') :		
1° Quand les produits gazeux ne sont pas brûlés. . . . , ...	Fumée et odeur.	2^e

DÉSIGNATION DES INDUSTRIES	INCONVÉNIENTS	CLASSES
2° Quand les produits gazeux sont brûlés	Fumée et odeur	3ᵉ
Acide pyroligneux (Purification de l')	Odeur	2ᵉ
Acide stéarique (Fabrication de l').		
1° Par distillation	Odeur et danger d'incendie.	1ʳᵉ
2° Par saponification	*Idem*	2ᵉ
Acide sulfurique (Fabrication de l') :		
1° Par combustion du soufre et des pyrites	Émanations nuisibles.	1ʳᵉ
2° De Nordhausen par la décomposition du sulfate de fer	*Idem*	3ᵉ
Acide urique. (Voir *Murexide*.)		
Acier (Fabrication de l')	Fumée	3ᵉ
Affinage de l'or et de l'argent par les acides.	Émanations nuisibles.	1ʳᵉ
Affinage des métaux au fourneau. (Voir *Grillage des minerais*.)		
Agglomérés ou briquettes de houille (Fabrication des) :		
1° Au brai gras	Odeur, danger d'incendie.	2ᵉ
2° Au brai sec	Odeur.	3ᵉ
Albumine (Fabrication de l') au moyen du sérum frais du sang	Odeur.	3ᵉ
Alcali volatil. (Voir *Ammoniaque*.)		
Alcools autres que le vin, sans travail de rectification	Altération des eaux.	3ᵉ
Alcools. (Distillerie agricole)	Altération des eaux.	3ᵉ
Alcool (Rectification de l')	Danger d'incendie.	2ᵉ
Aldéhyde (Fabrication de l')	Danger d'incendie.	1ʳᵉ
Allumettes (Fabrication des) avec matières détonnantes et fulminantes.	Danger d'explosion et d'incendie	1ʳᵉ
Alun. (Voir *Sulfate d'alumine*.)		
Amidonneries :		
1° Par fermentation	Odeur, émanations nuisibles et altération des eaux	1ʳᵉ
2° Par séparation du gluten et sans fermentation	Altération des eaux	2ᵉ
Ammoniaque (Fabrication en grand de l') par la décomposition des sels ammoniacaux.	Odeur.	3ᵉ
Amorces fulminantes (Fabrication des)	Danger d'explosion	1ʳᵉ
Appareils de réfrigération :		
1° A ammoniaque	Odeur.	3ᵉ
2° A éther ou autres liquides volatiles et combustibles	Danger d'explosion et d'incendie	3ᵉ
Arcansons ou résines de pin. (Voir *Résines*, etc.)		

DÉSIGNATION DES INDUSTRIES	INCONVÉNIENTS	CLASSES
Argenture sur métaux. (Voir *Dorure et argenture*).		
Arséniate de potasse (Fabrication de l') au moyen du salpêtre :		
1° Quand les vapeurs ne sont pas absorbées	Émanations nuisibles. . . .	1re
2° Quand les vapeurs sont absorbées .	Émanations accidentelles .	2e
Artifices (Fabrication des pièces d')	Danger d'incendie et d'explosion	1re
Asphaltes, bitumes, brais et matières bitumineuses solides (Dépôts d').	Odeur, danger d'incendie .	3e
Asphaltes et bitumes (Travail des) à feu nu.	*Idem*.	2e
Ateliers de construction de machines et wagons (Voir *Machines et Wagons*.)		
Bâches imperméables (Fabrication des) :		
1° Avec cuisson des huiles	Danger d'incendie	1re
2° Sans cuisson des huiles.	*Idem*.	2e
Baleine (Travail des fanons de). (Voir *Fanons de baleine*.)		
Baryte (Sulfate de) (Décoloration du) au moyen de l'acide chlorhydrique à vases ouverts	Émanations nuisibles . . .	2e
Battage, cardage et épuration des laines, crins et plumes de literie	Odeur et poussière	3e
Battage des cuirs (Marteaux pour le) . . .	Bruit et ébranlement. . . .	3e
Battage et lavage (Ateliers spéciaux pour les) des fils de laine, bourres et déchets de filature de laine et de soie dans les villes	Bruit et poussière.	3e
Battage de tapis en grand	*Idem*	2e
Batteurs d'or et d'argent.	Bruit	3e
Battoir à écorces dans les villes.	Bruit et poussière.	3e
Benzine (Fabrication et dépôts de). (Voir *Huile de pétrole, de schiste*, etc.)		
Bitumes et asphaltes (Fabrication et dépôts de). (Voir *Asphaltes, bitumes*, etc.)		
Blanc de plomb. (Voir *Céruse*).		
Blanc de zinc (Fabrication de) par la combustion du métal	Fumées métalliques.	3e
Blanchiment :		
1° Des fils, des toiles et de la pâte à papier par le chlore	Odeur, émanations nuisibles.	2e
2° Des fils et tissus de lin, de chanvre et de coton par les chlorures (hypochlorites) alcalins	Odeur, altération des eaux.	3e

DÉSIGNATION DES INDUSTRIES	INCONVÉNIENTS	CLASSES
3° Des fils et tissus de laine et de soie par l'acide sulfureux.	Émanations nuisibles. . . .	2e
Bleu de Prusse (Fabrication de). (Voir *Cyanure de Potassium.*)		
Boues et immondices (Dépôts de) et voiries.	Odeur.	1re
Bougies et paraffine et autres d'origine minérale (Moulage des)	Odeur, danger d'incendie .	3e
Bougies et autres objets en cire et en acide stéarique	Danger d'incendie.	2e
Bouillon de bière (Distillation de). (Voir *Distilleries.*)		
Bourre. (Voir *Battage.*)		
Boutonniers et autres emboutisseurs de métaux par moyens mécaniques	Bruit	3e
Boyauderies. (Travail des boyaux frais pour tous usages)	Odeur, émanations nuisibles.	1re
Boyaux et pieds d'animaux abattus (Dépôts de) (Voir *Chairs et débris.*)		
Brasseries.	Odeur.	3e
Briqueteries avec fours non fumivores . .	Fumée	3e
Briquettes ou agglomérés de houille. (Voir *Agglomérés.*)		
Brûleries des galons et tissus d'or ou d'argent. (Voir *Galons.*)		
Buanderies.	Altération des eaux.	3e
Café (Torréfaction en grand du).	Odeur et fumée.	3e
Caillettes et caillons pour la confection des fromages. (Voir *Chairs et débris*, etc.)		
Cailloux (Fours pour la calcination des) . .	Fumée	3e
Calcination des cailloux. (Voir *Cailloux.*)		
Carbonisation du bois :		
1° A l'air libre dans des établissements permanents et autre part qu'en forêt.	Odeur et fumée	2e
2° En vases clos { avec dégagement dans l'air des produits gazeux de la distillation.	*Idem.*	2e
avec combustion des produits gazeux de la distillation	*Idem.*	3e
Carbonisation des matières animales en général	Odeur.	1re
Caoutchouc (Travail du) avec emploi d'huiles essentielles ou de sulfure de carbone . .	Odeur, danger d'incendie. .	2e
Caoutchouc (Application des enduits du) .	Danger d'incendie.	2e

DÉSIGNATION DES INDUSTRIES	INCONVÉNIENTS	CLASSES
Cartonniers	Odeur.	3e
Cendres d'orfèvre (Traitement des) par le plomb	Fumées métalliques.	3e
Cendres gravelées :		
1° Avec dégagement de la fumée au dehors	Fumée et odeur	1re
2° Avec combustion ou condensation des fumées	*Idem*	2e
Céruse ou blanc de plomb (Fabrication de la).	Émanations nuisibles. . . .	3e
Chairs, débris et issues (Dépôts de) provenant de l'abattage des animaux	Odeur	1re
Chamoiseries	*Idem.*	2e
Chandelles (Fabrication des)	Odeur, danger d'incendie. .	3e
Chantiers de bois à brûler dans les villes .	Émanations nuisibles, danger d'incendie.	3e
Chanvre (Teillage et rouissage du) en grand. (Voir aux mots *Teillage et Rouissage.*)		
Chanvre imperméable. (Voir *Feutre goudronné.*)		
Chapeaux de feutre (Fabrication de) . . .	Odeur et poussière.	3e
Chapeaux de soie ou autres préparés au moyen d'un vernis (Fabrication de). . . .	Danger d'incendie.	2e
Charbons agglomérés. (Voir *Agglomérés.*)		
Charbon animal (Fabrication ou revivification du). (Voir *Carbonisation des matières animales.*)		
Charbon de bois dans les villes (Dépôts ou magasins de).	Danger d'incendie.	3e
Charbons de terre. (Voir *Houille et Coke.*)		
Chaudronnerie. (Voir *Forges de grosses œuvres.*)		
Chaux (Fours à) :		
1° Permanents . . . . : . . .	Fumée, poussière	2e
2° Ne travaillant pas plus d'un mois par an	*Idem.*	3e
Chiens (Infirmeries de)	Odeur et bruit.	1re
Chiffons (Dépôts de)	Odeur.	3e
Chlore (Fabrication du)	*Idem*	2e
Chlorure de chaux (Fabrication du)		
1° En grand	*Idem.*	2e
2° Dans les ateliers fabricant au plus 300 kilogrammes par jour.	*Idem*	3e
Chlorures alcalins, eau de javelle (Fabrication des)	*Idem*	2e
Chromate de potasse (Fabrication du) . . .	*Idem*	3e

DÉSIGNATION DES INDUSTRIES	INCONVÉNIENTS	CLASSES
Chrysalides (Ateliers pour l'extraction des parties soyeuses des).	Odeur.	1re
Cire à cacheter (Fabrication de la)	Danger d'incendie.	3e
Cochenille ammoniacale (Fabrication de la).	Odeur.	3e
Cocons :		
1° Traitement des frisons de cocons. .	Altération des eaux	2e
2° Filature de cocons. (Voir *Filature*.)		
Coke (Fabrication du) :		
1° En plein air ou en fours non fumi- vores . . . . . . , ...	Fumée et poussière	1re
2° En fours fumivores.	Poussière.	2e
Colle forte (Fabrication de la)	Odeur, altération des eaux.	1re
Combustion des plantes marines dans les établissements permanents	Odeur et fumée	1re
Construction (Ateliers de). (Voir *Machines et wagons*.)		
Cordes à instruments en boyaux (Fabrica- tion de). (Voir *Boyauderies*.)		
Corroieries	Odeur.	2e
Coton et coton gras (Blanchisserie des dé- chets de).	Altération des eaux.	3e
Cretons (Fabrication de).	Odeur et danger d'incendie.	1re
Crins (Teinture des). (Voir *Teintureries*.)		
Crins en soies de porc (Prépararation des) sans fermentation	Odeur et poussière	2e
(Voir aussi *Soies de porc par fermentation*.)		
Cristaux (Fabrication de) (Voir *Verreries*, etc.)		
Cuirs vernis (Fabrication de)	Odeur et danger d'incendie.	1re
Cuirs verts et peaux fraîches (Dépôts de) .	Odeur.	2e
Cuivre (Dérochage du) par les acides	Odeur, émanations nuisibles.	3e
Cuivre (Fonte du). (Voir *Fonderies*, etc.)		
Cyanure de potassium et bleu de Prusse (Fabrication de) :		
1° Par la calcination directe des ma- tières animales avec la potasse . . .	Odeur.	1re
2° Par l'emploi de matières préalable- ment carbonisées en vases clos. . . .	*Idem.*	2e
Cyanure rouge de potassium ou prussiate rouge de potasse	Émanations nuisibles. . . .	3e
Débris d'animaux (Dépôts de). (Voir *Chairs*, etc.)		
Déchets de matières filamenteuses (Dépôts de) en grand dans les villes	Danger d'incendie.	3e
Dégras ou huile épaisse à l'usage des cha- moiseurs et corroyeurs (Fabrication de).	Odeur, danger d'incendie .	1re

DÉSIGNATION DES INDUSTRIES	INCONVÉNIENTS	CLASSES
Dégraissage des tissus et déchets de laines par les huiles de pétrole et autres hydrocarbures.	Danger d'incendie.	1re
Dérochage du cuivre. (Voir *Cuivre*)		
Distilleries en général, eau-de-vie, genièvre, kirsch, absinthe et autres liqueurs alcooliques.	*Idem*.	3^e
Dorure et argenture sur métaux	Émanations nuisibles. . . .	3^e
Eau de Javelle (Fabrication d'). (Voir *Chlorures alcalins*.)		
Eau-de-vie. (Voir *Distilleries*.)		
Eau-forte. (Voir *Acide nitrique*.)		
Eaux grasses (Extraction, pour la fabrication du savon et autres usages, des huiles contenues dans les) :		
1° En vases ouverts	Odeur, danger d'incendie. .	1re
2° En vases clos	*Idem*	2^e
Eaux savonneuses des fabriques. (Voir *Huiles extraites des débris d'animaux*.)		
Échaudoirs :		
1° Pour la préparation industrielle des débris d'animaux	Odeur.	1re
2° Pour la préparation des parties d'animaux propres à l'alimentation. . .	*Idem*.	3^e
Émail (Application de l') sur les métaux .	Fumée	3^e
Émaux (Fabrication d') avec fours non fumivores . . . . , . . .	*Idem*.	3^e
Encre d'imprimerie (Fabrique d').	Odeur, danger d'incendie .	1re
Engrais (Fabrication des) au moyen des matières animales	Odeur.	1re
Engrais (Dépôts d') au moyen des matières provenant de vidanges ou de débris d'animaux :		
1° Non préparés ou en magasin non couvert	Odeur.	1re
2° Desséchés ou désinfectés et en magasin couvert, quand la quantité excède 25,000 kilogrammes.	*Idem*.	2^e
3° Les mêmes, quand la quantité est inférieure à 25,000 kilogrammes. . .	*Idem*	3^e
Engraissement des volailles dans les villes (Établissement pour l').	*Idem*	3^e
Éponges (Lavage et séchage des).	Odeur et altération des eaux.	3^e
Équarrissage des animaux	Odeur, émanations nuisibles.	1re
Étamage des glaces.	Émanations nuisibles. . . .	3^e

DÉSIGNATION DES INDUSTRIES	INCONVÉNIENTS	CLASSES
Éther (Fabrication et dépôt d')[1]	Danger d'incendie et d'explosion.	1re
Étoupilles (Fabrication d') avec matières explosives	Danger d'explosion et d'incendie.	1re
Faïence (Fabriques de) :		
1° Avec fours non fumivores	Fumée.	2e
2° Avec fours fumivores.	Fumée accidentelle.	3e
Fanons de baleine (Travail des).	Émanations incommodes.	3e
Farines (Moulins à). (Voir *Moulins*.)		
Féculeries	Odeur, altération des eaux.	3e
Fer-blanc (Fabrication du)	Fumée	3e
Feutres et visières vernies (Fabrication de)	Odeur, danger d'incendie.	1re
Feutre goudronné (Fabrication du).	*Idem*.	2e
Filature des cocons (Ateliers dans lesquels la) s'opère en grand, c'est-à-dire employant au moins six tours	Odeur, altération des eaux.	3e
Fonderie de cuivre, laiton et bronze	Fumées metalliques.	3e
Fonderie en 2e fusion.	Fumée.	3e
Fonte et laminage du plomb, du zinc et du cuivre	Bruit, fumée.	3e
Forges et chaudronneries de grosses œuvres employant des marteaux mécaniques	Fumée, bruit.	2e
Formes en tôles pour raffinerie. (Voir *Tôles vernies*.)		
Fourneaux à charbon de bois (Voir *Carbonisation du bois*.)		
Fourneaux (Hauts-).	Fumée et poussière.	2e
Fours pour la calcination des cailloux. (Voir *Cailloux*.)		
Fours à plâtre et fours à chaux. (Voir *Plâtre, Chaux*.)		
Fromages (Dépôts de) dans les villes	Odeur.	3e
Fulminate de mercure (Fabrication du).	Danger d'explosion et d'incendie	1re
Galipots ou résines de pin. (Voir *Résines*.)		
Galons et tissus d'or et d'argent (Brûleries en grand des) dans les villes	Odeur.	2e
Gaz, goudrons des usines. (Voir *Goudrons*.)		
Gaz d'éclairage et de chauffage (Fabrication du)[2] :		
1° Pour l'usage public	Odeur, danger d'incendie.	2e
2° Pour l'usage particulier	*Idem*.	3e

1. Les dépôts sont régis par le décret du 31 janvier 1872.
2. Réglementée par décret spécial du 9 février 1867.

DÉSIGNATION DES INDUSTRIES	INCONVÉNIENTS	CLASSES
Gazomètres pour l'usage particulier, non attenant aux usines de fabrication. . . .	Odeur, danger d'incendie. .	3e
Gélatine alimentaire et gélatines provenant de peaux blanches et de peaux fraîches, non tannées (Fabrication de la)	Odeur.	3e
Générateurs à vapeur. (Régime spécial.)		
Genièvre. (Voir *Distilleries.*)		
Glaces (Étamage des). (Voir *Étamage.*)		
Glace. (Voir *Appareils de réfrigération.*)		
Goudrons (Usines spéciales pour l'élaboration des) d'origines diverses.	Odeur, danger d'incendie. .	1re
Goudrons (Traitement des) dans les usines à gaz où ils se produisent	*Idem*	2e
Goudrons et matières bitumineuses fluides (Dépôts de)	*Idem*	2e
Goudrons et brais végétaux d'origines diverses (Élaboration des).	*Idem*	1re
Graisses à feu nu (Fonte des).	*Idem*	1re
Graisses pour voitures (Fabrication des). .	*Idem*	1re
Grillage des minerais sulfureux	Fumée, émanations nuisibles.	1re
Guano (Dépôts de);		
1° Quand l'approvisionnement excède 25,000 kilogrammes	Odeur.	1re
2° Pour la vente au détail.	*Idem*	3e
Harengs (Saurage des).	*Idem*.	3e
Hongroieries.	Odeur.	3e
Houille (Agglomérés de). (Voir *Agglomérés.*)		
Huiles de Bergues (Fabrique d'). (Voir *Dégras.*)		
Huiles de pétrole, de schiste et de goudron, essences et autres hydrocarbures employés pour l'éclairage, le chauffage, la fabrication des couleurs et vernis, le dégraissage des étoffes et autres usages [1] :		
1° Fabrication, distillation et travail en grand	Odeur et danger d'incendie.	1re
2° Dépôts.		
a. Substances très-inflammables, c'est-à-dire émettant des vapeurs susceptibles de prendre feu [2] à une température de moins de 35 degrés :		

1. Réglementés par le décret du 19 mai 1873.
2. Au contact d'une allumette enflammée.

DÉSIGNATION DES INDUSTRIES	INCONVÉNIENTS	CLASSES
1° Si la quantité emmagasinée est. même temporairement, de 1050 lit. [1]. ou plus	Odeur et danger d'incendie.	1re
2° Si la quantité supérieure à 150 litres n'atteint pas 1050 litres.	*Idem*	2e
b. Substances moins inflammables, c'est-à-dire n'émettant de vapeurs suscep-tibles de prendre feu [2] qu'à une tem-pérature de 35 degrés et au-dessus :		
1° Si la quantité emmagasinée est, même temporairement, de 10,500 li-tres ou plus.	*Idem*.	1re
2° Si la quantité emmagasinée supé-rieure à 1050 litres n'atteint pas 10500 litres.	*Idem*	2e
Huile de pieds de bœuf (Fabrication d') :		
1° Avec emploi de matières en putré-faction.	Odeur.	1re
2° Quand les matières employées ne sont pas putréfiées.	*Idem*	2e
Huiles de poisson (Fabriques d')	Odeur, danger d'incendie .	1re
Huile épaisse ou dégras. (Voir *Dégras.*)		
Huiles de résine (Fabrication des).	*Idem*	1re
Huileries ou moulins à huile.	*Idem*	3e
Huiles (Épuration des)	Odeur, danger d'incendie .	3e
Huiles essentielles ou essences de térében-thine, d'aspic et autres. (Voir *Huiles de pétrole, de schiste*, etc.)		
Huiles et autres corps gras extraits des dé-bris des matières animales (Extraction des).	*Idem*	1re
Huiles extraites des schistes bitumeux. (Voir *Huiles de pétrole, de schiste*, etc)		
Huiles (Mélange à chaud ou cuisson des) :		
1° En vases ouverts.	*Idem*	1re
2° En vases clos.	*Idem*	2e
Huiles rousses (Fabrication des) par extrac-tion des cretons et débris de graisse à haute température	*Idem*	1re
Impressions sur étoffes. (Voir *Toiles peintes.*)		
Jute (Teillage du). (Voir *Teillage.*)		

1. Le fût généralement adopté par le commerce pour les pétroles est de 150 litres ; 1,050 litres représentent donc sept desdits fûts.
2. Au contact d'une allumette enflammée.

DÉSIGNATION DES INDUSTRIES	INCONVÉNIENTS	CLASSES
Kirsch. (Voir *Distilleries*.)		
Laine. (Voir *Battage*.)		
Laiteries en grand dans les villes	Odeur.	2ᶜ
Lard (Atelier à enfumer le).	Odeur et fumée	3ᶜ
Lavage des cocons. (Voir *Cocons*.)		
Lavage et séchage des éponges. (Voir *Epon-ges*.)		
Lavoirs à houille.	Atération des eaux . . . . .- .	3ᵉ
Lavoirs à laine.	*Idem*	3ᵉ
Lignites (Incinération des).	Fumée, émanations nuisi-	
Lin (Teillage en grand du). (Voir *Teillage*.)	bles	1ʳᵉ
Lin (Rouissage du). (Voir *Rouissage*.)		
Liquides pour l'éclairage (Dépôts de) au moyen de l'alcool et des huiles essen-tielles	Danger d'incendie et d'ex-plosion	2ᶜ
Liqueurs alcooliques. (Voir *Distilleries*.)		
Litharge (Fabrique de).	Poussière nuisible.	3ᶜ
Machines et wagons (Ateliers de construc-tion de).	Bruit, fumée	2ᵒ
Machines à vapeur. (Voir *Générateurs*.)		
Maroquineries. . . . ¬	Odeur.	3ᵉ
Massicot (Fabrication du). . . .ₐ.	Émanations nuisibles. . . .	3ᵉ
Mégisseries	Odeur.	3ᵉ
Mélanges d'huiles. (Voir *Huiles, mélanges, etc.*)		
Ménageries.	Danger des animaux. . .	1ʳᵉ
Métaux (Ateliers de) pour construction de machines et appareils. (Voir *Machines*.)		
Minium (Fabrication du).	Émanations nuisibles. . . .	3ᵉ
Morues (Sécheries des).	Odeur.	2ᵉ
Moulins à broyer le plâtre, la chaux, les cailloux et les pouzzolanes	Poussière.	3ᵉ
Moulins à huile. (Voir *Huileries*.)		
Murexide (Fabrication de la) en vase clos par la réaction de l'acide azotique et de l'acide urique du guano	Émanations nuisibles. . . .	2ᵉ
Nitrate de fer (Fabrication du) :		
1° Lorsque les vapeurs nuisibles ne sont pas absorbées ou décomposées. . . .	Émanations nuisibles. . . .	1ᵉ
2° Dans le cas contraire	*Idem*.	3ᵉ
Nitro-benzine, aniline et matières dérivant de la benzine (Fabrication de la).	Odeur, émanations nuisi- ¯ bles, danger d'incendie .	2ᵉ
Noir des raffineries et des sucreries (Revivi-fication du)	Émanations nuisibles, odeur.	2ᵉ

DÉSIGNATION DES INDUSTRIES	INCONVÉNIENTS	CLASSES
Noir de fumée (Fabrication du) par la distillation de la houille, des goudrons, bitumes, etc	Fumée, odeur	2e
Noir d'ivoire et noir animal (Distillation des os ou fabrication du) :		
1º Lorsqu'on n'y brûle pas les gaz.	Odeur.	1re
2º Lorsque les gaz sont brûlés	Idem	2e
Noir minéral (Fabrication du) par le broyage des résidus de la distillation des schistes bitumineux	Odeur et poussière	3e
Oignons (Dessiccation des) dans les villes.	Odeur	2e
Olives (Confiserie des)	Altération des eaux.	3e
Olives (Tourteaux d'). (Voir *Tourteaux*.)		
Orseille (Fabrication de l') :		
1º En vases ouverts	Odeur.	1re
2º A vases clos, et employant de l'ammoniaque à l'exclusion de l'urine.	Idem	3e
Os (Torréfaction des) pour engrais :		
1º Lorsque les gaz ne sont pas brûlés.	Odeur et danger d'incendie.	1re
2º Lorsque les gaz sont brûlés.	Idem	2e
Os d'animaux (Calcination des). (Voir *Carbonisation des matières animales*.)		
Os frais (Dépôts d') en grand	Odeur, émanations nuisibles.	1re
Ouates (Fabrication des)	Poussière et danger d'incendie	3e
Papiers (Fabrication de)	Danger d'incendie.	3e
Pâte à papier (Préparation de la) au moyen de la paille et autres matières combustibles.	Altération des eaux.	3e
Parchemineries	Odeur.	3e
Peaux de lièvre et de lapin. (Voir *Secrétage*.)		
Peaux de mouton (Séchage des)	Odeur et poussière	3e
Peaux fraîches. (Voir *Cuirs verts*.)		
Perchlorure de fer par dissolution du peroxyde de fer (Fabrication de)	Émanations nuisibles.	3e
Pétrole. (Voir *Huiles de pétrole*, etc.)		
Phosphore (Fabrication de)	Danger d'incendie.	1re
Pileries mécaniques des drogues	Bruit et poussière.	3e
Pipes à fumer (Fabrication des) :		
1º Avec fours non fumivores	Fumée	2e
2º Avec fours fumivores.	Fumée accidentelle	3e
Plantes marines. (Voir *Combustion des plantes marines*.)		
Plâtres (Fours à) :		
1º Permanents	Fumée et poussière.	2e

DÉSIGNATION DES INDUSTRIES	INCONVÉNIENTS	CLASSES
2ª Ne travaillant pas plus d'un mois. .	Fumée et poussière.	3ᵉ
Plomb (Fonte et laminage du). (Voir *Fonte*, etc.)		
Poêliers fournalistes, poêles et fourneaux en faïence et terre cuite (Voir *Faïence*.)		
Poils de lièvre et de lapin. (Voir *Secrétage*.)		
Poissons salés (Dépôts de).	Odeur incommode.	2ᵉ
Porcelaine (Fabrication de).		
1° Avec fours non fumivores	Fumée	2ᵉ
2° Avec fours fumivores.	Fumée accidentelle	3ᵉ
Porcheries	Odeur, bruit	1ʳᵉ
Potasse (Fabrication de) par calcination des résidus de mélasse. . . . .'. .	Fumée et odeur	2ᵉ
Potasse. (Voir *Chromate de potasse*.)		
Poteries de terre (Fabrication de) avec fours non fumivores.	Fumée	3ᵉ
Poudres et matières fulminantes (Fabrication de). (Voir aussi *Fulminate de mercure*.)	Danger d'explosion et d'incendie	1ʳᵉ
Poudrette (Fabrication de) et autres engrais au moyen de matières animales	Odeur et altération des eaux.	1ʳᵉ
Poudrette (Dépôts de). (Voir *Engrais*.)		
Pouzzolane artificielle (Fours à) . . . . ˙. .	Fumée	3ᵉ
Protochlorure d'étain ou sel d'étain (Fabrication du).	Émanations nuisibles. . . .	2ᵉ
Prussiate de potasse. (Voir *Cyanure de potassium*.)		
Pulpes de pommes de terre. (Voir *Fécules*.)		
Raffineries et fabriques de sucre.	Fumée, odeur	2ᵉ
Résines, galipots et arcansons (Travail en grand pour la fonte et l'épuration des). .	Odeur, danger d'incendie .	1ʳᵉ
Rogues (Dépôts de salaisons liquides connues sous le nom de)	Odeur.	2ᵉ
Rouge de Prusse et d'Angleterre	Émanations nuisibles. . . .	1ʳᵉ
Rouissage en grand du chanvre et du lin .	Émanations nuisibles et altération des eaux	1ʳᵉ
Rouissage en grand du chanvre et du lin par l'action des acides, de l'eau chaude et de la vapeur.	*Idem*	2ᵉ
Sabots (Ateliers à enfumer les) par la combustion de la corne ou d'autres matières animales, dans les villes.	Odeur et fumée	1ʳᵉ
Salaison et préparation des viandes	Odeur.	3ᵉ
Salaisons (Ateliers pour les) et le saurage des poissons.	*Idem*	2ᵉ
Salaisons (Dépôts de) dans les villes	*Idem*	3ᵉ

DÉSIGNATION DES INDUSTRIES	INCONVÉNIENTS	CLASSES
Sang :		
1° Ateliers pour la séparation de la fibrine, de l'albumine, etc	Odeur	1re
2° (Dépôt de) pour la fabrication du bleu de Prusse et autres industries	Idem	1re
3° (Fabrique de poudre de) pour la clarification des vins	Idem	1re
Sardines (Fabriques de conserves de), dans les villes	Idem	2e
Saucissons (Fabrication en grand de)	Idem	2e
Saurage des harengs. (Voir *Harengs*.)		
Savonneries	Idem	3e
Schistes bitumineux. (Voir *Huiles de pétrole, de schiste, etc.*)		
Séchage des éponges. (Voir *Éponges*.)		
Sécheries des morues. (Voir *Morues*.)		
Secrétage des peaux ou poils de lièvre et lapin	Odeur	2e
Sel ammoniac et sulfate d'ammoniaque (Fabrication du) par l'emploi des matières animales	Odeur, émanations nuisibles	2e
Sel ammoniac extrait des eaux d'épuration du gaz (Fabrique spéciale de)	Odeur	2e
Sel de soude (Fabrication du) avec le sulfate de soude	Fumée, émanations nuisibles	3e
Sel d'étain. (Voir *Protochlorure d'étain*.)		
Sirops de fécule et glucose (Fabrication des)	Odeur	3e
Soie. (Voir *Chapeaux*.)		
Soie. (Voir *Filature*.)		
Soies de porc. (Préparation des) :		
1° Par fermentation	Idem	1re
2° Sans fermentation. (Voir *Crins et soies de porc*.)		
Soude. (Voir *Sulfate de soude*.)		
Soudes brutes de varech (Fabrication des) dans les établissements permanents	Odeur et fumée	1re
Soufre (Fusion ou distillation du)	Émanations nuisibles, danger d'incendie	2e
Soufre (Pulvérisation et blutage de)	Poussière, danger d'incendie	3e
Sucre. (Voir *Raffineries et fabriques de sucre*.)		
Suif brun (Fabrication du)	Odeur, danger d'incendie	1re
Suif en branches (Fonderies de) :		
1° A feu nu	Idem	1re
2° Au bain-marie ou à la vapeur	Odeur	2e

DÉSIGNATION DES INDUSTRIES	INCONVÉNIENTS	CLASSES
Suif d'os (Fabrication du)	Odeur, altération des eaux, danger d'incendie.	1re
Sulfate d'ammoniaque (Fabrication du) par le moyen de la distillation des matières animales . . . . -	Odeur.	1re
Sulfate de baryte. (Voir *Baryte*.)		
Sulfate de cuivre (Fabrication de) au moyen du grillage des pyrites.	Émanations nuisibles et fumée.	1re
Sulfate de mercure (Fabrication du);		
1° Quand les vapeurs ne sont pas absorbées.	Émanations nuisibles. . . .	1re
2° Quand les vapeurs sont absorbées .	Émanations moindres. . . .	2e
Sulfate de peroxyde de fer (Fabrication du) par le sulfate de protoxyde de fer et l'acide nitrique (nitro-sulfate de fer)	Émanations nuisibles. . . .	2e
Sulfate de protoxyde de fer ou couperose verte par l'action de l'acide sulfurique sur la ferraille (Fabrication en grand du).	Fumée, émanations nuisibles	3e
Sulfate de soude (Fabrication du) :		
1° Par la décomposition du sel marin par l'acide sulfurique, sans condensation de l'acide chlorhydrique . . .	Émanations nuisibles. . . .	1re
2° Avec condensation complète de l'acide chlorhydrique.	*Idem*	2e
Sulfate de fer, d'alumine et alun (Fabrication par le lavage des terres pyriteuses et alumineuses grillées du).	Fumée et altération des eaux	3e
Sulfure de carbone (Fabrication du). . . .	Odeur, danger d'incendie .	1re
Sulfure de carbone (Manufactures dans lesquelles on emploie en grand le)	Danger d'incendie.	1re
Sulfure de carbone (Dépôts de). (Suivent le régime des huiles de pétrole.)		
Sulfures métalliques. (Voir *Grillage des minerais sulfureux*.)		
Tabacs (Manufactures de).	Odeur et poussière	2e
Tabac (Incinération des côtes de).	Odeur et fumée	1re
Tabatières en carton (Fabrication des). . .	Odeur et danger d'incendie.	3e
Taffetas et toiles vernis ou cirés (Fabrication de).	*Idem*.	1re
Tan (Moulins à)	Bruit et poussière.	3e
Tanneries.	Odeur.	2e
Teinturiers.	Odeur et altération des eaux.	3e
Teintureries de peaux	Odeur.	3e
Terres émaillées (Fabrication de) :		
1° Avec fours non fumivores	Fumée	2e
2° Avec fours fumivores.	Fumée accidentelle	3e
Terres pyriteuses et alumineuses (Grillage des)	Fumée, émanations nuisibles.	1re
Teillage du lin, du chanvre et du jute en grand.	Poussière et bruit.	2e

DÉSIGNATION DES INDUSTRIES	INCONVÉNIENTS	CLASSES
Térébenthine (Distillation et travail en grand de la). Voir *Huiles de pétrole, de schiste*, etc.)		
Tissus d'or et d'argent (Brûleries en grand des). (Voir *Galons*.)		
Toiles cirées. (Voir *Taffetas et toiles vernis*.)		
Toiles (Blanchiment des). (Voir *Blanchiment*.)		
Toiles grasses pour emballage, tissus, cordes goudronnées, papiers goudronnés, cartons et tuyaux bitumés (Fabrique de) :		
1° Travail à chaud	Odeur, danger d'incendie	2e
2° Travail à froid	*Idem*	3e
Toiles peintes (Fabrique de)	Odeur	3e
Toiles vernies (Fabrique de). (Voir *Taffetas et toiles vernis*.)		
Tôles et métaux vernis	Odeur et danger d'incendie	3e
Tonnellerie en grand opérant sur des fûts imprégnés de matières grasses et putrescibles	Bruit, odeur et fumée	2e
Torches résineuses (Fabrication de)	Odeur et danger du feu	2e
Tourbe (Carbonisation de la) :		
1° A vases ouverts	Odeur et fumée	1re
2° En vases clos	Odeur	2e
Tourteaux d'olives (Traitement des) par le sulfure de carbone	Danger d'incendie	1re
Tréfileries	Bruit et fumée	3e
Triperies annexes des abattoirs	Odeur et altération des eaux	1re
Tueries d'animaux. (Voir aussi *Abattoirs publics*.)	Danger des animaux et odeur	2e
Tuileries avec fours non fumivores	Fumée	3e
Urate (Fabrique d'). (Voir *Engrais préparés*.)		
Vacheries dans les villes de plus de 5,000 habitants	Odeur et écoulement des urines	3e
Varech. (Voir *Soude de varech*.)		
Vernis gras (Fabrique de)	Odeur et danger d'incendie	1re
Vernis à l'esprit de vin (Fabrique de)	*Idem*	2e
Vernis (Ateliers où l'on applique le) sur les cuirs, feutres, taffetas, toiles, chapeaux. (Voir ces mots.)		
Verreries, cristalleries et manufactures de glaces :		
1° Avec fours non fumivores	Fumée et danger d'incendie	2e
2° Avec fours fumivores	Danger d'incendie	3e
Viandes (Salaisons des). (Voir *Salaisons*.)		
Visières et feutres vernis (Fabrique de). (Voir *Feutres et visières*.)		
Voiries. (Voir *Boues et immondices*.)		
Wagons et machines (Construction de). (Voir *Machines*, etc.		

CCIV. — INSTRUCTIONS *pour l'exécution du décret du
9 février 1867, sur la fabrication du gaz d'éclairage et
de chauffage* (1).

Paris, le 28 février 1867.

Monsieur le préfet, la nomenclature des établissements réputés insalubres, dangereux ou incommodes,
annexée au décret impérial du 31 décembre 1866, a
rangé dans la deuxième classe la fabrication du gaz
d'éclairage et de chauffage pour l'usage public, et dans
la troisième classe la même fabrication pour l'usage
particulier, ainsi que les gazomètres pour l'usage particulier non attenants aux usines de fabrication.

Ce classement est à peu près le maintien de celui
qui existait antérieurement; mais ce qui concerne le
gaz est soumis, en outre, à des conditions spéciales,
prescrites par l'ordonnance royale du 27 janvier 1846,
et il a paru convenable de réviser ce régime en tenant
compte des progrès réalisés.

Tel est l'objet du décret impérial du 9 février 1867,
rendu après examen du Comité consultatif des arts et
manufactures et sur l'avis du Conseil d'État, décret
dont vous trouverez le texte à la suite de la présente
circulaire et dont je dois vous faire connaître l'esprit
et la portée (2).

Il convient de remarquer d'abord que l'ordonnance
de 1846 s'appliquait indistinctement à la fabrication
du gaz pour les usages publics et pour les usages privés, tandis que le nouveau décret, qui la remplace en

(1) BUNEL, *Établissements insalubres,* etc.
(2) Voir plus loin, p. 811.

l'abrogeant, n'a plus jugé nécessaire de réglementer d'une manière spéciale que les usines fabriquant pour l'usage public; les appareils destinés aux besoins privés ne devant plus, dès lors, être soumis qu'aux conditions particulières de l'acte administratif qui en aura autorisé l'établissement.

En second lieu, vous reconnaîtrez, monsieur le préfet, qu'on s'est attaché à retrancher de la réglementation spéciale tout ce qui pouvait être une gêne trop grande pour le développement d'une industrie dont la nécessité est chaque jour plus démontrée.

Déjà l'administration, désireuse de hâter le développement de cette industrie en lui laissant toutes les facilités compatibles avec la sécurité publique, avait accueilli favorablement les réclamations qui lui avaient été adressées au sujet de la prohibition contenue dans l'article 6 de l'ordonnance de 1846, lequel interdisait l'emploi de toute substance animale pour la fabrication du gaz, et un décret en date du 17 mai 1865 a rapporté cette prohibition. Le règlement nouveau, s'inspirant du même esprit, supprime tout ce qui, dans l'ordonnance de 1846 (art. 17 et 24) était relatif à la construction, à l'emploi du gazomètre et aux épreuves que devaient subir les récipients portatifs pour le gaz. Il a été reconnu, en effet, que les dispositions dont il s'agit n'avaient plus aujourd'hui leur raison d'être et n'étaient plus en harmonie avec les progrès accomplis dans cette industrie depuis vingt ans.

Le nouveau règlement dispense, en outre, les usiniers de l'obligation que leur imposait l'article 14 de l'ordonnance, d'être pourvus de deux ou plusieurs gazomètres, selon l'importance de leur fabrication; il supprime également l'obligation qui leur était imposée de surmonter de tuyaux et cheminées toutes les ouvertures des ateliers; enfin il réserve à chaque fabricant, moyennant certaines conditions, la possibilité de traiter, dans son usine même, les eaux de condensation pour en extraire les sels ammoniacaux qu'elles peuvent contenir.

Ces simples indications suffisent pour faire ressortir les avantages que, dans son ensemble, la nouvelle réglementation présente aux industriels. J'y ajouterai seulement quelques explications sur les principales dispositions du décret.

Aux termes de l'article 2 : 1° les usines à gaz devront être entourées d'un mur ou d'une clôture solide en bois, de 3 mètres de hauteur au moins; 2° les ateliers de fabrication, ainsi que les gazomètres, devront être séparés des habitations voisines par une distance d'au moins 30 mètres.

Il est bien entendu que la condition d'éloignement des habitations ne concerne que les usines qui se formeraient à l'avenir. S'il en était autrement, en effet, certains établissements actuellement existants se trouveraient frappés d'une sorte de suppression qui ne saurait être dans les intentions du règlement. Vous devrez donc seulement, monsieur le préfet, n'autoriser désormais les usines à gaz qu'en les obligeant à satisfaire à la condition d'éloignement exigée par le décret.

Quant à la première partie de cet article et à l'ensemble des autres dispositions du décret, l'application en principe doit en être immédiate. Mais, avant de formuler des prescriptions à cet égard pour chaque établissement, vous devrez vous faire rendre un compte exact de la situation de l'usine, de son emplacement, de la possibilité ou de l'impossibilité qu'il y aurait de construire le mur ou la clôture exigés. Vous aurez aussi, avant d'ordonner l'exécution de ces travaux, à tenir compte de la difficulté qu'ils pourraient rencontrer, soit au point de vue de la situation existante, soit au point de vue de la dépense qu'ils occasionneraient, et, vous pourrez, suivant les circonstances, user momentanément de tolérance, en accordant, pour la réalisation de ces travaux, les délais que vous jugeriez convenables.

C'est l'article 9 qui, comme je l'ai déjà indiqué, laisse aux propriétaires d'usines à gaz, et sous certaines conditions, la faculté de traiter, dans leur établissement même, les eaux de condensation qu'ils peuvent recueillir pour en extraire les sels ammoniacaux. Vous devrez, monsieur le préfet, veiller à ce que les conditions qu'impose cet article soient convenablement observées, surtout en ce qui concerne les exhalaisons nuisibles et l'écoulement des eaux, de manière à sauvegarder les intérêts de la salubrité publique et ceux des habitations voisines.

Les articles 3, 4, 5, 6, 7, 8, 10, 11 et 12 renferment, sauf ce qui a été indiqué ci-dessus, à peu près les mêmes dispositions que les articles correspondants de l'ordonnance de 1846.

Ces diverses prescriptions ne peuvent être l'objet d'aucun embarras, d'aucune gêne sérieuse pour les propriétaires d'usines à gaz, pourvu que l'on tienne compte des recommandations qui précèdent touchant les ménagements qu'il convient d'apporter à l'application de l'article 2 du nouveau règlement.

Je compte beaucoup, du reste, monsieur le préfet, sur votre sollicitude éclairée pour faciliter la transition du régime ancien au régime inauguré par le nouveau décret; mais si vous rencontriez dans l'application quelques difficultés qui vous fissent désirer d'avoir l'avis du Comité consultatif des arts et manufactures, vous pourriez m'en référer, et vous me trouverez disposé à vous faciliter la solution des questions que vous auriez à résoudre au début de ce nouveau régime pour l'industrie du gaz.

Veuillez m'accuser réception de cette circulaire.

Recevez, monsieur le préfet, l'assurance de ma considération la plus distinguée.

Le ministre de l'agriculture, du commerce
et des travaux publics,

Signé : DE FORCADE.

DÉCRET (1).

NAPOLÉON, par la grâce de Dieu et la volonté nationale, empereur des Français,

A tous présents et à venir, salut.

Sur le rapport de notre ministre, secrétaire d'État au département de l'agriculture, du commerce et des travaux publics ;

Vu l'ordonnance royale du 27 janvier 1846, concernant les établissements d'éclairage par le gaz hydrogène ;

Vu le décret du 31 décembre 1866 ;

Vu l'avis du Comité consultatif des arts et manufactures ;

Notre Conseil d'État entendu ;

AVONS DÉCRÉTÉ ET DÉCRÉTONS CE QUI SUIT :

Art. 1er. Les usines et ateliers de fabrication du gaz d'éclairage et de chauffage pour l'usage public, et

(1) Voir plus haut, p. 807.

les gazomètres qui en dépendent, sont soumis aux conditions ci-après.

Art. 2. Les usines seront fermées par un mur d'enceinte ou une clôture solide en bois, de trois mètres de hauteur au moins ; les ateliers de fabrication et les gazomètres seront à la distance de 30 mètres au moins des maisons d'habitation voisines.

Art. 3. Les ateliers de distillation et tous les bâtiments y attenant seront construits et couverts en matériaux incombustibles.

Art. 4. La ventilation desdits ateliers doit être assurée par des ouvertures suffisamment larges et nombreuses, menagées dans les parois latérales à la partie supérieure du toit.

Art. 5. Les appareils de condensation seront établis en plein air, ou dans des bâtiments dont la ventilation est assurée comme celle des ateliers de distillation.

Art. 6. Les appareils d'épuration seront placés vers le centre de l'usine, en plein air ou dans des bâtiments dont la ventilation est assurée comme celle des ateliers de distillation et de condensation.

Art. 7. Les eaux ammoniacales et les goudrons produits par la distillation, qu'on n'enlèverait pas immédiatement, seront recueillis dans des citernes exactement closes et qui devront être parfaitement étanches.

Art. 8. L'épuration sera pratiquée et conduite avec les soins et précautions nécessaires pour qu'aucune odeur incommode ne se répande en dehors de l'enceinte de l'usine. La chaux ou les laits de chaux, s'il en est fait usage, seront enlevés, chaque jour, dans des vases ou tombereaux fermant hermétiquement, et transportés dans une voirie ou dans un local désigné par l'autorité municipale.

Art. 9. Les eaux de condensation peuvent être traitées dans l'usine elle-même pour en extraire les sels ammoniacaux qu'elles contiennent, à la condition que les ateliers soient établis vers la partie centrale de l'usine et qu'il n'en sorte aucune exhalaison nuisible ou incommode pour les habitants du voisinage, et que l'écoulement des eaux perdues soit assuré sans inconvénient pour le voisinage.

Art. 10. Les goudrons ne pourront être brûlés dans les cendriers et dans les fourneaux qu'autant qu'il n'en résultera, à l'extérieur, ni fumée ni odeur.

Art. 11. Les bassins dans lesquels plongent les gazomètres seront complétement étanches; ils seront construits en pierres ou briques à bain de mortier hydraulique, en tôle ou en fonte.

Art. 12. Les gazomètres seront établis à l'air libre; la cloche de chacun d'eux sera maintenue entre des guides fixes, solidement établis, de manière que, dans son mouvement, son axe ne s'écarte pas de la verticale. La course ascendante en sera limitée, de telle sorte que, lorsque la cloche atteindra cette limite, son bord inférieur soit encore à un niveau inférieur de 0^m, 30 au moins au bord du bassin ou cuve.

La force élastique du gaz dans l'intérieur du gazomètre sera toujours maintenue au-dessus de la pression atmosphérique. Elle sera indiquée par un manomètre très-apparent.

Art. 13. Les usines et appareils mentionnés ci-dessus pourront, en outre, être assujettis aux mesures de précautions et dispositions qui seraient reconnues utiles dans l'intérêt de la sûreté et de la salubrité publiques, et qui seraient déterminées par un règlement d'administration publique.

Art. 14. Les usines et ateliers régis par le présent

décret seront soumis à l'inspection de l'autorité municipale, chargée de veiller à ce que les conditions prescrites soient observées.

Art. 15. Les dispositions de l'ordonnance du 27 janvier 1846 sont et demeurent rapportées.

Art. 16. Notre ministre, secrétaire d'État au département de l'agriculture, du commerce et des travaux publics, est chargé de l'exécution du présent décret, qui sera inséré au *Bulletin des lois*.

Fait au palais des Tuileries, le 9 février 1867.

Signé : NAPOLÉON.

Par l'Empereur :

Le ministre secrétaire d'État
au département de l'agriculture, du commerce
et des travaux publics,

Signé : DE FORCADE.

CCV.—Arrêté *réglementaire pour l'écoulement des eaux vannes dans les égouts publics par voie directe* (1).

2 juillet 1867.

Le Sénateur, Préfet de la Seine, Grand'Croix de l'Ordre impérial de la Légion d'honneur,

Vu : 1° La loi des 16-24 août 1790 ;

2° Les décrets des 26 mars 1852 et 10 octobre 1859 ;

3° Les ordonnances de police des 5 juin 1834, 23 octobre 1850, 1er septembre 1853 et 29 novembre 1854 ;

4° L'arrêté préfectoral du 9 février 1867 ;

5° La délibération de la Commission municipale en date du 20 décembre 1850, qui fixe la rétribution à payer à la Ville pour l'écoulement dans les égouts des liquides provenant des fosses d'aisances ;

6° La délibération du conseil municipal du 21 novembre 1862, ensemble l'arrêté préfectoral du 2 décembre suivant, approbatif de cette délibération ;

7° Le rapport du Directeur des Eaux et des Égouts ;

Arrête :

Art. 1er. Les propriétaires de maisons en bordure sur la voie publique pourront faire écouler les eaux vannes de leurs fosses d'aisances dans les égouts de la Ville, d'une manière directe.

Abonnement. — A cet effet, ils souscriront des

(1) Préfecture de la Seine (Direction des Eaux et des Égouts de Paris). *Recueil de Règlements sur l'Assainissement.*

abonnements qui, s'il y a lieu, seront approuvés par arrêtés préfectoraux, sur l'avis de l'ingénieur en chef des Eaux et des Égouts.

Ces abonnements seront annuels et révocables à la volonté de l'administration. Ils partiront des 1er janvier et 1er juillet de chaque année.

Renonciation. — Le propriétaire pourra y renoncer en prévenant le Préfet de la Seine six mois à l'avance. Quelle que soit la date de l'avertissement, le prix de l'abonnement sera exigible jusqu'à son expiration.

Art. 2. *Conditions d'abonnement.* — Les conditions à remplir pour l'abonnement sont les suivantes :

Concession d'eau. 1° La propriété sera desservie par les eaux de la Ville.

Branchement d'égout. — 2° Elle sera pourvue d'un branchement d'égout particulier. Ce branchement pourra être prolongé jusqu'au caveau renfermant les appareils de vidange, pour servir, si on le juge à propos, à l'enlèvement souterrain de ces appareils. Dans ce cas, le branchement sera fermé à l'aplomb du mur de face au moyen d'une grille verticale à deux clefs dissemblables, dont une, établie sur le modèle arrêté par l'administration, sera remise au service des égouts, l'autre demeurant aux mains du propriétaire. Cette grille ne sera pas exigible dans le cas où le caveau et le branchement y aboutissant seront sans communication avec l'intérieur de la propriété.

Appareils diviseurs. — 3° Les eaux vannes devront être séparées des solides au moyen d'appareils diviseurs d'un modèle accepté par l'Administration. Les entrepreneurs chargés de la fourniture et de l'entretien de ces appareils seront exclusivement choisis parmi les entrepreneurs de vidanges en exercice à Paris.

Caveau. — Les appareils diviseurs seront établis dans un caveau convenablement ventilé, et dont le sol aura été rendu imperméable et disposé en forme de cuvette.

Chutes. — Chaque chute de cabinets d'aisances sera pourvue d'un appareil diviseur mobile. Les chutes avec leurs branchements ne pourront être placées sous un angle supérieur à 45 degrés.

Eaux vannes. — 4° Les eaux vannes s'écouleront à part dans l'égout par une conduite en fonte ou en grès vernissé, établie suivant les instructions de l'Ingénieur en chef des Eaux et des Égouts.

Eaux pluviales, ménagères, industrielles et de concession. — 5° Les eaux pluviales, ménagères, et celles provenant de la concession desservant la propriété, seront dirigées dans la conduite de manière à se mélanger aux eaux vannes avant qu'elles n'atteignent l'égout public. En aucun cas les eaux de ces diverses provenances ne pourront être directement envoyées dans les appareils filtrants.

Fosses réformées. — 6° Les fosses fixes, rendues inutiles par suite de l'installation des appareils diviseurs, seront comblées ou converties en caves.

Art. 3. *Police des Travaux.* — Les dispositions qui précèdent et toutes celles que l'Administration jugerait utile de prescrire seront exécutées aux frais, risques et périls du propriétaire, d'après les instructions des agents du service des Eaux et des Égouts, et sans qu'il puisse être mis empêchement au contrôle de ces agents, sous quelque prétexte que ce soit.

Aucun appareil de vidange nouveau ne sera mis en service qu'après avoir été reconnu par l'inspecteur de l'Assainissement ou son délégué, qui en autorisera l'usage.

Art. 4. *Interruption d'écoulement.* — Les abonnés n'auront droit à aucune indemnité pour cause d'interruption momentanée d'écoulement d'eaux vannes à l'égout, par suite de travaux exécutés par la Ville de Paris, lorsque l'interruption ne se prolongera pas au delà d'un mois. Après ce terme, la réduction de la redevance fixée par l'article 6 ci-après sera proportionnelle à la durée de l'interruption.

Art. 5. *Responsabilité.* — Les abonnés seront exclusivement responsables envers les tiers de tous les dommages auxquels pourraient donner lieu, soit les appareils de vidange, soit l'écoulement des liquides en provenant.

Art. 6. *Tarif.* — Le propriétaire, ou en son nom l'entrepreneur chargé de la fourniture et de l'enlèvement des appareils filtrants, acquittera à la caisse municipale une redevance annuelle de *trente francs* par tuyau de chute.

Art. 7. *Payement.* — Le montant de la somme à payer sera fixé chaque semestre, après constatation contradictoire du nombre des orifices existants, par l'inspecteur de l'Assainissement ou son délégué, en présence du propriétaire ou de son représentant, et sera reconnu par ceux-ci sur un état que l'ingénieur en chef des Eaux et des Égouts transmettra à la Préfecture de la Seine pour être rendu exécutoire.

Le prix de l'abonnement sera versé en deux termes égaux, 1ᵉʳ janvier et 1ᵉʳ juillet, et d'avance.

Résiliation. — A défaut de payement à l'une des deux échéances, l'écoulement sera suspendu et l'abonnement pourra être résilié.

Art. 8. *Contraventions.* — Les contraventions aux dispositions du présent arrêté seront constatées par procès-verbaux ou rapports et poursuivies par les voies de droit, sans préjudice des mesures administratives auxquelles ces contraventions pourraient donner lieu.

G.-E. HAUSSMANN.

CCVI. — Décret *portant règlement pour les occupations temporaires de terrains nécessaires à l'exécution des travaux publics* (1).

8 février 1868.

Art. 1er. Lorsqu'il y a lieu d'occuper temporairement un terrain, soit pour y extraire des terres ou des matériaux, soit pour tout autre objet relatif à l'exécution de travaux publics, cette occupation est autorisée par un arrêté du préfet indiquant le nom de la commune où le terrain est situé, les numéros que les parcelles dont il se compose portent sur le plan cadastral, et le nom du propriétaire. — Cet arrêté vise le devis qui désigne le terrain à occuper, ou le rapport par lequel l'ingénieur en chef, chargé de la direction des travaux, propose l'occupation. — Un exemplaire du présent règlement est annexé à l'arrêté.

Art. 2. Le préfet envoie ampliation de son arrêté à l'ingénieur en chef et au maire de la commune. L'ingénieur en chef en remet une copie certifiée à l'entrepreneur; le maire notifie l'arrêté au propriétaire du terrain ou à son représentant.

Art. 3. En cas d'arrangement à l'amiable entre le propriétaire et l'entrepreneur, ce dernier est tenu de présenter aux ingénieurs, toutes les fois qu'il en est requis, le consentement écrit du propriétaire ou le traité qu'il a fait avec lui.

Art. 4. A défaut de convention amiable, l'entrepreneur, préalablement à toute occupation du terrain dé-

(1) ROGER et SOREL, *Codes et Lois usuelles.*

signé, fait au propriétaire, ou, s'il ne demeure pas dans
la commune, à son fermier, locataire ou gérant, une
notification par lettre chargée indiquant le jour où il
compte se rendre sur les lieux ou s'y faire représenter.
Il l'invite à désigner un expert pour procéder, contradictoirement avec celui qu'il aura lui-même choisi, à
la constatation de l'état des lieux. — En même temps
l'entrepreneur informe par écrit le maire de la commune de la notification faite par lui au propriétaire.
— Entre cette notification et la visite des lieux, il doit
y avoir un intervalle de dix jours au moins.

Art. 5. Au jour fixé, les deux experts procèdent ensemble à leurs opérations contradictoires; ils s'atta-
chent à constater l'état des lieux, de manière qu'en
rapprochant plus tard cette constatation de celle qui
sera faite après l'exécution des travaux, on ait les élé-
ments nécessaires pour évaluer la dépréciation du
terrain et faire l'estimation des dommages; ils font
eux-mêmes cette estimation si l'entrepreneur et le
propriétaire y consentent. — Ils dressent leur procès-
verbal en trois expéditions, dont l'une est remise au
propriétaire du terrain, une autre à l'entrepreneur et
la troisième au maire de la commune.

Art. 6. Si, dans le délai fixé par le dernier paragraphe de l'art. 4, le propriétaire refuse ou néglige de
nommer son expert, le maire en désigne un d'office
pour opérer contradictoirement avec l'expert de l'entrepreneur.

Art. 7. Immédiatement après les constatations prescrites par les articles précédents, l'entrepreneur peut
occuper le terrain et y commencer les travaux autorisés par l'arrêté du préfet, tous les droits du propriétaire étant réservés en ce qui concerne le règlement
de l'indemnité. — Toutefois, s'il existe sur ce terrain

des arbres fruitiers ou de haute futaie qu'il soit nécessaire d'abattre, l'entrepreneur est tenu de les laisser
subsister jusqu'à ce que l'estimation en ait été faite
dans les formes voulues par la loi. — En cas d'opposition de la part du propriétaire l'occupation a lieu avec
l'assistance du maire ou de son délégué.

Art. 8. Après l'achèvement des travaux, et, s'ils
doivent durer plusieurs années, à la fin de chaque
campagne, il est fait une nouvelle constatation de l'état
des lieux. — A défaut d'accord entre l'entrepreneur
et le propriétaire pour l'évaluation partielle ou totale
de l'indemnité, il est procédé conformément à l'art. 56
de la loi du 16 septembre 1807.

Art. 9. Lorsque les travaux sont exécutés directement par l'administration, sans l'intermédiaire d'un
entrepreneur, il est procédé comme il a été dit ci-
dessus; mais alors la notification prescrite par l'art. 4
est faite par les soins de l'ingénieur, et l'expert chargé
de constater l'état des lieux contradictoirement avec
celui du propriétaire est nommé par le préfet.

CCVII. — **Règlement** *concernant les conduites et appareils d'éclairage et de chauffage par le gaz à l'intérieur dès bâtiments et habitations.* (1).

(Extrait des Arrêtés des 18 février 1862 et 2 avril 1868.)

Nécessité d'une autorisation pour l'établissement et l'emploi d'appareils à gaz. (Arrêté du 2 avril 1868, art. 1er.)

Nul ne pourra établir dans Paris, à l'intérieur des bâtiments et habitations, un ou plusieurs appareils destinés à l'éclairage ou au chauffage par le gaz, ni faire usage d'appareils déjà installés, en augmenter ou modifier notablement la forme ou les dimensions, sans en avoir, au préalable, demandé et obtenu l'autorisation du préfet de la Seine. La demande, signée de la personne intéressée, devra, s'il s'agit de travaux à effectuer, indiquer le nom et la demeure de l'appareilleur qui en sera chargé.

La permission sera délivrée au nom du signataire de la demande ; celui-ci devra, en cas de cession des lieux où le gaz sera employé, informer l'Administration du nom de son successeur.

Conditions de délivrance de l'autorisation. (Ibid., art. 2.)

Aucun appareil ne pourra être mis en service avant la délivrance d'une autorisation écrite du préfet de la Seine ou de son délégué. Toutefois, si la demande ne

(1) Préfecture de la Seine. — *Recueil des Actes administratifs,* 25e année, 1868, n° 4.

s'applique qu'à l'usage du gaz avec des appareils déjà installés et vérifiés, un accusé de réception de cette demande tiendra lieu d'autorisation. Dans les autres cas, l'autorisation ne sera accordée qu'après la réception définitive des travaux par les agents du service municipal, après l'accomplissement des formalités qui seront énumérées ci-après.

Surveillance et réception des travaux. (Ibid., art. 3.)

L'exécution des travaux sera soumise à la surveillance des agents de l'administration, qui donneront, s'il en est besoin, au pétitionnaire et à son appareilleur, les indications nécessaires pour que les ouvrages soient mis en état de réception.

Dès que les travaux seront terminés, et trois jours, au moins, avant qu'il ne soit fait usage du gaz, le consommateur, ou son appareilleur, devra en faire parvenir l'avis au bureau de l'éclairage de l'arrondissement où ces travaux ont été entrepris, pour qu'il puisse être procédé à la réception des appareils.

Le pétitionnaire et son appareilleur seront prévenus 24 heures, au moins, à l'avance, du jour et de l'heure de la visite de l'agent du service de l'éclairage, chargé de la réception.

Cet agent visitera, d'abord, la canalisation et les appareils, afin de reconnaître s'ils sont établis conformément aux dispositions du présent arrêté ; il s'assurera, ensuite, qu'aucune fuite n'existe ; cette dernière vérification sera faite au moyen du compteur, sur lequel aura été adapté un manomètre ; le tout aux frais de l'appareilleur.

Dans le cas où l'agent aura constaté que les appareils et la canalisation satisfont aux conditions réglementaires et que le manomètre ne révèle aucune fuite, il délivrera immédiatement une permission provisoire d'éclairage, qui sera valable pour 15 jours, et il pourra être fait, sans nouveau délai, usage du gaz.

Lorsqu'il existera des fuites peu importantes, mais que les conduites et appareils, sans satisfaire, cependant, à toutes les conditions réglementaires, ne présenteront pas de danger pour l'emploi momentané du gaz, il pourra être délivré, par l'inspecteur principal de l'éclairage, une permission de tolérance d'une durée égale à celle qui sera nécessaire pour mettre en état les conduites et appareils. A l'expiration du délai accordé, une nouvelle visite sera faite à la diligence du consommateur, pour procéder, s'il y a lieu, à la réception définitive.

S'il existe, enfin, des fuites importantes et des défectuosités dangereuses dans les conduites ou appareils, il sera sursis à la délivrance de toute permission, et l'agent dressera procès-verbal de sa visite.

Le consommateur et l'appareilleur seront mis en demeure de signer ce procès-verbal et d'y ajouter les observations qu'ils jugeraient à propos de présenter.

Il sera statué par l'Administration qui, le cas échéant, fera connaître au pétitionnaire les travaux qu'il devra faire exécuter, afin de rendre possible la réception des appareils installés.

Après l'achèvement des travaux requis, il sera procédé, s'il y a lieu, à la réception dans les formes ci-dessus indiquées.

*Défense aux compagnies de livrer du gaz dont l'emploi
n'est pas autorisé.* (Arrêté du 18 février 1862, art. 3.)

Les compagnies d'éclairage et de chauffage par le
gaz ne pourront délivrer du gaz à la consommation
que sur la présentation qui leur sera faite de l'autori=
sation prescrite.

Pose des branchements et robinets. (Ibid., art. 4.)

Aucun branchement ne pourra être établi sur une
des conduites que la Compagnie parisienne d'éclairage
et de chauffage par le gaz est autorisée à poser sur la
voie publique sans une autorisation spéciale. Les robinets des branchements devront être placés dans les
soubassements des maisons ou boutiques, ou dans
l'épaisseur des murs.

Les robinets existant sous la voie publique seront
supprimés aux frais de qui de droit, au fur et à mesure
de la réfection des trottoirs et du pavé.

Robinet extérieur. (Arrêté du 2 avril 1868, art. 4.)

Le robinet extérieur de tout branchement sera placé
à l'entrée du bâtiment, dans l'épaisseur du mur et
renfermé dans un coffre disposé de telle sorte que le
gaz qui s'y introduirait ne puisse s'échapper qu'en
dehors du bâtiment. Ce coffre sera fermé par une
porte en métal, dont les agents du service de l'éclairage et les compagnies auront seuls la clé. Cette porte
sera pourvue d'un appendice disposé de telle sorte
que le consommateur ne puisse pas ouvrir le robinet
pour faire circuler le gaz sans l'action préalable des

compagnies, mais de manière, cependant, à ce qu'il lui soit possible d'user du gaz à volonté ou d'en arrêter l'introduction dès qu'il aura été mis à sa disposition par les compagnies; celles-ci lui remettront une clé à cet effet.

Un signe extérieur, placé sur le coffret, indiquera, d'ailleurs, si les compagnies ont livré le gaz venant de leurs conduites.

Robinet principal. (Ibid., 5.)

Un robinet principal sera établi intérieurement à l'origine de la distribution, pour donner aux consommateurs du gaz la faculté d'intercepter l'introduction du gaz dans les appareils de distribution, malgré l'ouverture du robinet extérieur.

Compteurs. (Ibid., art. 6.)

Les compteurs qui mesurent la consommation du gaz devront être conformes aux modèles approuvés par l'Administration. Avant qu'ils ne soient mis en service, l'exactitude de leur débit sera vérifiée par les agents de l'Administration, qui apposeront un poinçon destiné à constater le résultat favorable de la vérification.

Les compteurs seront, d'ailleurs, toujours placés dans des lieux d'accès facile et parfaitement aérés.

Tuyaux de distribution et de consommation. (Ibid., art. 7.)

Les tuyaux de conduite et les autres appareils, servant à la distribution et à la consommation du gaz, doivent rester apparents, sauf les exceptions relatives à la traversée des plafonds, planchers, murs, pans de bois, cloisons, placards, espaces, vides intérieurs quelconques.

Toutes les fois que les tuyaux seront ainsi dissimulés, ils devront être placés dans un manchon continu, en fer forgé ou en cuivre. Ce manchon sera ouvert à ses deux extrémités, et dépassera d'un centimètre, au moins, les parements des murs, cloisons, planchers, etc.. dans lesquels il sera encastré. Le diamètre intérieur de ce manchon aura, au moins, un centimètre de plus que celui du tuyau qu'il enveloppera.

Le manchon pourra, toutefois, être supprimé :

1° Dans les murs en pierre de taille, lorsque le tuyau ne traversera des murs ou cloisons que sur une longueur de moins de 0^m,20 ;

2° Derrière les glaces, panneaux, etc., pourvu qu'il existe entre les murs et les panneaux un espace libre suffisant pour l'aération.

Si un tuyau est placé suivant son axe, dans un mur, une cloison, un plafond, un parquet ou un plancher, le manchon du tuyau devra être terminé par un appareil à cuvette, assurant la ventilation de l'espace libre entre le tuyau et son manchon.

L'appareil de ventilation pourra comporter, soit un tuyau droit enfermé dans le manchon, soit un tuyau à courbure ; mais dans ce dernier cas, le diamètre extérieur de l'ouverture de la boîte de ventilation devra avoir, au moins, 0^m,07, et sa profondeur ne pourra dépasser les deux tiers de ce diamètre. La partie courbe du tuyau devra avoir au moins 0^m,10 de rayon et le centre de cette courbe devra se trouver sur le plan passant par le fond de la cuvette, parallèlement à la surface du plafond.

Le raccord soutenant l'appareil à gaz devra être vissé à la cuvette et non fondu avec elle.

Les tuyaux de conduite et de distribution devront être construits en métal de bonne qualité, autre que le zinc, et parfaitement ajustés.

Brûleurs. (Ibid., art. 8.)

Chaque brûleur devra être muni d'un robinet d'arrêt dont les canillons seront disposés de manière à ne pouvoir être enlevés de leurs boisseaux, même par un violent effort.

Un taquet sera placé de manière à arrêter le canillon dans une position verticale, lorsque le robinet sera fermé.

Ventilation des pieces éclairées au gaz. (Ibid., art. 9.)

La ventilation ne sera pas obligatoire dans les salons, salles à manger, salles de billard, chambres à coucher de maîtres ni dans les appartements munis de cheminées d'appels spéciales, prenant l'air à la partie supérieure des pièces à ventiler et débouchant au-dessus de la toiture. Mais cette exception ne s'étendra pas aux arrière-boutiques, soupentes, entresols et sous-sols, en communication directe et permanente avec les boutiques, magasins, bureaux ou ateliers.

Ventilation des grandes salles et ateliers. (Ibid., art. 10.

L'Administration, après avoir entendu les intéressés, déterminera, dans chaque cas, le mode de ventilation à adopter pour les pièces, salles ou ateliers, occupant un espace de plus de 1,000 mètres cubes, en tenant compte de la disposition des lieux, de l'importance de la consommation du gaz et des moyens de ventilation existant déjà pour d'autres besoins que ceux de l'éclairage.

Mode de ventilation des saillies lumineuses et fermées.
(Ibid., art. 11.)

Les montres, placards et autres espaces fermés, contenant des brûleurs ou traversés par des conduites et les caissons renfermant les compteurs lorsqu'il en est établi, devront être ventilés par deux ouvertures de 50 centimètres carrés, au moins, chacune.

Ces ouvertures seront placées l'une dans la partie haute, l'autre dans la partie basse du local à ventiler et devront communiquer, autant que possible, l'une avec l'intérieur, l'autre avec l'extérieur des locaux éclairés.

Dans le cas où cette dernière disposition serait impraticable et où les deux ouvertures seraient établies à l'intérieur, la superficie de chacune devra être portée à un décimètre carré.

Visite des installations. (Ibid., art. 12.)

L'Administration fera visiter les installations de gaz par ses agents, chaque fois qu'elle le jugera convenable. Dans leurs visites, ces agents s'assureront du bon état de toutes les parties des appareils et des conduites et constateront, au moyen du manomètre adapté au compteur, s'il n'y a pas de fuite.

En cas de contravention et sur le vu du procès-verbal dressé par ses agents, l'administration fera, au besoin, suspendre l'emploi du gaz et prescrira les mesures nécessaires pour arrêter les fuites et réparer les conduites ou appareils.

La recherche des fuites par le flambage est formellement interdite, même en plein air ou dans les lieux parfaitement ventilés.

Mesures particulières aux lieux de réunions publiques.
(Ibid., art. 13.)

Les directeurs de théâtres et autres établissements faisant usage de compteurs de 100 becs et au-dessus, seront tenus de s'assurer journellement, avant l'allumage, de l'état de leurs appareils d'éclairage ; le résultat constaté sera inscrit, chaque jour, sur un registre qui devra être présenté, à toute réquisition des agents de l'éclairage. Si des fuites sont révélées, elles seront, aussitôt, recherchées et étanchées.

Dispositions à prendre pour l'emploi du gaz comme force motrice. (Arrêté du 18 février 1862, art. 18.)

Toute personne voulant employer du gaz, pour mettre des machines en mouvement, ou voulant en faire usage d'une manière intermittente, devra isoler ses prises de gaz de la canalisation de la rue par un régulateur gazométrique dont les dimensions seront déterminées par l'Administration.

Avis à donner par les compagnies en cas d'accident. (Arrêtés du 18 février 1862, art. 19, et du 2 avril 1868, art. 15.)

La compagnie qui aura reçu avis d'un accident sera tenue d'envoyer immédiatement sur les lieux, et d'en informer aussitôt le Directeur de la voie publique et des promenades.

Répression des contraventions. (Arrêté du 2 avril 1868, art. 14.)

Les contraventions aux dispositions du présent arrêté seront constatées par des procès-verbaux qui seront déférés aux tribunaux compétents, sans préjudice des mesures administratives auxquelles ces contraventions pourront donner lieu, notamment la suppression des branchements particuliers, lesquels, dans ce cas, ne seront rétablis que sur une nouvelle autorisation.

Les poursuites pour infraction aux dispositions précédentes seront dirigées, à défaut de la déclaration prescrite par le § 2 de l'article 1er, contre ceux qui auront formé la demande ou obtenu l'autorisation exigée par le même article, nonobstant tout changement de propriétaire ou locataire.

Remise aux abonnés des règlements et instructions. (Arrêté du 18 février 1862, art. 20.)

Un exemplaire du présent arrêté et des instructions relatives aux précautions à prendre pour l'emploi du gaz (1), sera délivré aux abonnés, en même temps que leur police d'abonnement, par les soins des compagnies.

(1) Voir page suivante, ces *Instructions* et p. 836 un extrait de l'Arrêté du 17 janvier 1878 concernant l'*Interdiction des appareils dits à tiges hydrauliques.*

INSTRUCTIONS *relatives à l'éclairage et au chauffage par le gaz, ainsi qu'aux précautions à prendre pour son emploi* (1).

Pour que l'emploi du gaz n'offre aucun inconvénient, il importe que les becs n'en laissent échapper aucune parcelle sans être brûlée.

On obtiendra ce résultat, pour l'éclairage, en maintenant la flamme à une hauteur modérée (8 centimètres au plus), et en la contenant dans une cheminée en verre, de 20 centimètres de hauteur ; un régulateur de pression, permettant de régler automatiquement la dimension des flammes, rendra de réels services et diminuera la consommation.

Les lieux éclairés ou chauffés doivent être ventilés avec soin, même pendant l'interruption de la consommation, c'est-à-dire qu'il doit être pratiqué, dans chaque pièce, des ouvertures communiquant avec l'air extérieur, par lesquelles le gaz puisse s'échapper en cas de fuite ou de non combustion.

Ces ouvertures, au nombre de deux, devront, autant que possible, être placées l'une en face de l'autre : la première immédiatement au-dessous du plafond, et la seconde au niveau du plancher.

Sans cette précaution, le gaz pourrait s'accumuler dans les appartements et occasionner de graves accidents.

Les robinets doivent être graissés intérieurement, de temps à autre, afin d'en faciliter et d'en éviter l'oxydation.

(1) Voir plus haut, p. 823, le Règlement extrait des Arrêtés des 18 février 1862 et 2 avril 1868.

Pour l'allumage, il est essentiel d'ouvrir, d'abord, le robinet principal et de présenter la lumière successivement à l'orifice de chaque bec, au moment même de l'ouverture de son robinet, afin d'éviter tout écoulement de gaz non brûlé.

Pour l'extinction, il convient, d'abord, de fermer chacun des brûleurs et, ensuite, le robinet principal intérieur, qu'il est indispensable d'avoir à l'entrée du gaz dans les appartements. En tenant ce robinet fermé, dès qu'on ne fait plus usage du gaz, on est à l'abri de tout accident.

Dès qu'une odeur de gaz donne lieu de penser qu'il existe une fuite, on peut, dans beaucoup de cas, déterminer le point où elle se trouve. en étendant, avec un linge ou un pinceau, un peu d'eau de savon sur les tuyaux ; là où il y a fuite, il se forme une bulle, et pour empêcher l'écoulement du gaz, il suffit de boucher le trou avec un peu de cire molle. Une réparation plus sérieuse doit, d'ailleurs, être faite le plus tôt possible

Dans tous les cas, il convient d'ouvrir les portes et les croisées, pour établir un courant d'air, et de fermer les robinets intérieur et extérieur ; de plus, on doit, aussitôt, en donner avis au Directeur des travaux, à l'appareilleur et à la compagnie.

Le consommateur doit bien se garder de rechercher lui-même les fuites par le flambage, c'est-à-dire en approchant une flamme du lieu présumé de la fuite. Les fabricants d'appareils doivent également s'en abstenir.

Dans le cas où, soit par imprudence, soit accidentellement, une fuite de gaz aurait été enflammée, il conviendra, pour l'éteindre, de fermer le robinet de prise extérieur.

Il arrive parfois que, par suite de contre-pentes dans

les tuyaux de distribution, les condensations s'accumulent dans les points bas et interceptent, momentanément, le passage du gaz, dont l'écoulement devient intermittent ; les becs situés au delà de la portion engagée s'éteignent, puis, si le gaz par l'effet d'une augmentation de pression, parvient à franchir cet obstacle, il s'échappe des becs sans brûler et se répand dans les appartements, où il devient une cause de graves dangers.

Pour les prévenir, il importe d'établir, à tous les points bas, des moyens d'écoulement pour ces condensations.

Lorsqu'on exécute dans les rues des travaux d'égout, de pavage, de trottoirs ou de pose de conduites, les consommateurs, qui habitent des maisons au-devant desquelles ces travaux s'exécutent, feront bien de s'assurer que les branchements qui leur fournissent le gaz ne sont point endommagés ni déplacés par ces travaux, et, dans le cas contraire, d'en donner connaissance à la compagnie d'éclairage et à l'administration municipale.

Pour extrait du Recueil :

Le Conseiller d'État, Secrétaire général de la Préfecture,

Alfred Blanche.

Extrait de l'Arrêté du 17 janvier 1878 concernant l'Interdiction de l'emploi des appareils dits à tiges hydrauliques (1).

L'emploi des appareils d'éclairage au gaz dits à tiges hydrauliques est interdit d'une manière générale.

Toutefois leur usage pourra être autorisé à titre exceptionnel, et sur la production d'une demande spéciale, dans les théâtres et autres établissements publics dans lesquels un service particulier de surveillance pourra être organisé.

(1) Voir plus haut, p. 832.

CCVIII. — CIRCULAIRE *ministérielle concernant la jurisprudence en matière d'alignements* (1).

12 mai 1869.

Monsieur le Préfet, la jurisprudence du Conseil d'État a, dans ces derniers temps, consacré, en matière d'alignements, des principes qu'il m'a paru utile de signaler à votre attention.

Pour en bien déterminer le sens et la portée, il convient de rappeler avant tout quelques points fondamentaux.

Les anciens édits et règlements maintenus par la loi des 19-22 juillet 1791, article 29, interdisent à tout propriétaire d'élever des constructions le long et joignant la voie publique, sans avoir préalablement obtenu l'autorisation et l'alignement.

Les règles relatives aux alignements individuels, soit quant aux alignements eux-mêmes, soit quant à l'autorité chargée de les délivrer, varient suivant le caractère des voies publiques, et selon qu'il existe ou non des plans régulièrement approuvés.

Les administrateurs appelés à donner des alignements individuels sont : 1° pour la grande voirie et pour les chemins vicinaux de grande communication, le préfet de l'arrondissement chef-lieu, et le sous-préfet dans les autres ; 2° le maire, pour les rues, places et autres voies publiques dépendant du domaine communal.

____

(1) PRÉFECTURE DU DÉPARTEMENT DE LA SEINE. — *Recueil des Actes administratifs de* 1869.

'Ces distinctions bien comprises donnent la solution de toutes les questions de compétence sur la matière. Ainsi, si une maison se trouve placée à la fois à l'angle d'une route impériale ou départementale et d'une rue, l'alignement doit être demandé pour chacune des façades à une autorité différente ; si une route n'absorbe pas toute la largeur de la rue ou place qu'elle emprunte, c'est au maire qu'il appartient de délivrer l'alignement (Conseil d'État, 19 février 1857, ville de Mauléon), pourvu toutefois qu'il y ait, en dehors de la traverse, une voie municipale (27 mars 1862, ville de Mortagne).

ALIGNEMENTS INDIVIDUELS. — CAS OU IL N'EXISTE PAS DE PLAN ARRÊTÉ.

Jusqu'à ces dernières années, il avait été admis que les fonctionnaires compétents, pour délivrer les alignements pouvaient, en l'absence d'un plan régulièrement approuvé de la voie publique, faire avancer ou reculer les constructions riveraines.

Ce pouvoir leur était attribué en vertu de l'édit de décembre 1607, qui a chargé le grand voyer et ses commis « de pourvoir à ce que les rues s'embellissent « et élargissent au mieux que faire se pourra ».

Un avis des comités réunis de législation et de l'intérieur du Conseil d'État, en date du 3 avril 1824, avait, en outre, reconnu qu'il appartenait aux maires, même en l'absence d'un plan d'alignement, de délivrer des alignements individuels entraînant l'élargissement et le rétrécissement de la voie publique, sauf recours au préfet, et, successivement, devant le ministre de l'intérieur et le Conseil d'État.

Cette jurisprudence était enfin confirmée par les arrêts de la Cour de cassation et du Conseil d'État, lorsque, le 5 avril 1862, un décret rendu au contentieux, sur le pourvoi du sieur Lebrun, a complètement modifié la règle suivie jusqu'alors.

En l'absence d'un plan d'alignement, les propriétaires sont toujours tenus, aux termes de ce décret, de demander l'alignement pour construire le long des rues et places; mais les maires ne peuvent plus délivrer cet alignement de manière à procurer l'élargissement de la voie publique. L'alignement doit toujours être donné suivant les limites actuelles de la voie publique, et par conséquent les maires ne peuvent refuser aux propriétaires la permission d'élever les nouveaux bâtiments sur les vestiges de ceux qui ont cessé d'exister. Un décret postérieur, en date du 21 mai 1867 (Cardeau), a appliqué la même doctrine dans une affaire où le maire avait donné un alignement qui avait pour résultat de réduire la largeur d'une place publique.

En d'autres termes, il n'est plus possible d'opérer l'élargissement et la régularisation des voies urbaines que par l'application des servitudes de voirie résultant des plans partiels ou généraux d'alignement, ou bien au moyen de l'expropriation pour cause d'utilité publique.

Le Conseil d'État a pensé qu'en réalité le maire ne pouvait pas délivrer, en connaissance de cause, un alignement individuel ayant pour objet de modifier l'état de la voie publique, sans faire étudier un plan au moins pour la rue ou la portion de rue le long de laquelle il s'agit de construire. Or, il lui a paru plus conforme au texte et à l'esprit de la législation, notamment des articles 19 et 20 de la loi du 18 juillet 1837,

et nécessaire pour la sauvegarde de tous les intérêts,
que ce plan fût préalablement soumis à une enquête,
à la délibération du conseil municipal et à l'approbation de l'autorité supérieure.

Cette nouvelle doctrine a été constamment maintenue depuis 1862 (Conseil d'État, 5 mai 1865, Gibaud).
Elle a été étendue à la grande voirie (10 février 1865,
Saumartin, et 25 mars 1867, Vallerau), et appliquée
enfin à la voirie vicinale (31 mars 1865, Poncelet).

J'appelle, Monsieur le Préfet, votre attention particulière sur la dernière de ces affaires. En rapprochant
l'arrêt Poncelet des conclusions du commissaire du
gouvernement reproduites au Recueil des arrêts au
contentieux, vous reconnaîtrez que, pour assujettir les
propriétés privées aux servitudes de voirie, il ne suffit
pas que le chemin joignant ces propriétés soit classé
comme chemin vicinal, ni même que sa largeur ait été
indiquée d'une manière expresse.

ALIGNEMENTS INDIVIDUELS. — CAS OU IL EXISTE UN PLAN.

Pour faciliter l'exécution de la mission confiée aux
agents de la voirie par les anciens règlements, notamment par l'édit de 1607 ci-dessus mentionné, et peut-
être aussi pour garantir les citoyens contre l'arbitraire
des décisions de ces agents, on reconnut plus tard la
nécessité de faire dresser des plans des voies publiques.
L'arrêt du conseil du roi du 17 février 1765 ordonna
la rédaction de ces plans pour les routes entretenues
aux frais de l'État; les lettres patentes du 10 avril
1783 prescrivirent ensuite la levée du plan général des
rues de Paris. Cette mesure a été étendue à toutes les
villes par la loi du 16 septembre 1807, article 52.

Enfin, la confection du plan d'alignement des communes constitue aujourd'hui une dépense obligatoire, aux termes de l'article 30 de la loi du 18 juillet 1837.

Nonobstant ces diverses dispositions législatives, un grand nombre de communes ne possèdent pas encore de plans généraux d'alignement. Il ne vous échappera pas, Monsieur le Préfet, qu'en présence de la nouvelle jurisprudence du Conseil d'État en matière d'alignements individuels, il est d'un intérêt capital de combler cette lacune regrettable. J'incline même à croire que cette jurisprudence n'a été adoptée qu'en vue de hâter la confection des plans généraux.

S'il existe un plan régulièrement approuvé de la voie le long de laquelle une permission de construire est sollicitée, l'alignement individuel doit être donné conformément à ce plan.

DE L'APPROBATION DES PLANS PARTIELS OU GÉNÉRAUX
D'ALIGNEMENT.

L'autorité à laquelle il appartient d'approuver les plans d'alignement est différente, suivant le caractère des voies auxquelles ils s'appliquent. Un décret impérial est nécessaire en matière de grande voirie (routes impériales et départementales) Il l'était également autrefois pour les rues des villes ; mais, depuis le décret législatif du 25 mars 1852 sur la décentralisation administrative, un arrêté préfectoral est suffisant. Enfin, c'est encore le préfet qui est chargé d'arrêter les plans des chemins vicinaux de toute catégorie.

Lorsqu'un projet de plan d'alignement de voirie urbaine a été dressé, soit qu'il s'agisse d'un plan partiel, c'est-à-dire du plan d'une ou de plusieurs rues ou portions de rue, soit qu'il s'agisse du plan général de toutes les rues et places de la commune, la première formalité à remplir est de le soumettre à la délibération du conseil municipal; il est ensuite procédé à une enquête, et l'approbation préfectorale survient enfin, s'il y a lieu. La circulaire du 5 mai 1852 et les autres instructions ministérielles contiennent à cet égard des indications précises auxquelles vous voudrez bien vous reporter.

A l'époque où la sanction du gouvernement était indispensable pour l'homologation des plans de voirie urbaine, il avait paru quelquefois nécessaire, par suite des observations du Conseil général des bâtiments civils, auquel ces plans étaient soumis, d'apporter des modifications aux alignements proposés par les administrations communales. Consultés au sujet de ces modifications, les conseils municipaux en reconnaissaient le plus souvent l'opportunité. Il leur arrivait cependant de se refuser à l'admettre. Dans ce cas, l'autorité supérieure ne se croyait pas arrêtée par leur détermination : elle pensait qu'il suffisait, pour satisfaire au vœu de la loi, que les conseils municipaux fussent préalablement appelés à délibérer. Après mûr examen, le plan était, en conséquence, approuvé avec ses modifications, et les administrations communales finissaient toujours par s'incliner devant les décisions prises en dehors de toutes les rivalités et passions locales.

Cette manière de procéder n'avait pas soulevé d'objections de la part du Conseil d'État; il semblait même que la loi du 18 juillet 1837 l'eût consacrée, en armant l'administration supérieure du droit d'imposer d'office aux communes le prix de la confection des plans d'alignement, pour lui permettre de vaincre le refus ou la négligence des conseils municipaux.

Deux décrets rendus au contentieux, les 27 mai et 25 juillet 1863 (affaire Étienne et Lebrun), ont pour la première fois restreint les pouvoirs qui, depuis 1852, étaient dévolus aux préfets.

D'après ces décisions, il appartenait toujours aux préfets d'apporter aux plans adoptés par les conseils municipaux les modifications qu'ils jugeaient utiles dans l'intérêt de la voirie, mais à la condition que ces modifications n'entraînassent aucune augmentation de dépenses pour les communes. Dans le cas contraire, le consentement des conseils municipaux devenait indispensable. Ainsi, suivant ces arrêts, le préfet pouvait diminuer la largeur attribuée à une rue par le conseil municipal, si cette réduction ne devait occasionner aucun surcroît de dépense, mais il lui était interdit de l'augmenter.

Cette doctrine était fondée sur ce que l'article 52 de la loi du 16 septembre 1807 et le décret du 25 mars 1852, qui établissent le pouvoir de l'administration supérieure en matière de plans d'alignement, doivent être combinés avec la disposition de l'article 19, § 1er, de la loi du 18 juillet 1837, qui a conféré au conseil municipal le droit de délibérer sur toutes les dépenses de la commune.

Le principe posé par ces décisions devait conduire à une autre conséquence.

En effet, l'article 19 de la loi du 18 juillet 1837 a, par son paragraphe 7, attribué aux conseils municipaux, en matière de plan d'alignement, un pouvoir semblable à celui qu'il leur a donné par son paragraphe 1er pour le vote des dépenses communales; c'est-à-dire qu'il les appelle à délibérer, et que, si leur délibération ne peut, aux termes de l'article 20, être exécutoire qu'en vertu de l'approbation de l'autorité supérieure, cette autorité ne peut, sauf dans des cas exceptionnels, comme l'acquittement des dépenses obligatoires, apporter une modification à la résolution du conseil municipal.

On devait donc arriver, en se fondant sur l'article 19, § 7, de la loi du 18 juillet 1837, à supprimer la réserve admise par les arrêts des 27 mai et 25 juillet 1863, et à ne plus reconnaître aux préfets le droit de faire subir aux plans d'alignement qui leur sont soumis des changements, même lorsqu'il n'en résulterait aucune augmentation de dépense. Cette doctrine vient d'être consacrée par un arrêt rendu au contentieux, le 9 janvier 1869 (affaire Clément). A raison de son importance, je crois devoir vous citer quelques-uns des considérants qui ont motivé la décision du Conseil d'État :

« Vu la loi des 7-14 octobre 1790 ;

« Vu la loi des 16-24 août 1790 (titre XI, article 3), « la loi du 22 juillet 1791 (article 29), la loi du 16 sep-« tembre 1807 (article 52), la loi du 18 juillet 1837, et « notre décret du 25 mars 1852 ;

« Oui M. Aucoc, maître des requêtes, commissaire « du gouvernement, en ses conclusions ;

« Considérant qu'aux termes des lois ci-dessus visées, « il appartient aux conseils municipaux de délibérer « sur les plans d'alignement de voirie municipale ;

« Que, si les préfets peuvent approuver ou refuser « d'approuver lesdits plans, ils ne peuvent rendre exé-« cutoires des alignements qui n'aient pas été pro-« posés par les conseils municipaux ;

« Que, dès lors, le préfet du département de la « Sarthe n'a pu, sans excéder ses pouvoirs, approuver « un plan d'alignement de la petite rue de la commune « de Bourg-le-Roi, dressé par les agents-voyers, mais

« repoussé à plusieurs reprises par le conseil muni=
« cipal, et que c'est à tort que notre ministre de l'inté-
« rieur a refusé d'annuler l'arrêté du préfet. »

Ainsi, Monsieur le Préfet, la jurisprudence qui se
dégage des différents arrêts que je viens de passer en
revue ne laisse aucun doute sur la limite des pouvoirs
attribués aux maires et aux préfets, en ce qui concerne, soit la délivrance des alignements individuels,
soit l'homologation des plans d'alignement. Dans le
premier cas, en l'absence de plans régulièrement approuvés, les maires sont obligés de délivrer les alignements sur la limite actuelle des propriétés. Dans
le second cas, les préfets ne peuvent que donner ou
refuser leur approbation aux plans délibérés par les
conseils municipaux, sans avoir le droit de les modifier. Cette jurisprudence, qui s'inspire d'un respect
très marqué pour les droits de la propriété et pour
l'initiative des conseils municipaux, s'appuie sur le
texte et l'esprit de la loi du 18 juillet 1837. Elle ne
peut qu'être accueillie avec faveur par les communes :
je vous prie d'en signaler toutes les conséquences aux
administrations municipales, et de veiller à ce qu'elle
soit strictement appliquée.

Vous voudrez bien m'accuser réception de la présente circulaire.

Recevez, Monsieur le Préfet, l'assurance de ma considération très distinguée.

Le Ministre de l'intérieur,
De Forcade.

Pour extrait du Recueil :

Le Conseiller d'État,
Secrétaire général de la Préfecture,
Alfred Blanche.

CCIX. — RÈGLEMENTS *et tarifs sur les abonnements aux eaux* (1)

27 février 1860. — 3 novembre 1869.

Forme des abonnements. — Art 1ᵉʳ. Les abonnements partent des 1ᵉʳ janvier, 1ᵉʳ avril, 1ᵉʳ juillet et 1ᵉʳ octobre de chaque année. — La durée est d'une année.

Modèle de délivrance des eaux. — Art. 2. Le mode de délivrance des eaux sera déterminé par la Compagnie, selon les circonstances spéciales au service qu'il s'agira d'établir; il aura lieu d'après un des systèmes suivants :

1° Par écoulement déterminé, constant ou intermittent, régulier ou irrégulier, réglé par un robinet de jauge, dont les agents de la Compagnie auront seuls la clef. Dans ce mode de livraison, les eaux seront reçues dans un réservoir, dont la hauteur sera indiquée par les agents de la Compagnie, et déversées par un robinet muni d'un flotteur ;

2° Par attachement ;

3° Par estimation et sans jaugeage ;

Ce mode de distribution n'est applicable d'une manière générale qu'aux eaux de l'Ourcq (2), et pour les autres eaux il ne devra être absolument affecté qu'au

(1) PRÉFECTURE DE LA SEINE. *Recueil de pièces concernant la régie des eaux.*

(2) Voir *notes a* et *b,* p. 854 et 855, les bases d'estimation, *note d,* p. 858, l'échelle des volumes d'abonnement, et *notes f* et *g,* p. 861 et 862, les tarifs spéciaux.

service des appartements situés au-dessus des rez-de-chaussée (1);

4° Par compteurs.

Dans tous les cas, les usages auxquels les eaux seront consacrées étant indiqués par l'abonné, celui-ci ne pourra ni les employer à d'autres usages, ni consommer plus d'eau que le volume de son abonnement.

Résiliation (2). — Art. 3. Les abonnés ne pourront renoncer à leur abonnement qu'en avertissant la Compagnie par lettre adressée au directeur, qui en accusera réception, trois mois avant l'expiration du traité.

Quelle que soit l'époque de l'avertissement, le prix de l'abonnement sera exigible jusqu'à son expiration.

Art. 4. L'abonnement ne sera pas résilié par le seul fait de la mutation de la propriété ou de l'établissement dans lequel les eaux sont fournies. L'abonné ou ses héritiers seront responsables du prix de l'abonnement, jusqu'à ce qu'ils aient accompli la formalité exigée par l'art. 3, sans préjudice du recours contre le successeur qui aura joui des eaux.

Interruption du service. — Art. 5. Les abonnés ne pourront réclamer aucune indemnité pour les interruptions momentanées de service, résultant soit des gelées, des sécheresses et des réparations des conduites, aqueducs ou réservoirs, soit du chômage des machines d'exploitation, soit de toutes autres causes analogues.

Dans le cas d'arrêt de l eau, l'abonné doit prévenir

(1) Voir *note d,* p. 858, l arrêté du 9 mars 1863 sur la livraison de l'eau de Seine par estimation.

(2) Voir *note e,* p. 859, l'arrêté du 11 février 1867 concernant la coupure des branchements en cas de résiliation.

immédiatement la compagnie, dans un des bureaux établis pour cet usage et dans lesquels sont déposés des registres destinés à inscrire les réclamations.

Toute interruption du service dont la durée excéderait huit jours, à dater du jour où la réclamation de l'abonné aura été inscrite dans l'un des bureaux de la Compagnie, donnera droit, pour cet abonné, à une déduction dans le prix des abonnements, proportionnelle à tout le temps d'interruption de service qui excédera huit jours.

Les cas de force majeure étant en dehors de toute prévision, ne pourront ouvrir aucun recours en faveur de l'abonné.

Unité de l'abonnement. — Art. 6. Chaque propriété particulière devra avoir un branchement séparé avec prise d'eau distincte sur la voie publique (1).

L'abonné ne pourra conduire tout ou partie de l'eau à laquelle il a droit dans une propriété qui lui appartiendrait, que dans les cas où celle-ci serait adjacente à la première et aurait une cour commune.

Robinet d'arrêt. — Art. 7. A l'origine de chaque embranchement sera placé sous la voie publique un robinet d'arrêt sous bouche à clef, dont les agents de la Compagnie auront seuls la clef.

Les abonnés pourront faire placer à l'intérieur de leurs habitations un second robinet d'arrêt, à la condition que la clef dont ils feront usage sera différente de celle de la Compagnie.

Il est interdit aux abonnés, sous peine de poursuites judiciaires, de faire usage des clefs de la Compagnie ou même de les conserver en dépôt.

(1) Voir plus haut, p. 787, l'arrêté du 24 avril 1866.

Frais d'embranchement. — Art. 8. Les travaux d'embranchement sur la conduite publique jusqu'au réservoir, dans le cas de distribution à la jauge, ou jusqu'à
l'entrée de la maison, dans le cas de service à faire
dans les appartements, seront exécutés et réparés, aux
frais de l'abonné, par les ouvriers de la Compagnie et
aux prix fixés par le tarif ci-après.

L'eau sera livrée aussitôt que le mémoire des travaux à la charge de l'abonné aura été soldé.

Les abonnés qui auront un réservoir dans l'intérieur
de la propriété pourront faire faire les travaux de distribution intérieure, à partir du réservoir, par des ouvriers de leur choix; mais ces travaux seront toujours
soumis à la surveillance des employés de la Compagnie.

Les travaux de pavage, de trottoirs seront faits par
les soins des ingénieurs du pavé de Paris, aux frais des
abonnés, conformément aux arrêtés du 20 décembre
1843 et du 18 décembre 1844.

Les abonnés ne pourront s'opposer aux travaux d'entretien et de réparation des tuyaux et robinets établis
pour le service de leur abonnement, lorsqu'ils auront
été reconnus nécessaires.

Dans le cas de contestation sur la nécessité de ces
travaux, la question sera résolue par l'ingénieur en
chef du service municipal, chargé du contrôle du Service des eaux.

Les abonnés devront payer le prix de ces travaux,
conformément au tarif sus-énoncé, à peine de fermeture immédiate de leur concession, sans préjudice du
droit pour la Compagnie d'en exercer recours contre
eux.

Responsabilité des abonnés. — Art. 9. Les abonnés
seront exclusivement responsables, envers les tiers, de

tous les dommages auxquels l'établissement ou l'existence de leur conduite d'eau pourrait donner lieu. ·

Constatation des branchements. — Art. 10. Lors de la mise en jouissance de chaque abonné, il sera dressé contradictoirement entre l'abonné et la Compagnie, un état de lieu indiquant la nature, la disposition et le diamètre des conduites, ainsi que le nombre et l'emplacement des robinets et orifices d'écoulement.

Le même état fera connaître l'origine et la position de l'embranchement extérieur.

L'abonné ne pourra rien changer aux dispositions primitivement arrêtées, à moins d'en avoir préalablement obtenu l'autorisation de la Compagnie.

Interdiction de céder les eaux. — Art. 11. Il est formellement interdit à tout abonné de laisser embrancher sur sa conduite, soit à l'intérieur, soit à l'extérieur, aucune prise d'eau au profit d'un tiers.

Il lui est également interdit de disposer gratuitement ou à prix d'argent, ou à quelque titre que ce soit, en faveur d'un tiers, de la totalité ou d'une partie des eaux qui lui sont fournies, ni même du trop plein de son réservoir.

Il ne pourra non plus augmenter à son profit le volume de son abonnement.

Toute contravention constatée aux dispositions du présent article entraînera l'obligation pour l'abonné de payer, à titre de dommages-intérêts, une indemnité de 1,000 francs.

A la fin de l'abonnement, les robinets d'arrêt et de jauge, faits sur les modèles de la Compagnie, seront rendus à l'abonné, après que la Compagnie aura changé la tête de ces robinets ; il en sera de même en cas de remplacement d'un de ces robinets.

Surveillance. — Art. 12. La distribution d'eau pratiquée dans l'intérieur des propriétés particulières sera constamment soumise à l'inspection des agents de la Compagnie et de la Ville, sous peine de fermeture de la concession.

Art. 13. Il est interdit aux abonnés et à tous leurs ayants droit de rémunérer, sous quelque prétexte et sous quelque dénomination que ce puisse être, aucun agent de l'administration.

Tarif. — Art. 14. Le prix annuel du mètre cube d'eau sera déterminé de la manière suivante :

| QUANTITÉ | PRIX PAR AN, | |
DE LA FOURNITURE JOURNALIÈRE.	En eau d'Ourcq.	En eau de Seine et autres.
250 litres, eau de Seine, de source ou de puits artésiens	»	60 fr.
500 litres, eau de Seine, de source ou de puits artésiens	»	100 fr.
De 1 à 5 mètres cubes	60 fr.	120 fr.
Au-dessus de 5 m. c. et jusqu'à 10 m. c.	50 fr.	100 fr.
Au-dessus de 10 m. c. et jusqu'à 20 m. c.	40 fr.	80 fr.

Au delà de 20 mètres cubes, la Compagnie traite de gré à gré, sans qu'en aucun cas le prix du mètre puisse être inférieur pour les eaux de l'Ourcq à 25 fr., et à 55 fr. pour les eaux de Seine et autres.

Il ne sera pas accordé d'abonnement inférieur à 1000 litres pour les eaux de l'Ourcq, et à 250 litres pour celles de Seine, de sources et de puits artésiens.

Au delà de 1 metre cube, il ne sera pas admis d'augmentation pour des quantités inférieures à 1 mètre cube (1).

(1) Voir *note d*, p. 858, l'arrêté modificatif du 3 mai 1866.

L'abonné ne pourra réclamer de l'eau d'une origine autre que celle existante dans les conduites placées sous le sol de la voie publique où se trouve la propriété pour laquelle il contracte abonnement, et l'impossibilité, pour la Compagnie, de fournir de l'eau d'une nature déterminée, ne pourra donner lieu à la modification des prix fixés ci-dessus.

Le tarif spécial pour l'abonnement aux eaux des lavoirs publics, fixé par l'arrêté du 18 décembre 1851, continuera à avoir son effet pour les établissements de cette catégorie d'abonnés et pour les quantités d'eau soumissionnées par eux antérieurement au 31 décembre 1860.

Payements. — Pour tous établissements de ce genre, qui seront créés à partir du 1ᵉʳ janvier 1861, ainsi que pour tous ceux existants qui augmenteront leur consommation, les prix seront, lors de la confection de la nouvelle police, fixés d'après les bases indiquées au premier paragraphe de cet article.

Art. 15. Le prix de l'abonnement sera payé, sur la quittance de la compagnie, d'avance, aux époques indiquées dans l'engagement du concessionnaire.

L'abonné pourra payer d'avance le montant de son abonnement, une année ou six mois, en un seul payement.

A défaut de payement régulier, aux époques et de la manière ci-dessus indiquées, le service des eaux sera suspendu et l'abonnement pourra être résilié, sans préjudice des poursuites que la Compagnie pourra exercer contre l'abonné.

Frais d'exécution. — Art. 16. Les frais de timbre et d'enregistrement des présentes seront supportés par les abonnés.

Contraventions. — Art. 17. Les contraventions au présent règlement seront constatées par les agents de la Compagnie qui en dresseront procès-verbal.

Art. 18. Les dispositions du présent règlement devront être appliquées à tous les abonnés, compris dans l'enceinte de Paris, dans un délai maximum de deux ans, à partir du 1ᵉʳ janvier 1861.

Fait à Paris, le 27 février 1860.

L'Ingénieur en chef du service des Eaux,
Signé : E. BELGRAND.

Le Directeur de la Compagnie,
Signé : David PORTAU.

ARRÊTÉ APPROBATIF. — Le Sénateur, préfet du département de la Seine, grand-officier de l'ordre impérial de la Légion d'honneur,

Vu le traité, en date du 11 juillet 1860, passé entre la Ville et la Compagnie générale des eaux ;

Vu le décret en date du 2 octobre 1860, approuvant le traité sus-visé, ledit décret inséré au *Bulletin des Lois,* sous le n° 861 ;

Arrête :

Est et demeure approuvé le règlement qui précède, ainsi que le tarif y inclus, pour rester annexés au traité susvisé.

Fait à Paris, le 30 novembre 1860.

Signé : G.-E. HAUSSMANN

RÈGLEMENTS ET TARIFS

SUR LES ABONNEMENTS AUX EAUX (1).

Note a.

*Bases qui serviront à faire les abonnements par estimation
aux eaux de la Ville*

EAU D'OURCQ.

Dépenses d'eau par jour.

Par personne domiciliée . . . .   30 litres.
Par ouvrier.   5
Par élève ou militaire   10
Par cheval.   75
Par voitures à deux roues   40
Par voitures à quatre roues : 1° de luxe. 100
    —   —   2° de louage   50
Par mètre carré d'allée, cour et jardin (2).   3
Par boutique (3). 100
Par vache   75

Dépense d'eau par minute et par force de cheval-vapeur.

1° Machine à haute pression 0ᴸ,50
2°   —   à détente et condensation. . . . . . .   10 litres.
3°   —   à basse pression.   20

(1) Voir plus haut, p. 846.
(2) Voir *note c*, p. 857, l'arrêté du 7 juin 1864, spécial à l'arrosement des jardins.
(3) Non compris les usages industriels et commerciaux, dont la consommation ne pourra être estimée, et pour lesquels il ne sera consenti que des abonnements jaugés. (Décision préfectorale du 27 avril 1866.)

EAUX D'OURCQ ET DE SEINE.

Prix à forfait pour bain d'eau { de l'Ourcq. » 05 centimes.
{ de Seine. . » 10

Le prix à payer par les entrepreneurs sera calculé sur une moyenne de un bain et demi par jour et par baignoire affectée tant au service sur place qu'au service à domicile.

La Compagnie sera libre de traiter à forfait pour les livraisons d'eau par attachement.

Dans ce mode de livraison, les prix de vente devront être au moins égaux à ceux du tarif.

Paris, le 10 octobre 1862.

L'Ingénieur en chef :
Signé : BELGRAND.

Vu et proposé à l'approbation de M. le Sénateur, Préfet de la Seine,

Paris, le 21 octobre 1862.

Le Directeur du service municipal des Travaux publics.
Signé : MICHAL.

Vu et approuvé :

LE SÉNATEUR, PRÉFET,
Signé : G.-E. HAUSSMANN.

Note b.

ABONNEMENTS D'EAU DE SEINE.

Livraison par estimation et sans jaugeage.

Le Sénateur, préfet du département de la Seine, grand'croix de l'ordre impérial de la Légion d'honneur,

Vu le règlement sur les abonnements aux eaux de Paris, en date du 30 novembre 1860 ;

Vu les rapports du directeur de la Compagnie générale des eaux et de l'ingénieur en chef des eaux ;

Vu l'avis du directeur du service municipal des travaux publics;

Arrête :

Art. 1er. L'eau de Seine pourra être livrée sans jaugeage pour tout service purement domestique à rez-de-chaussée, en sous-sol ou en appartement.

Dans ce mode de distribution, le prix à payer sera déterminé d'après la consommation supposée qui sera évaluée suivant les bases ci-après :

Par personne domiciliée	45 litres.
Par ouvrier.	5
Par élève ou militaire.	20
Par cheval	100
Par vache.	100
Par voiture à deux roues.	40
Par voiture à quatre roues, de luxe	150
Par voiture à quatre roues, de louage.	75
Par mètre carré d'allée, cour, jardin	6
Par boutique (1)	150

Le minimum de l'abonnement sera de 1 mètre cube par jour et le prix de 120 francs par mètre cube et par an.

Les établissements industriels et commerciaux ne pourront être alimentés en eau de Seine, par robinet libre, qu'avec l'autorisation spéciale du préfet.

Art. 2. Le règlement susvisé de 1860 est maintenu en tout ce qui n'est pas contraire au présent arrêté.

Art. 3. Le directeur du service municipal des travaux publics est chargé de l'exécution du présent arrêté.

Fait à Paris, le 9 mars 1863.

Signé : G.-E. HAUSSMANN.

(1) Non compris les usages industriels et commerciaux.

Note c.

ABONNEMENTS D'EAU D'OURCQ.

Bases d'estimation de la consommation pour l'arrosement des jardins.

Le Sénateur, préfet du département de la Seine, grand'croix de l'ordre impérial de la Légion d'honneur,

Vu l'art. 11 du traité du 11 juillet 1860, concernant le tarif des abonnements aux eaux de Paris, confiés à la régie de la Compagnie générale;

Vu le règlement sur les abonnements, en date du 30 novembre 1860;

Vu les bases d'évaluation approuvées le 21 octobre 1862;

Vu le rapport du directeur de la Compagnie générale des eaux, contenant la proposition de modifier les bases d'abonnements d'eau d'Ourcq, en ce qui touche l'arrosement des jardins;

Vu le rapport de l'ingénieur en chef des eaux;

Vu l'avis du directeur du service municipal des travaux publics;

Arrête :

Art. 1er. Dans les abonnements d'eau d'Ourcq, les bases d'évaluation pour l'arrosement des gazons, allées, potagers, massifs de fleurs, etc., etc., les parties plantées de gros bois seules exceptées, sont fixées d'après l'importance des propriétés, exprimée par leur étendue, savoir :

ÉCHELLE DES SURFACES.	ÉVALUATION de la consommation par jour et par metre carré.
Surface de 1 mètre à 2,000 mètres carrés . .	3 litres.
Surface excédante, de 2,000 mètres à 5,000 mètres carrés	2 —
Surface excédante, de 5,000 mètres à 10,000 mètres carrés	1l,50
Surface excédante, au delà de 10,000 mètres carrés	1 —

Art. 2. Le règlement susvisé de 1860 est maintenu en tout ce qui n'est pas contraire au présent arrêté.

Art. 3. Le directeur du service municipal des travaux publics est chargé d'assurer l'exécution du présent arrêté, dont ampliation sera adressée :

1° A l'ingénieur en chef des eaux;

2° Au directeur de la Compagnie générale des eaux.

Fait à Paris, le 7 juin 1864.

Signé : G.-E. HAUSSMANN.

Note d.

ÉCHELLE DES VOLUMES D'ABONNEMENT.

Robinets de puisage à repoussoir.

Le Sénateur, préfet du département de la Seine, grand'croix de l'ordre impérial de la Légion d'honneur,

Vu le règlement des abonnements aux eaux de Paris, approuvé le 30 novembre 1860, portant à l'art. 14 concernant le tarif, qu'au delà de 1 mètre cube il ne sera pas admis d'augmentation pour des quantités inférieures à 1 mètre cube;

Vu le rapport de l'ingénieur en chef des eaux (1re division) en date du 24 avril dernier;

Vu l'avis du directeur du service municipal des travaux publics;

Arrête :

Art. 1er. Les volumes d'eau à concéder par abonnements seront réglés suivant l'échelle suivante :

SEINE, MARNE ET SOURCES.		OURCQ.	
Litres	Metres cubes.	Litres.	Metres cubes.
250	1/4	»	»
500	1/2	»	»
1,000	1	1,000	1
1,500	1 1/2	1,500	1 1/2
2,000	2	2,000	2

Au delà de 2 mètres cubes, toute augmentation sera nécessairement de 1 mètre cube entier.

Art. 2. Dans les concessions par estimation et non jaugées, tout robinet de puisage devra être muni d'un appareil à repoussoir.

Cette mesure, immédiatement obligatoire pour les nouveaux abonnements, devra être réalisée pour les anciens abonnements avant le 1er janvier 1867.

Faute par les abonnés d'avoir exécuté cette modification pour ladite époque, le service sera suspendu, et, s'il y a lieu, l'abonnement pourra être résilié et la prise d'eau supprimée.

Art. 3. Le directeur du service municipal des travaux publics est chargé de l'exécution du présent arrêté, qui sera inséré au *Recueil des Actes administratifs*, et imprimé à la suite du règlement susvisé.

Fait à Paris, le 3 mai 1866.

Signé : G.-E. HAUSSMANN.

Note e.

COUPURE DES BRANCHEMENTS EN CAS DE RÉSILIATION D'ABONNEMENT.

Le Sénateur, préfet du département de la Seine, grand'croix de l'ordre impérial de la Légion d'honneur,

Vu le traité conclu le 11 juillet 1860 entre la ville de Paris et la Compagnie générale des Eaux (art. 14 et 15) ;

Vu le règlement sur les abonnements aux eaux de Paris, approuvé le 30 novembre 1860 (art. 8, 9, 10 et 11) ;

Vu le rapport de l'Ingénieur en chef des Eaux (1re division), en date du 25 août 1866, et relatif aux branchements des abonnements résiliés ;

Vu la lettre du Directeur de la Compagnie générale des Eaux, en date du 26 janvier dernier ;

Vu l'avis du Directeur du Service municipal des travaux publics ;

Arrête :

Art. 1er. Dès la résiliation d'un abonnement, la Compagnie

devra faire couper et détacher de suite le branchement près de son point de jonction avec la conduite publique, en conservant toutefois un collier pour maintenir la plaque pleine sur l'orifice de prise d'eau.

Ce travail, ainsi que toute fouille et tous raccordements, seront exécutés d'office et aux frais du propriétaire du branchement, par les soins de la Compagnie générale des Eaux, conformément aux art. 14 et 15 du traité susvisé.

Art. 2. A la suite de l'opération effectuée par la Compagnie, le propriétaire du branchement aura la faculté d'enlever les robinets d'arrêt, bouches à clé et autres agrès de prise et de distribution d'eau, en se conformant aux prescriptions du paragraphe 5 de l'art. 11 du règlement précité.

En tous cas, il restera responsable des conséquences qu pourraient résulter de l'existence des agrès qu'il laisserait soit à l'intérieur, soit même sous la voie publique.

Art. 3. La Compagnie tiendra attachement de ses dépenses, qui lui seront, d'après ses mémoires dûment réglés, remboursées par le propriétaire du branchement, ou, à son défaut, par le nouvel abonné qui déclarera dans la police vouloir profiter de l'ancienne prise d'eau. La remise en service du branchement n'aura lieu qu'après ce remboursement.

Art. 4. Le Directeur du service municipal des travaux publics est chargé de l'exécution du présent arrêté, qui sera inséré au *Recueil des Actes administratifs*, et imprimé à la suite du règlement des abonnements.

Fait à Paris, le 11 février 1867.

Signé : G.-E. HAUSSMANN

Note f.

TARIF SPÉCIAL POUR LES ABONNEMENTS DE 100 MÈTRES CUBES
ET AU-DESSUS, EN EAU DE SOURCES OU DE RIVIÈRE.

Le Sénateur, préfet du département de la Seine, grand'croix de l'ordre impérial de la Légion d'honneur,

Vu le traité passé entre la ville de Paris et la Compagnie générale des eaux, le 11 juillet 1860;

Vu le règlement des abonnements, arrêté le 30 novembre suivant, art. 14;

Vu la délibération du Conseil municipal de Paris, en date du 28 mai dernier, portant qu'il y a lieu de fixer l'échelle des volumes à concéder et des prix à payer pour les abonnements de 100 mètres cubes et au-dessus en eaux de sources et de riviere, à l'exclusion des eaux de l'Ourcq;

Vu l'arrêté en date du 19 juin dernier, approbatif de cette délibération;

Arrête :

Art. 1er. L'échelle des volumes à concéder par jour et le prix correspondant à payer par an pour les abonnements de 100 mètres cubes et au-dessus en eaux de sources et de rivière, à l'exclusion des eaux de l'Ourcq, sont fixés comme suit :

ÉCHELLE DES VOLUMES A FOURNIR PAR JOUR.	PRIX UNIFORME pour chaque metre cube et par an.
Pour 100 mètres cubes et au-dessus jusqu'à 200 mètres cubes inclusivement.	fr. 60
— 250	58
— 300	56
— 350	54
— 400	52
— 450	50
— 500	48
— 600	44
— 700 et au delà, indéfiniment.	40

Entre 200 et 500 mètres cubes, il ne sera pas concédé d'augmentation de volume pour des quantités inférieures à 50 mètres cubes.

A partir de 500 mètres cubes, il ne sera pas concédé d'augmentation pour des quantités inférieures à 100 mètres cubes.

La Compagnie conserve la faculté de traiter de gré à gré, dans les termes de l'art. 14 du règlement de 1860, pour les fournitures de 20 à 100 mètres cubes exclusivement.

Art. 2. Le présent tarif est applicable aux abonnements consentis dans l'intérieur de la ville, ainsi qu'à ceux qui sont servis dans les communes du département de la Seine, alimentées en eau de Paris. et il aura son effet à compter du 1er juillet dernier.

Art. 3. Le Directeur des Eaux et des Égouts est chargé de l'exécution du présent arrêté, qui sera inséré au *Recueil des Actes administratifs*, et imprimé à la suite du règlement des abonnements.

Fait à Paris, le 2 août 1869.

Signé : G.-E. HAUSSMANN.

Note g.

TARIFS POUR USAGES SPÉCIAUX SERVIS PAR ATTACHEMENTS.

Abonnements à jauges variables. — Modification du tarif dans quelques communes rurales.

Le Sénateur, préfet du département de la Seine, grand'croix de l'ordre impérial de la Légion d'honneur,

Vu le traité conclu le 11 juillet 1860 entre la ville de Paris et la Compagnie générale des eaux, art. 6, 11 et 12;

Vu les règlements sur les abonnements, en date du 30 novembre suivant, art. 14 des tarifs;

Vu la délibération du Conseil municipal de Paris, en date du 13 août 1869, contenant vote des tarifs spéciaux pour certaines fournitures par attachement et pour les abonnements à jauges variables, ainsi que la modification du tarif dans quelques communes rurales;

Vu l'arrêté en date du 21 août même année, approbatif de cette délibération;

Arrête :

Art. 1er. Les tarifs spéciaux ci-après seront appliqués, à partir du 1er janvier 1870, savoir :

DESTINATION ET MODE DE FOURNITURE.	PRIX du mètre cube d'eau de toute provenance
1° Arrosement et empierrement des voies si tuées *extra muros* et entretenues soit par l'État, soit par le département, soit par les communes. — Livraison par attachement.	fr. c. 0 25
2° Travaux de maçonnerie et nettoyage des façades de maisons à Paris et *extra muros*, à l'exclusion de tout autre usage. — Livraison par attachement.	0 33
3° Abonnements à jauges variables.	Augmentation de 30 °/₀ sur le prix du tarif de l'abonnement (1).

Art. 2. Les abonnements d'eau de Seine et de Marne, dans les communes ci-après désignées :

> Saint-Mandé,
> Vincennes,
> Le Pré Saint-Gervais,
> Pantin,
> Montrouge,
> et Gentilly,

seront, à l'avenir, réglés d'après les bases suivantes :

(1) Moyennant cette augmentation, les abonnés de Paris et de la banlieue pourront obtenir durant six mois, soit en été, du 1er avril au 1er octobre, soit en hiver, du 1er octobre au 1er avril, tout ou partie de la quantité d'eau due pour une année entière

Les abonnements de 10 mètres cubes et au-dessus, soit *intra muros*, soit *extra muros*, pourront être servis à jauges variables sans subir cette augmentation.

La fourniture à jauges variables est interdite pour les abonnements à robinet libre.

250 litres (1/4 de metre cube)   70 fr. ⎫
500 litres (1/2 de mètre cube)   100 fr. ⎭ pour cette fourniture.

De 1,000 litres (1 mètre cube) à . . . . ⎫
    5,000 litres (5 mètres cubes) . . . . ⎭ 160 fr. par chaque m.c.

Au delà de 500 litres, les augmentations de volume ne seront consenties que par quantités indivisibles de 500 litres.

Pour toute fourniture supérieure à 10,000 litres (10 mètres cubes), la Compagnie traite de gré à gré, sans qu'en aucun cas le prix du mètre cube puisse être inférieur à 60 fr. par an.

Art. 3. Le Directeur des eaux et des égouts est chargé de l'exécution du présent arrêté, qui sera inséré au *Recueil des Actes administratifs,* et notifié aux maires des communes sus désignées pour ce qui les concerne, ainsi qu'au Directeur de la Compagnie générale des eaux.

Fait à Paris, le 3 novembre 1869.

Signé : G.-E. HAUSSMANN.

CCX. — *Extrait du Traité passé entre la ville de Paris
et la Compagnie parisienne d'éclairage et de chauffage
par le gaz* (1).

7 février 1870.

CHAPITRE II. — *Dispositions communes à l'éclairage
public et particulier.* — Art. 11. L'éclairage sera fait
par le gaz extrait de la houille.

Il ne pourra être employé d'autre gaz, sans le consentement formel et par écrit du Préfet de la Seine, après délibération du Conseil municipal.

Art. 12. Au commencement de chaque année, l'Administration remettra à la Compagnie un état d'indication approximatif des canalisations à faire, pendant cette année, dans toute l'étendue de la ville ; mais, dans cette période, celle-ci continuera les canalisations qui auraient été demandées antérieurement.

La Compagnie ne pourra être requise de commencer la canalisation que deux mois après la remise de cet état ; les réquisitions devront être faites au moins cinq jours d'avance, à moins de cas de force majeure, auquel cas le délai sera fixé par l'Administration.

Il ne pourra être exigé plus de 500 mètres de canalisation par jour.

L'Administration, après avoir entendu la Société, pourra prescrire, soit dans la direction des conduites, soit dans la dimension des tuyaux, toutes les modifications successives que lui paraîtra exiger la bonne exécution du service.

(1) PRÉFECTURE DE LA SEINE (DIRECTION DES TRAVAUX DE PARIS).

La Compagnie sera tenue de poser deux conduites sous les trottoirs dans toutes les voies à canaliser ayant 14 mètres de largeur et au-dessus, et dans celles qui recevront une chaussée en asphalte comprimé, quelle que soit leur largeur.

Afin de garantir des effets du gaz les arbres des promenades publiques, la Compagnie exécutera le drainage des conduites à établir sous les voies plantées, et entourera les branchements de drains en terre cuite.

Le drainage des conduites consistera à garnir les deux côtés et le dessus de la conduite de pierres carrées, sur une épaisseur de $0^m,15$ à $0^m,30$, suivant le diamètre des conduites, et à couvrir cet empierrement d'une enveloppe s'opposant à l'infiltration des sables et des terres dans les interstices des pierres.

Le prix de réfection des chaussées et trottoirs à payer à la Ville, pour les conduites et branchements de toute nature à établir ou à réparer, est fixé à 3 fr. par mètre carré.

CCXI. — Arrêté *modificatif de la section des branchements
d'égouts particuliers* (1).

25 février 1870.

Le Sénateur, Préfet du département de la Seine,
grand officier de l'ordre impérial de la Légion d'honneur;

Vu l'art. 6 du décret du 6 mars 1852, relatif à la
projection directe dans les égouts publics des eaux
pluviales et ménagères des maisons de Paris;

Vu l'arrêté préfectoral en date du 19 décembre
1854, disposant que cette projection des eaux pluviales et ménagères aura lieu par des galeries souterraines en maçonnerie, ayant au minimum 2 mètres de
hauteur sous clef et 1^m,30 de largeur aux naissances,
lesquelles seront ventilées par une cheminée d'appel
s'ouvrant au-dessus des combles et ayant une section
de 10 décimètres carrés au moins, ledit arrêté portant
de plus, au § 3 de l'art. 1er :

« Chacune d'elles (les galeries souterraines) pourra
desservir deux propriétés, à la condition d'être établie
au droit du mur mitoyen; »

Vu la décision préfectorale en date du 11 février
1858, élevant à 2^m,30 au minimum la hauteur sous
clef des égouts particuliers, sans modifier les autres
dimensions antérieurement prescrites;

Vu l'arrêté en date du 9 juin 1863, prescrivant
l'exécution et l'entretien, par les soins de l'Adminis-

(1) Préfecture de la Seine (Direction des eaux et égouts
de Paris). — *Recueil de règlements sur l'Assainissement.*

tration municipale, des branchements d'égouts particuliers ;

Vu l'arrêté, en date du 2 juillet 1867, autorisant, sous certaines conditions, les propriétaires des maisons en bordure sur la voie publique à faire écouler les eaux vannes de leurs fosses d'aisances dans les égouts de la Ville, d'une manière directe ;

Vu le rapport de l'inspecteur général, directeur des eaux et des égouts, en date du 11 février 1870, portant proposition de modifier la section des branchements d'égouts particuliers ;

Vu le rapport présenté sur le même objet, à la date du 21 février même année, par l'inspecteur général du service municipal des travaux publics ;

Arrête :

Art. 1er. Les galeries de branchements d'égouts particuliers qui doivent être établis pour la projection directe dans les égouts publics des eaux pluviales et ménagères des maisons de Paris, conformément aux projets dressés par les ingénieurs du service municipal et approuvés par M. le Préfet, auront dorénavant, au minimum, 1m,80 de hauteur sous clef et une largeur de 90 centimètres aux naissances et de 60 centimètres au radier.

Art. 2. Chaque galerie ne pourra à l'avenir desservir qu'une seule propriété.

Art. 3. Pour les ventilations permanentes du canal de drainage, il sera pratiqué une cheminée d'appel s'ouvrant au-dessus des combles, et dont la section aura 3 décimètres carrés au moins.

Art. 4. L'arrêté du 19 décembre 1854 est maintenu en ce qui n'est pas contraire aux présentes prescriptions, ainsi que les diverses dispositions contenues dans les arrêtés susvisés des 9 juin 1863 et 2 juillet

1867, relativement aux branchements d'égouts particuliers.

Art. 5. L'inspecteur général des ponts et chaussées, directeur des eaux et des égouts, est chargé de l'exécution du présent arrêté, dont ampliation sera adressée à M. l'Ingénieur en chef des eaux et des égouts (2e division).

Henri CHÈVREAU.

CCXII. — NOTE *de service concernant la mise en bon état de propreté des façades des maisons* (1).

16 mars 1870.

Le Conseil d'État a rendu, le 31 décembre 1869, un Arrêt aux termes duquel l'article 5 du décret du 26 mars 1852, relatif à la mise en bon état de propreté des façades des maisons « doit être entendu en ce sens que l'Autorité municipale ne peut obliger les propriétaires des maisons riveraines des rues de la capitale à gratter, repeindre ou badigeonner les façades de ces maisons qu'une fois tous les dix ans. »

En conséquence, si, lorsqu'un arrêté préfectoral a prescrit le nettoiement des façades des maisons dans un arrondissement, un propriétaire déclare et prouve, par pièces régulières, que sa maison ne compte pas dix ans d'existence, ou que la façade de son immeuble a été grattée, repeinte ou badigeonnée depuis moins de dix ans, toute poursuite devra être suspendue ; mais M. le commissaire-voyer devra tenir note de l'époque où expirera la période décennale, afin qu'à ce moment il propose à l'Administration, si la façade de la propriété était trop sale, d'enjoindre au propriétaire l'exécution du travail de mise en bon état de propreté.

Dans le cas où la façade de l'immeuble pourrait être tolérée dans son état, on attendrait pour faire injonction que l'époque du nettoyage décennal fût de nouveau arrivée à terme.

Le Chef du service du Plan de Paris,
DESCHAMPS.

(1) PRÉFECTURE DE LA SEINE (SERVICE DU PLAN DE PARIS).

CCXIII. — Loi *concernant les grands travaux publics* (1).

27 juillet 1870.

Art. 1er. Tous grands travaux publics, routes impériales, canaux, chemins de fer, canalisation des rivières, bassins et docks, entrepris par l'État ou par des compagnies particulières, avec ou sans péage, avec ou sans subside du Trésor, avec ou sans aliénation du domaine public, ne pourront être autorisés que par une loi rendue après une enquête administrative. — Un décret impérial, rendu en la forme des règlements d'administration publique et également précédé d'une enquête, pourra autoriser l'exécution des canaux et chemins de fer d'embranchement de moins de vingt kilomètres de longueur, des lacunes et rectifications de routes impériales, des ponts et de tous autres travaux de moindre importance. — En aucun cas, les travaux dont la dépense doit être supportée en tout ou en partie par le Trésor ne pourront être mis à exécution qu'en vertu de la loi qui crée les voies ou moyens, ou d'un crédit préalablement inscrit à un des chapitres du budget.

Art. 2. Il n'est rien innové, quant à présent, en ce qui touche l'autorisation et la déclaration d'utilité publique des travaux publics à la charge des départements et des communes.

(1) ROGER et SOREL, *Codes et Lois usuelles.*

CCXIV. — ORDONNANCE *de police concernant la clôture des terrains vagues* (1).

10 juillet 1871.

Nous, Général, délégué à la Préfecture de police, considérant qu'il existe dans Paris beaucoup de terrains non bâtis qui ne sont pas clos, et que l'absence de clôture compromet la sûreté publique;

Vu la dépêche de M. le Ministre de l'intérieur, en date du 8 juillet courant;

En vertu de la loi des 16-24 août 1790, et de l'arrêté du gouvernement du 12 messidor an VIII (1er juillet 1800);

Ordonnons ce qui suit :

Art. 1er. Les propriétaires des terrains non bâtis bordant soit les rues, places, quais, etc., classés au nombre des voies publiques, soit les rues, ruelles et passages ouverts au public sur des propriétés particulières, seront tenus de clore leurs terrains par des murs en maçonnerie ou par de simples barrières en charpente et planches jointes, à la condition que ces barrières auront une hauteur et une solidité suffisantes pour défendre l'accès des terrains au-devant desquels elles seront établies.

Art. 2. La clôture des terrains vagues pourra être ajournée, si l'Administration reconnaît que ces terrains peuvent rester ouverts sans compromettre la sûreté publique ou la salubrité.

(1) PRÉFECTURE DE POLICE. — *Recueil des Ordonnances*, année 1871.

Art. 3. Les clôtures, de quelque manière qu'elles soient établies, seront constamment entretenues en bon état, pour défendre utilement l'accès des terrains, et les portes qui pourront être pratiquées dans ces clôtures devront ouvrir en dedans et être fermées au moyen de serrures ou cadenas.

Art. 4. Il est défendu, sous les peines portées par la loi (Code pénal, art. 456), de détruire ou dégrader les clôtures établies en vertu de la présente ordonnance.

Art. 5. La présente ordonnance sera imprimée et affichée.

Le chef de la police municipale, les commissaires de police, les officiers de paix, et tous les préposés de la préfecture de police sont chargés, chacun en ce qui le concerne, d'en assurer l'exécution.

Le Général délégué à la Préfecture de police,
VALENTIN.

CCXV. — Décision *de la Commission de voirie relative à la hauteur des bâtiments à construire en bordure des voies de 9ᵐ,74 de largeur* (1).

30 novembre 1871.

La Commission de voirie, dans sa séance du 26 octobre 1871, a chargé une sous-commission composée de trois de ses membres d'examiner la question de hauteur à permettre pour les bâtiments à construire en bordure des voies de 9ᵐ,74 et de lui rendre compte.

M. de Royou, rapporteur de la sous-commission, donne lecture de son rapport, dans lequel il expose :

Qu'il résulte de l'examen des lettres patentes du 25 août 1784 et des décrets des 15 juillet 1848 et 27 juillet 1859 (2) sur la hauteur des maisons de Paris, ainsi que de la discussion qui a eu lieu au Conseil d'État relativement à ce dernier décret, que la largeur de 9ᵐ,74 attribuée à un certain nombre de voies publiques existantes provient de ce que, dans la conversion en décimale de l'ancienne largeur de 30 pieds, opération qui a donné pour chiffre exact : 9ᵐ,745 182 930, on s'est arrêté à la seconde décimale sans la forcer.

Le rapporteur en conclut qu'il y a lieu, dès lors, d'accorder aux voies dont la largeur est cotée 9ᵐ,74 le bénéfice de la hauteur de 17ᵐ,55, comme pour les voies de 9ᵐ,75 et au-dessus, ainsi d'ailleurs, que cela a été

(1) PRÉFECTURE DE LA SEINE (DIRECTION DES TRAVAUX DE PARIS).

(2) Voir ce dernier décret, p. 638.

maintes fois accordé, soit sans discussion, soit après avoir préalablement consulté M. le Préfet.

La Commission adopte ces conclusions.

Le Directeur des Travaux de Paris, Président,
Signé : ALPHAND.

Le Secrétaire,
Signé : GASTELIER.

CCXVI. — DÉCRET *concernant les établissements insalubres, dangereux ou incommodes* (1).

31 janvier 1872.

LE PRÉSIDENT DE LA RÉPUBLIQUE FRANÇAISE, sur le rapport du ministre de l'agriculture et du commerce;

Vu le décret du 15 octobre 1810, l'ordonnance du 14 janvier 1815 et le décret du 25 mars 1852 sur la décentralisation administrative;

Vu le décret du 31 décembre 1866;

Vu les avis du Comité consultatif des arts et manufactures;

La Commission provisoire chargée de remplacer le Conseil d'État entendue;

DÉCRÈTE :

Art. 1er. Les établissements compris dans le tableau annexé au présent décret ne pourront être créés qu'après l'accomplissement des formalités prescrites pour les ateliers insalubres, dangereux ou incommodes.

Art. 2. Le ministre de l'agriculture et du commerce est chargé de l'exécution du présent décret, qui sera inséré au *Bulletin des lois*.

Fait à Versailles, le 31 janvier 1872.

Signé : A. THIERS.

Le ministre de l'agriculture et du commerce,
Signé : VICTOR LEFRANC.

(1) H. BUNEL, *Établissements insalubres,* etc., cité.

Nomenclature supplémentaire des établissements insalubres, dangereux ou incommodes (addition à la nomenclature annexée au décret du 31 décembre 1866).

DÉSIGNATION DES INDUSTRIES	INCONVÉNIENTS	CLASSES
Amorces fulminantes pour pistolets d'enfants (Fabrication d')	Danger d'explosion . .	2e
Bocards à minerais ou à crasses.	Bruit	3e
Ciment (Fours à) :		
1° Permanents.	Fumée, poussière . . .	2e
2° Ne travaillant pas plus d'un mois par an. . . .	*Idem*	3e
Déchets des filatures de lin, de chanvre et de jute (Lavage et séchage en grand des) . . .	Odeur, altération des eaux.	2e
Éther (Dépôts d') :		
1° Si la quantité emmagasinée est, même temporairement, de 1,000 litres ou plus	Danger d'incendie et d'explosion.	1re
2° Si la quantité, supérieure à 100 litres, n'atteint pas 1,000 litres.	*Idem.*	2e
Graisses de cuisine (Traitement des)	Odeur	1re
Graisses et suifs (Refonte des)	*Idem.*	3e
Huiles de ressence (Fabrication des)	Odeur, altération des eaux	2e
Huiles lourdes créosotées (Injection des bois à l'aide des) :		
Ateliers opérant en grand et d'une maniere permanente.	Odeur, danger d'incendie.	2e
Lavoirs à minerais en communication avec des cours d'eau.	Altération des eaux . .	3e
Os secs en grand (Dépôts d') . .	Odeur.	3e
Peaux (Planage et séchage des)	*Idem*	2e
Superphosphate de chaux et de potasse (Fabrication du). . .	Émanations nuisibles .	2e

Vu pour être annexé au décret du 31 janvier 1872.

Le ministre de l'agriculture et du commerce,

Signé : VICTOR LEFRANC.

CCXVII. — ARRÊTÉ *concernant la construction des branchements particuliers d'égouts par les propriétaires* (1).

14 février 1872.

Le préfet du département de la Seine, membre de l'Assemblée nationale,

Vu le décret-loi sur la grande voirie de Paris, en date du 26 mars 1852, portant, article 6 :

« Toute construction nouvelle dans une rue pourvue « d'égout devra être disposée de manière à y conduire « les eaux pluviales et ménagères. La même disposi- « tion sera prise pour toute maison ancienne en cas « de grosses réparations, et, en tous cas, avant dix « ans ; ».

Vu les arrêtés préfectoraux, en date des 19 décembre 1854, 9 juin 1863 et 25 février 1870, relatifs à l'exécution de l'article 6 du décret susvisé ;

Vu les observations de M. le Ministre de l'intérieur, en date du 13 septembre 1870, concernant l'arrêté du 9 juin 1863 ;

Vu le rapport de l'Ingénieur en chef des eaux et des égouts (2e division) en date du 10 août dernier :

Vu l'ordonnance du bureau des finances du 2 août 1774, et les lettres patentes du 30 décembre 1785 ;

Vu les lois des 16-24 août 1790 (art. 3) et des 19-22 juillet 1791 (titre 1er, art. 29, § 2 et art. 46) ;

Vu la loi du 28 pluviôse an VIII (art. 4 et 6), et celle du 16 septembre 1807 (art. 36 et 37) ;

(1) PRÉFECTURE DE LA SEINE (DIRECTION DES EAUX ET DES ÉGOUTS).

Vu le décret du 10 octobre 1859 ;

Vu la lettre approbative de M. le Ministre de l'inté=
rieur, en date du 1ᵉʳ février présent mois ;

Sur les conclusions du Directeur des eaux et des
égouts ;

Considérant que l'écoulement souterrain des eaux
privées dans l'égout public est une prescription faite,
autant dans l'intérêt général que dans l'intérêt privé,
que d'ailleurs tous les ouvrages à exécuter sur les
voies publiques sont soumis aux règlements de la
grande voirie ;

Considérant que ces ouvrages qui exigent des précautions rigoureuses dans l'intérêt de la conservation
du sol et des ouvrages publics, ainsi qu'au point de
vue de l'ordre et de la circulation, ne peuvent être
exécutés que par des entrepreneurs offrant des garanties ; que dans les rues de Paris il y a des inconvénients très graves et parfois même du danger à permettre l'action simultanée sur des points voisins,
d'ateliers d'entrepreneurs différents ; que pour prévenir les embarras de circulation qu'occasionnerait
le défaut d'entente des riverains qui ont des branchements à construire dans une même rue, il est indispensable de substituer l'exécution collective à l'exécution individuelle.

Arrête :

Projets et autorisations. — Art. 1ᵉʳ. Tout branchement d'égout particulier à établir au compte des
propriétaires sera l'objet d'un projet estimatif dressé
par les ingénieurs des eaux et des égouts aux frais de
l'administration et d'après les indications fournies par
les propriétaires, puis d'un arrêté formulant les conditions de l'autorisation.

Choix de l'entrepreneur par le propriétaire. —
Art. 2. La galerie et ses accessoires sous la voie publique seront exécutés par l'entrepreneur du choix du propriétaire. Cet entrepreneur devra représenter à l'ingénieur de la section l'autorisation écrite du propriétaire et être en mesure de justifier à toute réquisition d'un certificat de capacité délivré depuis moins d'un an par un ingénieur des ponts et chaussées, et visé pour chaque travail par l'ingénieur en chef des eaux et des égouts.

Exécution sur réquisition. — Branchements isolés. —
Art. 3. Quand l'administration requerra l'établissement d'un ou plusieurs branchements, le projet des travaux sera communiqué à chaque propriétaire intéressé par l'intermédiaire du maire de l'arrondissement sur le territoire duquel le travail est projeté.

Dans un délai de huit jours, à compter de l'avis du maire, chacun pourra consigner ses observations dans un procès-verbal ouvert à cet effet. Le projet, après avoir été revu et modifié, s'il y a lieu, sera approuvé par un arrêté spécial qui fixera le délai dans lequel chaque propriétaire devra faire exécuter les travaux à sa charge par l'entrepreneur qu'il aura choisi. Cet arrêté sera notifié à chacun des intéressés.

Faute par le propriétaire de se conformer aux prescriptions de l'arrêté, les ingénieurs pourvoiront d'office à l'exécution des travaux par les entrepreneurs ordinaires de la Ville et les dépenses avancées par l'administration seront recouvrées par toutes les voies de droit.

Branchements collectifs. — Art. 4. Si les branchements doivent être faits par mesure collective dans une rue ou portion de rue pour l'exécution totale ou le complément du drainage de cette rue, et s'il est reconnu que les travaux ne peuvent être confiés à plusieurs entrepreneurs sans compromettre la liberté de la circulation et la sécurité publique, l'enquête aura lieu comme il est dit à l'article précédent, et les propriétaires seront invités à se réunir dans un local au jour et à l'heure déterminés par le maire, à l'effet de se concerter pour le choix d'un entrepreneur unique qui exécutera l'ensemble des travaux.

Dans le délai de huit jours, le maire constatera s'il y a accord entre les propriétaires, et fera connaître à la préfecture le nom et la demeure de l'entrepreneur choisi.

Si les propriétaires n'ont pu s'entendre entre eux, il sera procédé, quelle que soit l'importance des travaux, par les soins de l'administration, à une adjudication publique au rabais, en conseil de préfecture, et l'opération entière sera confiée à l'entrepreneur qui aura été déclaré adjudicataire.

Chaque propriétaire sera invité individuellement à assister à l'adjudication. Le résultat de celle-ci lui sera notifié et sera déclaré définitif par le préfet, après un délai de huitaine, à compter du jour de la notification, délai pendant lequel les intéressés pourront présenter leurs observations.

Exécution des ouvrages. — Art. 5. Dans tous les cas, les travaux seront exécutés sous la surveillance des ingénieurs de l'administration, selon les prescriptions des arrêtés préfectoraux susvisés. Les entrepreneurs se conformeront aux clauses et conditions générales imposées aux entrepreneurs des ponts et chaussées, tant par l'arrêté du ministre des travaux publics du 16 novembre 1866, que par les devis des entreprises d'entretien du service municipal de Paris.

Mesures d'office. — Si un entrepreneur n'observe pas quelqu'une de ces conditions, notamment dans le cas où, après avoir ouvert une tranchée sur la voie publique, il abandonnerait le travail commencé, l'ingénieur en chef donnera avis de l'état des choses au propriétaire ou à son représentant et pourra, après un ordre de service notifié à l'entrepreneur, non suivi d'effet dans les vingt-quatre heures, soit faire remblayer la tranchée, soit confier la continuation du travail à l'entrepreneur de l'administration. Il rendra compte immédiatement au préfet des mesures qui auront été prises. L'entrepreneur qui aura été l'objet de ces mesures sera exclu de tout travail d'égout dans les rues de Paris pour l'avenir.

Payement direct par le propriétaire à l'entrepreneur. — Art. 6. Chaque propriétaire s'entendra, pour le payement de la dépense, directement et sans intervention ni garantie de la part de l'administration, avec l'entrepreneur qui aura exécuté les travaux dans les conditions des articles 2, 3 et 4 ci-dessus. Il pourra toutefois faire vérifier par l'ingénieur de la section le métré des ouvrages portés au mémoire de l'entrepreneur.

Raccordements et travaux d'office. — Art. 7. Les raccordements et la réfection définitive des chaussées, trottoirs et dallages au-dessus des tranchées, continueront d'être faits par les entrepreneurs de l'administration pour la voie publique. La dépense en sera payée par la ville, et remboursée à celle-ci par le propriétaire, conformément aux règles et suivant les tarifs fixés pour ces travaux.

Les dépenses faites d'office dans le cas du § 2 de l'article 5 seront de même payées par la Ville, à laquelle elles seront remboursées par le propriétaire, en même temps que les frais de raccordement.

Préalablement à la mise en recouvrement de ces avances, le métrage des divers travaux et le décompte des dépenses seront notifiés à chaque propriétaire, qui aura cinq jours après cette notification, pour présenter ses observations au bureau de l'ingénieur ordinaire. Passé ce délai, il sera passé outre à l'émission de l'arrêté de recouvrement.

Charges et mode d'entretien. — Art. 8. Toutes les règles ci-dessus sont applicables à l'entretien des branchements d'égout et de leurs accessoires sous la voie publique, qui reste à la charge des propriétaires, quelle que soit l'époque ou le mode de construction.

Responsabilité des propriétaires. — Art. 9. Chaque propriétaire est responsable, soit vis-à-vis de l'administration, soit vis-à-vis des tiers, de l'existence et de l'entretien des ouvrages établis tant à l'extérieur qu'à l'intérieur, pour le drainage de son immeuble.

Art. 10. Toutes les dispositions des arrêtés préfectoraux susvisés, non contraires au présent arrêté, sont maintenues.

Art. 11. Le Directeur des eaux et des égouts est chargé de l'exécution du présent arrêté, qui sera inséré au *Recueil des actes administratifs.*

Léon SAY.

CCXVIII. — Arrêté *relatif à l'interdiction dans les fosses d'aisances des appareils sur réservoirs* (1).

13 mai 1872.

Le Préfet du département de la Seine, membre de l'Assemblée nationale,

Vu l'ordonnance de police, en date du 23 septembre 1843, qui autorise l'exploitation d'un système de fosses d'aisances comportant un appareil diviseur pour les solides et un réservoir pour les liquides;

Vu le rapport du Directeur des eaux et des égouts, ayant pour objet l'interdiction de ce système;

Arrête :

Art. 1er. Les appareils sur réservoirs, autorisés par l'ordonnance de police susvisée, sont interdits pour l'avenir.

Ceux qui existent actuellement seront supprimés successivement, savoir :

Dans toute maison pourvue d'un branchement d'égout susceptible de recevoir les liquides des appareils, lors de la plus prochaine vidange;

Dans toute autre maison, lors de la première vidange qui suivra l'établissement d'un branchement pouvant recevoir les liquides.

Art. 2. Tout propriétaire qui n'aura pas satisfait à cette prescription après l'invitation qui lui aura été signifiée lors de la déclaration préalable à la vidange, sera poursuivi devant la juridiction compétente.

(1) PRÉFECTURE DE LA SEINE. (DIRECTION DES TRAVAUX DE PARIS).

Art. 3. Le directeur des eaux et des égouts est chargé de l'exécution du présent arrêté, qui sera notifié à tous les entrepreneurs de vidange et au propriétaire de chaque maison possédant des appareils sur réservoirs.

Ampliation sera transmise à M. le Préfet de police et au commissaire de police remplissant les fonctions du ministère public près le tribunal de simple police.

L'insertion en sera faite au *Recueil des Actes administratifs*.

LÉON SAY.

CCXIX. — DÉCRET *modifiant les décrets des 27 juillet 1859 et 1ᵉʳ août 1864, concernant la hauteur des maisons dans Paris* (1).

18 juin 1872.

Le Président de la République française,

Sur le rapport du Ministre de l'Intérieur,

Vu le décret du 26 mars 1852, relatif aux rues de Paris, et notamment les articles 4 et 7, ce dernier ainsi conçu : -

« *Il sera statué par un décret ultérieur, rendu dans la*
« *forme des règlements d'administration publique, en ce*
« *qui concerne la hauteur des maisons, les combles et les*
« *lucarnes* » ;

Vu le décret du 27 juillet 1859, portant règlement d'administration publique sur la hauteur des maisons, les combles et les lucarnes, dans la même ville ;

Vu le décret du 1ᵉʳ août 1864, aux termes duquel l'article 1ᵉʳ § 6 du décret du 27 juillet 1859 est remplacé par la disposition suivante :

« *Toutefois, dans les rues ou boulevards de vingt mètres*
« *de largeur et au-dessus, l'administration municipale*
« *pourra, en vue du raccordement et de l'harmonie des*
« *lignes de construction, permettre de porter la hauteur*
« *des bâtiments jusqu'au maximum de vingt mètres, mais*
« *à la charge, par les constructeurs, de ne faire, en aucun*
« *cas, au-dessus du rez-de-chaussée, plus de cinq étages*
« *carrés, entre-sol compris* » ;

Vu la délibération du Conseil municipal de Paris, du 22 janvier 1872 ;

(1) PRÉFECTURE DE LA SEINE (DIRECTION DES TRAVAUX).

Vu l'avis du Préfet de la Seine;

La Commission provisoire, chargée de remplacer le Conseil d'État, entendue :

Décrète :

Art. 1er. Les propriétaires d'immeubles en façade sur les rues et boulevards de vingt mètres de largeur et au-dessus, auront le droit de construire à la hauteur maxima de vingt mètres, sous les conditions ci-après :

1° Il ne peut être fait, en aucun cas, au-dessus du rez-de-chaussée, plus de cinq étages carrés, entre-sol compris ;

2° Dans chaque construction élevée à la hauteur de vingt mètres, il est ménagé une cour d'une surface de quarante mètres et dont le plus petit côté doit avoir au moins quatre mètres.

Cette dernière disposition n'est pas applicable aux terrains prenant façade sur deux rues et d'une dimension telle qu'il ne peut y être élevé qu'un seul corps de bâtiment double en profondeur et occupant tout l'espace compris entre les deux voies.

En dehors de ce cas, si la dimension et la configuration du terrain ne permettent pas de ménager, dans la propriété, une cour de quarante mètres, la construction ne peut être élevée à la hauteur de vingt mètres qu'avec l'autorisation de l'administration municipale.

Art. 2. Quelle que soit la hauteur des maisons à construire, la surface des courettes ne peut, en aucun cas, être inférieure à quatre mètres. Le plus petit côté doit avoir au moins un mètre soixante.

Les courettes ne peuvent servir à éclairer ni à aérer aucune pièce à usage de chambre à coucher, si ce n'est au dernier étage de la maison.

Art. 3. Le décret du 1er août 1864 est rapporté.

Le décret du 27 juillet 1859 est maintenu en ce qui n'est pas contraire au présent décret.

Art. 4. Le Ministre de l'Intérieur est chargé de l'exécution du présent décret.

Signé : A. THIERS.

Le Ministre de l'Intérieur,
Signé : Victor LEFRANC.

CCXX. — *Extrait du Rapport approuvé par la Commission supérieure de Voirie sur les questions relatives aux stores placés en saillie sur la voie publique (1).*

6 septembre 1872.

. . . . . La Commission a adopté les conclusions suivantes :

1° *En ce qui concerne les bannes posées dans la hauteur du rez-de-chaussée :*

Il ne semble pas qu'il y ait lieu de demander aucune modification aux dispositions de l'ordonnonce royale (2); les bannes posées au-dessus des devantures de boutique continueront à être permises dans les conditions prescrites, et on peut également continuer à accorder aux boutiquiers une tolérance de 50 centimètres dans la hauteur (2^m,50 au lieu de 3 mètres).

Les stores devront toujours être proscrits au-devant des croisées; ils ne pourraient satisfaire aux conditions légales, et ils constitueraient une grande gêne et même quelquefois un danger pour la circulation.

2° *En ce qui concerne les stores ou bannes posés au-devant de l'étage (entre-sol ou premier) qui surmonte le rez-de-chaussée :*

La Commission, considérant que cet étage est souvent réuni au rez-de chaussée; qu'il est, dans ce cas, destiné comme lui au commerce ou à l'industrie, et qu'il a besoin d'être protégé d'une manière spéciale

(1) PRÉFECTURE DE LA SEINE (DIRECTION DES TRAVAUX DE PARIS).
(2) Ordonnance royale du 24 décembre 1823.

contre le soleil et les intempéries, et malgré l'avis d'un de ses membres qui craignait pour les passants les in= convénients que peuvent causer les bannes, savoir : la constitution d'un égoût, la chute des tringles arrachées par les mouvements de la toile, quand celle-ci est en- levée par le vent, etc ;

A été d'avis qu'il y avait lieu de les permettre en les restreignant seulement à la saillie qui pouvait être permise au rez-de-chaussée.

3° En ce qui concerne les stores posés dans les étages supérieurs :

La Commission a été unanime pour reconnaître qu'il n'y avait aucun intérêt à les interdire, quand ils doivent être posés au-dessus des grands balcons, et à la condition de ne point dépasser lesdits grands bal- cons, ni en saillie, ni en longueur.

Les stores qui seraient posés devant plusieurs ouver- tures, sans se trouver au-dessus d'un grand balcon, lui ont paru, au contraire, constituer un danger public, parce que s'ils venaient à se détacher, ils tomberaient alors sur la voie ; ils priveraient, en outre, les étages supérieurs de jour et d'air, et enfin, on peut ajouter qu'ils n'ont point sérieusement raison d'être.

Par tous ces motifs, la Commission est d'avis qu'il y a lieu de continuer à les proscrire.

4° En ce qui concerne les petits stores posés au-dessus du rez-de-chaussée, au devant d'une seule croisée :

La Commission, à l'unanimité, est d'avis qu'il y a lieu de les permettre, à la condition que leur dévelop- pement ne dépassera pas une saillie de $0^m,80$, et que le pavillon extérieur dans lequel ils s'enrouleront n'aura pas une saillie de plus de $0^m,16$.

5° En ce qui concerne les bannes ou stores posés devant

l'étage d'attique (au-dessus des terrasses formées par la retraite d'un mur de face) :

La Commission est d'avis qu'il y a lieu de les autoriser, à la condition : 1° que leur saillie n'excédera pas celle du garde-fou du grand balcon d'entablement; 2° que les appareils sur lesquels ils seront établis ne seront pas construits et fixés de manière à constituer une sorte de portion d'étage ¡dépassant la hauteur légale.

CCXXI. — DÉCRET *concernant les huiles de pétrole, de schiste, essences et autres hydrocarbures* (1).

19 mai 1873.

Le Président de la République française,

Sur le rapport du Ministre de l'agriculture et du commerce ;

Vu les lois des 22 décembre 1789, janvier 1790 (section III, art. 2) et 16-24 août 1790 (titre XI, art. 3) ;

Vu le décret du 15 octobre 1810, l'ordonnance du 14 janvier 1815 et les décrets des 18 avril et 31 décembre 1866 ;

Le Conseil d'État entendu ;

Décrète :

Art. 1er. Le pétrole et ses dérivés, les huiles de schiste et de goudron, les essences et autres hydrocarbures liquides pour l'écairage et le chauffage, la fabrication des couleurs et vernis, le dégraissage des étoffes ou tout autre emploi, sont distingués en deux catégories, suivant leur degré d'inflammabilité.

La première catégorie comprend les substances très inflammables, c'est-à-dire celles qui émettent à une température inférieure à 35 degrés du thermomètre centigrade, des vapeurs susceptibles de prendre feu au contact d'une allumette enflammée.

La seconde catégorie comprend les substances moins inflammables, c'est-à-dire celles qui n'émettent de vapeurs susceptibles de prendre feu au contact

______

(1) H. BUNEL, *Établissements insalubres.*

d'une allumette enflammée qu'à une température égale ou supérieure à 35 degrés.

Un arrêté du ministre de l'agriculture et du commerce déterminera, sur l'avis du comité consultatif des arts et manufactures, le mode d'expérience par lequel sera constaté le degré d'inflammabilité des liquides à classer dans chaque catégorie.

Art. 2. Les usines pour le traitement de ces substances, les entrepôts et magasins de vente en gros et les dépôts pour la vente au détail ne peuvent être établis et exploités que sous les conditions prescrites par le présent décret.

Section première. = *Des usines.* = Art. 3. Les usines pour la fabrication, la distillation et le travail en grand des substances désignées à l'article 1er demeurent rangées dans la première classe des établissements dangereux, insalubres ou incommodes, régis par le décret du 15 octobre 1810 et par l'ordonnance du 14 janvier 1815.

Section II. = *Des entrepôts ou magasins de vente en gros.* = Art. 4. Les entrepôts ou magasins de substances désignées à l'article 1er, dans lesquels ces substances ne doivent subir aucune autre manipulation qu'un simple lavage à l'eau froide et des transvasements, sont rangés dans la première, la deuxième ou la troisième classe des établissements dangereux, insalubres ou incommodes, suivant les quantités de liquides qu'ils sont destinés à contenir, savoir :

Dans la première classe, s'ils doivent contenir plus de 3,000 litres de liquides de la première catégorie ;

Dans la deuxième classe, s'ils doivent en contenir de 1,500 à 3,000 litres ;

Dans la troisième classe, s'ils doivent contenir plus de 300, mais pas plus de 1,500 litres.

Lorsque les entrepôts ou magasins doivent contenir des substances de la deuxième catégorie, 5 litres de celle-ci sont comptés pour 1 litre de la première.

Lorsque les entrepôts ou magasins contiennent, en outre, des approvisionnements de matières combustibles, et notamment de liquides inflammables, tels que l'alcool, l'éther, le sulfure de carbone, etc., non régis par le présent décret, ces substances sont comptées dans l'approvisionnement total des substances dangereuses et assimilées à celles de la première ou de la seconde catégorie, suivant qu'elles émettent ou non, à la température de 35 degrés centigrades, des vapeurs susceptibles de prendre feu au contact d'une allumette enflammée.

Art. 5. Les entrepôts ou magasins de la première et de la deuxième classe, qui renferment des substances de la première catégorie, soit exclusivement, soit jointes à des substances de la seconde catégorie, sont assujettis aux règles suivantes :

1° Le magasin sera établi dans une enceinte close par des murs en maçonnerie de $2^m,50$ de hauteur au moins, ayant sur la voie publique une seule entrée, qui doit être garnie d'une porte pleine, solidement ferrée et fermant à clef.

Cette porte d'entrée sera fermée depuis la chute du jour jusqu'au matin. La clef en sera déposée, durant cet intervalle, entre les mains de l'exploitant du magasin ou d'un gardien délégué par lui. Durant le jour, l'entrée et la sortie des ouvriers et charretiers seront surveillées par un préposé.

2° L'enceinte ne devra renfermer d'autre logement

habité pendant la nuit que celui qui pourra être établi pour un portier-gardien et sa famille.

Cette habitation elle-même aura son entrée parti= culière et sera séparée du reste de l'enceinte par un mur de 1^m,20 de hauteur au moins, sans aucune ouverture.

3° La plus petite distance de l'enceinte aux maisons d'habitation ou bâtiments quelconques appartenant à des tiers ne pourra être moins de 50 mètres pour les magasins de la première classe, et de 4 mètres pour ceux de la deuxième.

4° Les appareils fixes ou les réservoirs contenant les liquides auront leurs parois à une distance de 50 centimètres au moins de la face intérieure du mur d'enceinte, et seront disposés de manière à pouvoir être toujours facilement inspectés et surveillés.

5° Le sol du magasin sera dallé, carrelé ou bétonné, avec pentes et rigoles disposées de manière à amener les liquides, qui seraient répandus accidentellement, dans une ou plusieurs citernes étanches, ayant ensemble une capacité suffisante pour contenir la totalité des liquides emmagasinés, et maintenues toujours en état de service.

Si le sol du magasin est en contre-bas du sol environnant, ou s'il est protégé par un terrassement ou massif continu sans aucune ouverture, la cuvette ainsi formée tiendra lieu, jusqu'à concurrence de sa capacité, des citernes prescrites au paragraphe précédent.

6° Le magasin pourra être à découvert en plein air. S'il est enfermé dans un bâtiment ou hangar, ce bâtiment ou hangar sera construit en matériaux incombustibles, non surmontés d'étages, bien éclairé par la lumière du jour et largement ventilé, avec des ouvertures ménagées dans la toiture.

7° Les liquides emmagasinés seront contenus soit dans des récipients en métal munis de couvercles mobiles, soit dans des fûts en bois cerclés de fer.

Le transvasement des liquides de la première catégorie, d'un récipient dans un autre situé à un niveau plus élevé, se fera toujours au moyen d'une pompe fixe et étanche.

Les fûts vides, ainsi que les débris d'emballage, seront placés hors du magasin.

8° Toutes les réceptions, manipulations et expéditions de liquides seront faites à la clarté du jour. Durant la nuit, l'entrée dans le magasin est absolument interdite.

Il est également interdit d'y allumer ou d'y apporter du feu, des lumières ou des allumettes, et d'y fumer. Cette interdiction sera écrite en caractères très apparents sur le parement extérieur du mur, du côté de la porte d'entrée.

9° Une quantité de sable ou de terre, proportionnée à l'importance des approvisionnements, sera conservée à proximité du magasin pour servir à éteindre un commencement d'incendie, s'il venait à se déclarer.

Les préfets peuvent imposer, en outre, les conditions qui seraient exigées, dans des cas spéciaux, par l'intérêt de la sécurité publique. Dans ce cas, les arrêtés d'autorisation doivent être soumis à l'approbation du ministre de l'agriculture et du commerce, qui statue sur l'avis du comité consultatif des arts et manufactures.

Art. 6. Les préfets peuvent autoriser des entrepôts ou magasins établis et exploités dans des conditions différentes de celles déterminées par l'art. 5, lorsque ces conditions présentent des garanties au moins équivalentes pour la sécurité publique. Dans ce cas, les

arrêtés d'autorisation, avant d'être délivrés aux de=
mandeurs, doivent être soumis à l'approbation du
ministre de l'agriculture et du commerce, qui statue
sur l'avis du comité consultatif des arts et manufactures.

Art. 7. Les conditions d'établissement des entrepôts
ou magasins rangés dans la troisième classe sont réglées par les arrêtés d'autorisation.

Il en est de même des entrepôts ou magasins dans
lesquels des liquides inflammables ne subissent ni
transvasement ni manipulation d'aucune sorte, ou qui
ne contiennent que des substances de la deuxième
catégorie.

Les exploitants de ces entrepôts ou magasins devront, en outre, se conformer aux prescriptions indiquées dans les numéros 7, 8 et 9 de l'article 5 du présent décret.

Art. 8. Les entrepôts ou magasins dont l'approvisionnement total ne dépasse pas 300 litres de liquides
de la première catégorie, ou une quantité équivalente
de liquides de l'une et l'autre catégorie, peuvent être
établis sans autorisation préalable.

Toutefois, le propriétaire est tenu d'adresser au
maire de la commune où est situé son établissement
et au sous=préfet de l'arrondissement une déclaration
contenant la désignation précise du local affecté au
magasin. Ce magasin sera isolé de toute maison d'habitation ou de tout bâtiment contenant des matières
combustibles, parfaitement ventilé et constamment
fermé à clef. Le sol sera creusé en forme de cuvette et
entouré d'un bourrelet en terre ou en maçonnerie
pouvant retenir les liquides en cas de fuite.

Après cette déclaration, l'entrepositaire peut exploiter son magasin, à la charge d'observer les prescrip-

tions indiquées dans les numéros 7, 8 et 9 de l'article 5 du présent décret.

SECTION III. — *De la vente au détail.* — Art. 9. Tout débitant de substances désignées à l'article 1er est tenu d'adresser au maire de la commune où est situé son établissement et au sous-préfet de l'arrondissement une déclaration contenant la désignation précise du local, des procédés de conservation et de livraison, des quantités de liquides inflammables auxquelles il entend limiter son approvisionnement, et de l'emplacement qui sera exclusivement affecté dans sa boutique aux récipients de ces liquides.

Après cette déclaration, le débitant peut exploiter son commerce, à la charge par lui de se conformer aux prescriptions contenues dans les articles suivants.

Art. 10. Les liquides de la première catégorie sont transportés et conservés chez le détaillant, sans aucun transvasement lors de la réception, dans des récipients en forte tôle de métal, étanches et munis de deux ouvertures au plus, fermées par des robinets ou bouchons hermétiques.

Ces récipients ont une capacité de 60 litres au plus; ils portent, solidement fixée et en caractères très lisibles, l'inscription sur fond rouge : *Essence inflammable.*

Ils ne peuvent, en aucun cas, être déposés dans une cave; ils sont solidement établis et occupent un emplacement spécial, séparé de celui des autres marchandises, dans la boutique. Un vase avec goulot, en forme d'entonnoir, est placé sous le robinet pour recevoir le liquide qui viendrait à s'en échapper.

Une quantité de sable ou de terre, proportionnée à l'importance du dépôt, sera conservée dans le local pour servir à éteindre un commencement d'incendie, s'il venait à se déclarer.

Les liquides de la première catégorie ne peuvent être livrés aux consommateurs que dans des burettes ou bidons en métal étanches, munis d'un ou de deux orifices, avec robinets ou bouchons hermétiques, et portant l'inscription très lisible : *Essence inflammable.* Le remplissage des bidons doit se faire directement sous le récipient, sans interposition d'entonnoir ou d'ajutage mobile, de façon qu'aucune goutte de liquide ne soit répandue au dehors.

Les liquides de la première catégorie ne peuvent être transvasés pour le débit qu'à la clarté du jour. La livraison au consommateur est interdite à la lumière artificielle, à moins que le détaillant ne conserve et ne débite les liquides dans des bidons ou burettes en métal, de manière à éviter tout transvasement au moment de la vente. Ces bidons, d'une capacité de 5 litres au plus, seront rangés dans des boîtes ou caisers à rebords, garnis intérieurement de feuilles de métal formant cuvette étanche.

Art. 11. Les liquides de la seconde catégorie sont conservés chez le détaillant dans des récipients en métal étanches, soigneusement clos et soigneusement établis.

Ces récipients ont une capacité de 350 litres au plus ; ils portent l'inscription sur fond blanc : *Huile minérale.*

Art. 12. L'approvisionnement du débit ne devra jamais excéder 300 litres de liquide de la première catégorie, ou une quantité équivalente de liquides de l'une et de l'autre catégorie.

5 litres de substances de la seconde catégorie sont considérés comme équivalents à 1 litre de substances de la première catégorie.

Les liquides inflammables non régis par le présent décret, qui peuvent se trouver dans le local du débit, sont comptés dans l'approvisionnement total des substances dangereuses et assimilés à celles de la première catégorie, s'ils émettent à la température de 35 degrés, des vapeurs susceptibles de prendre feu au contact d'une allumette enflammée.

Art. 13. Dans le cas où le détaillant disposerait d'une cour ou de tout autre emplacement découvert, il pourra conserver les liquides dans les récipients, fûts en bois ou autres, ayant servi au transport.

Ces récipients seront placés dans un magasin isolé de toute maison d'habitation ou de tout bâtiment contenant des matières combustibles, parfaitement ventilé et constamment fermé à clef. Le sol sera creusé en forme de cuvette et entouré d'un bourrelet en terre ou en maçonnerie, pouvant retenir les liquides en cas de fuite.

Le détaillant sera d'ailleurs soumis aux prescriptions indiquées dans les trois derniers paragraphes de l'article 10, dans le dernier paragraphe de l'article 11 et dans l'article 12 du présent décret.

Art. 14. Les dispositions précédentes, relatives aux dépôts pour la vente au détail, ne peuvent être suppléées par des dispositions équivalentes qu'en vertu d'une autorisation spéciale, délivrée par le préfet sur l'avis du conseil d'hygiène et de salubrité du département, et fixant les conditions imposées au débitant dans l'intérêt de la sécurité publique.

Il sera rendu compte au ministre de l'agriculture et

du commerce des autorisations données en vertu du présent décret.

Section IV. — *Dispositions générales.* — Art. 15. Les entrepôts ou magasins de vente en gros et les dépôts pour la vente au détail, qui ont été précédemment autorisés ou déclarés, conformément aux règlements en vigueur, peuvent être maintenus dans les conditions qui ont été fixées par ces règlements ou par les arrêtés spéciaux d'autorisation. L'exploitant ne peut y apporter aucune modification qu'à la charge de se conformer aux prescriptions du présent décret, et, suivant les cas, d'obtenir une nouvelle autorisation ou de faire une déclaration nouvelle, comme il est dit aux articles ci-dessous.

Art. 16. En cas d'inobservation des conditions d'installation fixées par le présent décret ou par les arrêtés spéciaux d'autorisation, les entrepôts ou magasins de vente en gros peuvent être fermés et la vente au détail peut être interrompue, sans préjudice des peines encourues pour contravention aux règlements de police.

Art. 17. Le transport des substances désignées à l'article 1er doit être fait exclusivement dans des vases de métal, étanches et hermétiquement clos, ou dans des fûts en bois également étanches et cerclés de fer.

Art. 18. Les attributions confiées aux préfets, aux sous-préfets et aux maires par le présent décret sont exercées par le préfet de police dans l'étendue de son ressort.

Art. 19. Le décret du 27 janvier 1872, relatif aux huiles minérales et autres hydrocarbures, est rapporté.

Le décret du 31 décembre 1866, relatif au classement des établissements dangereux, insalubres ou incommodes, est réformé en ce qui concerne les entrepôts ou magasins d'hydrocarbures.

Art. 20. Le Ministre de l'agriculture et du commerce est chargé de l'exécution du présent décret, qui sera inséré au *Journal officiel* et au *Bulletin des Lois.*

A. THIERS.

Par le Président de la République,
Le Ministre de l'Agriculture et du Commerce,
E. TEISSERENC DE BORT.

CCXXII. — Instruction *sur la hauteur à autoriser pour les maisons retranchables* (1).

12 décembre 1873.

Quelques divergences ayant été signalées dans les appréciations des commissaires-voyers sur la hauteur à permettre lorsqu'il s'agit d'exhaussement des maisons retranchables, la Commission supérieure de voirie, dans sa séance en date du 21 novembre dernier, a examiné la question et émis l'avis que la hauteur à autoriser, dans ce cas, devait toujours être la hauteur correspondante à la largeur *effective* de la voie au droit de l'immeuble à exhausser et non à la largeur *légale* de cette voie.

En portant cet avis à la connaissance de MM. les ingénieurs en chef et commissaires-voyers, le Directeur soussigné invite tous les agents du service de la voirie de Paris à s'y conformer à l'avenir.

> *L'Inspecteur général des ponts et chaussées,*
> *Directeur des Travaux de Paris,*
> *Signé :* Alphand.

(1) Préfecture de la Seine. (Direction des travaux Paris.)

CCXXIII. — Loi *relative aux nouveaux forts à construire autour de Paris* (1).

27 mars 1874.

Art. 1er. Il sera construit de nouveaux ouvrages extérieurs autour de Paris, sur les emplacements indiqués par la commission de défense. Ces travaux sont déclarés d'utilité publique et d'urgence.

Art. 2. Ces ouvrages de fortification seront classés dans la première série des places de guerre. Toutefois, la première zone des servitudes défensives, telle qu'elle est définie par le décret du 10 août 1853, leur sera seule applicable. Cette zone unique de 250 mètres sera mesurée sur les capitales, à partir de la crête des glacis.

(1) ROGER et SOREL, *Codes et Lois usuelles.*

CCXXIV. — DÉCRET *qui constitue au Tribunal de la Seine une chambre chargée de statuer sur les expropriations forcées et les contestations qui en dépendent* (1).

31 mars 1874.

Art. 1er. Il est institué au Tribunal de la Seine une chambre chargée de statuer sur les expropriations forcées et les contestations qui en dépendent. Elle sera composée de trois magistrats pris dans la première chambre ou dans les autres chambres du Tribunal. Elle sera présidée par le plus ancien de ses membres et siégera le jeudi, à deux heures, dans un local particulier.

Art. 2. La composition de cette chambre sera arrêtée à l'époque et suivant les formes prescrites par le roulement.

Art. 3. Les articles 8 et 20 du règlement du Tribunal de la Seine, approuvé par l'arrêté du 6 floréal an X, sont modifiés dans celles de leurs dispositions qui sont contraires au présent décret.

(1) ROGER et SOREL, *Codes et Lois usuelles.*

CCXXV. — Arrêté *du Préfet de la Seine ¡concernant la construction des Tuyaux de fumée dans l'intérieur des Maisons de Paris* (1).

8 août 1874.

Le Préfet du département de la Seine,

Vu le décret du 26 mars 1852, portant, article 4, § 1ᵉʳ ;

« Il (*le constructeur*) devra adresser à l'administra-
« tion un plan et des coupes cotés des constructions
« qu'il projette et se soumettre aux prescriptions qui
« lui seront faites dans l'intérêt de la salubrité et de la
« sécurité publique ; »

Vu l'ordonnance du 11 décembre suivant, sur les prescriptions à suivre dans la construction des tuyaux de cheminée ;

Vu l'arrêté préfectoral du 28 juillet 1873, qui institue une commission spéciale pour rechercher, étudier et proposer les modifications qu'il convient d'apporter aux règlements en vigueur concernant l'établissement des tuyaux de fumée dans l'intérieur des maisons ;

Vu le projet de réglementation présenté par la Commission dont il s'agit,

Arrête :

Art. 1ᵉʳ. Il est interdit, d'une manière absolue, de pratiquer des foyers ou des conduits de fumée dans les murs mitoyens ni dans les murs séparatifs de deux maisons contiguës, qu'elles appartiennent ou non au même propriétaire.

______

(1) Préfecture de la Seine (Direction des travaux de Paris).

Art. 2. Il est permis de pratiquer des conduits de fumée dans l'intérieur des murs de refend en moellons et ayant au moins 40 centimètres d'épaisseur et dans les murs de briques ayant au moins 37 centimètres d'épaisseur conduits compris.

Art. 3. Les conduits de fumée engagés dans ces murs ne pourront être exécutés qu'en briques ou avec des matériaux en terre cuite pouvant se relier au moyen de harpes courtes et longues avec les matériaux constitutifs du mur.

Il est absolument interdit de se servir, pour cet usage, de boisseaux ou pots en terre cuite ou en plâtre, et de pigeonner ces conduits avec des moules dans l'intérieur des murs.

Art. 4. Tout conduit de fumée présentant une section intérieure de moins de 60 centimètres de longueur sur 25 centimètres de largeur, devra avoir, au minimum, une section de 4 décimètres carrés de superficie; le petit côté des tuyaux rectangulaires n'aura pas moins de 20 centimètres et le grand côté ne pourra dépasser le petit de plus d'un quart. Les angles intérieurs seront arrondis sur un rayon de 5 centimètres au moins, et ces parties retranchées seront comptées dans la section.

Entre la paroi intérieure des tuyaux engagés dans les murs et le tableau des baies pratiquées dans ces murs, il sera toujours réservé un dosseret de maçonnerie pleine ayant au moins 45 centimètres d'épaisseur, enduits compris.

Cette épaisseur pourra être réduite à 25 centimètres, à la condition que le dosseret soit construit en pierre de taille dure ou en briques de bonne qualité.

Art. 5. Les tuyaux de cheminée non engagés dans les murs ne seront autorisés que s'ils sont adossés à des piles en maçonnerie ou à des murs en moellons ayant au moins 40 centimètres d'épaisseur, enduits compris, ou à des murs en briques ayant au moins 22 centimètres d'épaisseur, ou, dans le dernier étage, à des cloisons en briques de 11 centimètres d'épaisseur.

Ils devront être solidement attachés au mur tuteur.

Ceux qui présenteront une section de 60 centimètres de longueur sur 25 centimètres de largeur pourront être en plâtre pigeonné à la main.

Art. 6. L'épaisseur des languettes, parois et costières des tuyaux engagés dans les murs ou adossés ne pourra jamais être inférieure à 8 centimètres, enduits compris.

Art. 7. Les tuyaux de cheminée ne pourront dévier de la verticale de manière à former avec elle un angle de plus de 30 degrés.

Ils devront avoir une section égale dans toute leur hauteur et seront facilement accessibles à leur partie supérieure.

Art. 8. Ne seront pas assujettis aux prescriptions de construction indiquées dans les articles précédents, notamment en ce qui concerne la nature des matières à employer : 1° les tuyaux de fumée placés à l'extérieur des habitations; 2° les tuyaux des forges mobiles ou à flamme renversée, pourvu que ces tuyaux ne sortent pas du local où est le foyer; 3° enfin les tuyaux de fumée d'usine, autant qu'ils ne traversent pas d'habitation.

CCXXVI. — Décret *concernant un nouveau tarif de perception des droits de voirie dans la ville de Paris* (1).

25 août 1874.

Le Président de la République française,

Sur le rapport du Ministre de l'Intérieur,

Vu le mémoire présenté par le Préfet de la Seine au Conseil municipal de Paris ;

Vu les délibérations dudit Conseil en date des 27 et 30 décembre 1872, et les autres pièces de l'affaire ;

Vu le décret du 27 octobre 1808 et l'ordonnance royale du 24 décembre 1823 ;

Le Conseil d'État entendu,

Décrète :

Article 1er. A partir de la publication du présent décret, les droits de voirie dans la ville de Paris pour délivrance d'alignements, permissions de construire ou de réparer et autres permis de toute espèce qui se requièrent en Grande ou en Petite Voierie, seront perçus conformément aux tarifs ci-après (2).

Art. 2. Le décret du 27 octobre 1808, et les tarifs qui y sont annexés sont rapportés en ce qu'ils ont de contraire au présent décret.

(1) Préfecture du département de la Seine (Direction des travaux). — Voir *Bulletin de la Société centrale des architectes*, IVᵉ série, t. I, 1874, p. 189 et suiv.

(2) Voir pages 912 et suivantes.

Art. 3. Le Ministre de l'Intérieur est chargé de l'exécution du présent décret.

Fait à Versailles, le 28 juillet 1874.

Signé : Maréchal DE MAC-MAHON,

Par le Président de la République,

Le Ministre de l'Intérieur,
Signé : Général DE CHABAUD LA TOUR.

Pour ampliation :

Le Directeur du secrétariat et de la comptabilité,
Signé: F. NORMAND.

Le Préfet du département de la Seine,

Vu le décret en date du 28 juillet 1874, portant révision des droits de Grande et de Petite Voirie pour la Ville de Paris,

Arrête :

Article 1er. Le nouveau tarif des droits de Voirie, dans Paris, est rendu exécutoire à partir du 1er septembre 1874.

Art. 2. Le présent arrêté sera immédiatement imprimé et placardé dans Paris, et inséré, en outre, au Recueil des actes administratifs de la Préfecture.

Fait à Paris, le 25 août 1874.

Signé : Ferdinand DUVAL.

Pour ampliation :

Le Secrétaire général de la Préfecture,
E. TAMBOUR.

	TARIF POUR LA	
DÉNOMINATIONS.	DROIT fixe.	DROIT au mètre linéaire.
	fr. c.	fr. c.
SECTION Ire. — TRAVAUX NEUFS.		
Construction. — 1° D'un bâtiment..............	» »	2 »
	» »	» »
2° D'un mur de clôture ou d'une grille.	» »	2 »
3° D'une clôture en planches ou treillage, ou toute autre clôture légere.................	» »	» 50
Baie.......................................	1 »	» »
Balcon. — Grand (dépassant 0^m,22 de saillie)......	» »	20 »
— Petit (ne dépassant pas 0^m,22 de saillie)...	» »	10 »
Barre d'appui, Garde-fou........................	» »	5 »
Barrière provisoire......................	» »	» 50
	» »	» »
SECTION II. — TRAVAUX MODIFIANT DES CONSTRUCTIONS EXISTANTES.		
Surélévation d'un bâtiment.....................	» »	» »
— d'un mur de clôture.............	» »	1 »
Chapéron......................................	» »	1 »
Conversion d'un mur de clôture en mur de face d'un bâtiment.................................	» »	» »
Ravalement. — Entier........................	20 »	» »
— Partiel........................	10 »	» »

GRANDE VOIRIE.

DROIT au mètre superficiel.	OBSERVATIONS.
fr. c.	
» »	Mesuré sur la longueur totale du rez-de-chaussée.
1 »	Mesuré sur le produit de la hauteur moyenne de la face par la longueur totale.
» »	La taxe à percevoir au mètre superficiel pour la construction des bâtiments est réduite de moitié pour les façades ou portions de façade construites en moellons ou en pans de bois avec enduits en plâtre, sous la réserve du droit de l'Administration de refuser l'autorisation de construire des façades de cette nature qui présenteraient des dangers au point de vue des incendies ou de la sécurité publique.
» »	Il est expliqué qu'il ne s'agit ici que des clôtures à demeure fixe et non des clôtures dites *provisoires* servant à entourer momentanément une fouille, un atelier de construction, etc.
» »	Dans n'importe quelle partie d'un mur ou d'un bâtiment neuf ou surélevé et quelles que soient ses dimensions, aussi bien que dans les étages d'attique ou en retraite qui se trouvent dans un plan vertical au-dessus de l'entablement, que dans les étages sis au-dessous de l'entablement.
» »	Mesuré sur la longueur du balcon non compris les retours
» »	
» »	Il s'agit ici des barres d'appui placées au droit des croisées avec une très faible saillie et complétées ensuite par un ouvrage en fonte ou en fer qui garnit le vide dans la partie inférieure.
» »	Mesuré, non pas en raison du développement linéaire de la barrière, mais en raison de la longueur de face du terrain clos.
» 50 par trimestre.	Ce droit s'applique à la superficie du sol de la voie publique temporairement occupé. Il est valable pour un trimestre et renouvelable ; le trimestre considéré comme unité toujours exigible.
1 »	Mesuré sur le produit de la surélévation par la longueur totale de la partie surélevée.
» »	Le dérasement d'un mur pour la conversion en mur bahut orné d'une grille, donne lieu à la perception du droit complet d'alignement. (Voir construction d'un bâtiment neuf, sauf la déduction du droit d'alignement déjà perçu)
» »	
» »	Non compris le droit d'échafaud.
» »	Ne sera considérée comme partie de ravalement donnant lieu à la taxe que celle qui atteindra un mètre superficiel.

DENOMINATIONS.	DROIT fixe.		DROIT au mètre linéaire.	
	fr.	c.	fr.	c.
BAIE ouverte après coup ou agrandie :				
1° Dans un bâtiment, au rez-de-chaussée, de 2ᵐ,00 et plus	20	»	»	»
2° Dans un bâtiment, au rez-de-chaussée, de 0ᵐ,80 à 2,00.	10	»	»	»
3° Dans un bâtiment, au-dessus du rez-de-chaussée, de 0ᵐ,80 et au-dessus.	10	»	»	»
4° Dans un mur de clôture, Baie de porte charretière ou cochère.	15	»	»	»
Dans un mur de clôture, Baie de porte bâtarde.	10	»	»	»
BAIE de moins de 0ᵐ,80 (dans sa plus grande dimension).	10	»	»	»
POITRAIL, ou toute fermeture de baie, de 2 mètres et au-dessus (soit en bâtiment, soit en mur de clôture).	20	»	»	»
LINTEAU, ou toute fermeture de baie, plate-bande, arc en pierre, etc., de 0ᵐ,80 à 2ᵐ,00 (soit en bâtiment, soit en mur de clôture)	10	»	»	»
PIED-DROIT, DOSSERET (soit en bâtiment, soit en mur de clôture), à rez-de-chaussée, pour baie de 2ᵐ,00 et au-dessus. . . .	20	»	»	»
— — pour une baie de moins de 2ᵐ,00.	10	»	»	»
REPRISE dans la face d'un bâtiment. — TRUMEAU construit au rez-de-chaussée. — BOUCHEMENT de baie . .	»	»	»	»
POINT D'APPUI intermédiaire, au rez-de-chaussée. — PILE, COLONNE, POTEAU, JAMBE ÉTRIÈRE	20	»	»	»
ÉCHAFAUD.	»	»	1	»
ENTABLEMENT, CORNICHE. — Réfection entière	20	»	»	»
— — Réfection partielle.	10	»	»	»
ÉTAIS	5	»	»	»

TARIF POUR LA

GRANDE VOIRIE (*suite*).

DROIT au mètre superficiel.	OBSERVATIONS.
fr. c.	
» »	Droit de poitrail non compris.	
» »	Droit de linteau ou fermeture non compris.
» »	Id. id. id.
» »	
» »	
» »	Compris le droit de linteau ou fermeture.
» »	
» »	
» »	
» »	
3 »	
» »	
» »	
» »	
» »	
» »	

Observations (texte) :

Au rez-de-chaussée, ne sont pas considérés comme baies les soupiraux de caves, ni les ouvertures pratiquees dans les devantures sur remplissage en menuiserie.

Toutefois les soupiraux servant à l'eclairage des sous-sols destinés à l'habitation, au commerce ou à l'industrie, seront taxés comme baies de rez-de-chaussée.

Compris le droit de linteau ou fermeture.

Dans les murs de clôture, les poteaux en bois sont considérés comme dosserets.

Ces droits ne seront dus que pour le cas où les pieds-droits ou dosserets seront véritablement construits dans une largeur excédant 16 centimetres. Lorsque le constructeur, après avoir ouvert une baie, ne fera pas autre chose que d'en dresser les tableaux et de créer par conséquent des dosserets dans la maçonnerie ancienne, sans rien y ajouter, la taxe ne sera pas appliquée.

Mesuré sur la superficie de l'ouvrage effectué.

Pour chaque objet.

Mesure sur la longueur de face de la partie du bâtiment échafaudé. Les échafauds volants ne sont pas taxes Ne sont pas taxés non plus les échafauds placés à l'intérieur d'une barriere provisoire.

Ces droits ne comprennent pas celui qui sera dû pour l'échafaud.

Comptés par chaque groupe d'étais, par chaque chevalement, par chaque ensemble de contrefiches réunies par des moises.

DENOMINATIONS.	DROIT fixe.		DROIT au mètre linéaire.	
	fr.	c.	fr.	c.
SECTION Iʳᵉ. — SAILLIES CONSIDÉRÉES COMME FIXES.				
APPUI DE CROISÉE, TABLETTE le plus ordinairement en bois, posée au-dessus du soubassement d'une baie et ne dépassant pas 0ᵐ,16 de saillie	5	»	»	»
BARREAUX OU GRILLE AU DROIT D'UNE CROISÉE.	10	»	»	»
CHARDON OU HERSE	5	»	»	»
TUYAU DE DESCENTE.	10	»	»	»
CROISÉE EN SAILLIE, VOLET, PERSIENNE.	5	»	»	»
JALOUSIE	20	»	»	»
MOULURES EN MENUISERIE formant cadre ou chambranle.	5	»	»	»
SECTION II. — SAILLIES CONSIDÉRÉES COMME MOBILES.				
ABAT-JOUR. — Appareil placé au devant d'une baie pour modifier l'introduction de la lumière.	10	»	»	»
RÉFLECTEUR. — Appareil disposé au-dessus des baies pour y faire affluer plus de lumière.	10	»	»	»
BALDAQUIN, MARQUISE, TRANSPARENT	»	»	4	»
BANNE.	»	»	2	»
STORE, en élévation, posé au droit d'une seule croisée et se développant en saillie	5	»	»	»
BORNE.	5	»	»	»

TARIF POUR LA

PÉTITE VOIRIE.

DROIT au mètre superficiel.	OBSERVATIONS.
fr. c.	
» »	
» »	
» »	
» »	
» »	Un volet fermant une baie tout entière doit la totalité du droit; deux volets réunis pour clore une même baie, formant une paire, ne payeront qu'un seul droit.
» »	
» »	
» »	
» »	
» »	
» »	Sont considérés comme bannes et taxés comme telles, les stores qui embrassent plusieurs croisées ou qui s'étendent devant les larges baies ouvertes le plus souvent dans la hauteur des entre-sols.
» »	
» »	

TARIF POUR LA

DENOMINATIONS.	DROIT fixe.		DROIT au mètre linéaire.	
	fr	c.	fr.	c.
GRANDE MARQUISE ayant plus de 0^m,80 de saillie. . . .	»	»	»	»
DEVANTURE DE BOUTIQUE. — Distinction faite du seuil .	»	»	5	»
SOCLE OU SEUIL. — Parpaing recevant une devanture .	»	»	2	»
TABLEAU D'ENSEIGNE DE BOUTIQUE sous corniche en bois ou en pierre.	»	»	2	»
DEVANTURE EN RÉPARATION. — Toute réparation ou renouvellement de châssis, porte, tableau, caisson ou soubassement.	5	»	»	»
PAREMENT DE DÉCORATION — Lambris appliqués sur les murs en élevation.	»	»	5	»
ÉTALAGE	20	»	»	»
MONTRE OU VITRINE.	10	»	»	»
ENSEIGNE, TABLEAU-ENSEIGNE, ATTRIBUT, ÉCUSSON. . .	5	»	»	»
ENSEIGNES DÉCOUPÉES. — Lettres appliquées sur les balcons	10	»	»	»
GRAND TABLEAU. — Frise courante portant enseigne. .	»	»	1	»
PILASTRES, CAISSONS ISOLÉS en menuiserie.	5	»	»	»
LANTERNE.	5	»	»	»
RAMPE ET APPAREIL D'ILLUMINATION formant une saillie spéciale, composés de tubes droits ou recourbés et sur lesquelles sont greffés de petits brûleurs avec ou sans globe	»	»	1	»
ÉCHOPPE. — Construction mobile, non scellée, posée sur le sol de la voie publique.	»	»	»	»

PETITE VOIRIE (*suite*).

DROIT au mètre superficiel.	OBSERVATIONS.
fr. c.	
5 »	Mesurée sur la projection horizontale. Ne sont pas considérées comme grandes marquises les grandes tentures en saillie disposées exceptionnellement, les jours de fête, devant les boutiques et portes cocheres.
» »	
» »	Mesurés entre les deux points extrêmes de la saillie.
» »	
» »	
» »	Ces lambris sont appliqués le plus souvent au-dessus des devantures de boutique et leur saillie est limitée, par les termes de l'ordonnance royale de 1823, à l'épaisseur du bois, et par l'usage à 0^m,06.
» »	Il est bien entendu qu'il ne s'agit ici que des étalages placés *sur le mur* bordant la voie publique et ne dépassant pas 0^m,16 de saillie.
» »	
» »	Comptées pour une enseigne complète, quel que soit le nombre de mots.
» »	
» »	
» »	Sera considéré comme lanterne isolée chaque appareil soit directement sur le nu d'un mur ou d'une devanture, soit sur une tringle courante et consistant en support, conduite ou tringle avec globe, verre ou réflecteur.
» »	
» »	Mesurées sur la projection horizontale. Les rampes posées sur des objets en saillie, corniches, moulures, etc, et ne formant point par elles-mêmes une saillie spéciale ne devront aucun droit. Les appareils formant une enseigne, un attribut, un chiffre, etc., seront considérés comme des enseignes, des attributs etc., et taxés comme tels.
» »	Droit proportionnel à la surface occupée et à la valeur du terrain. La valeur du terrain est délibérée par le Conseil municipal.

CCXXVII. — INSTRUCTION *concernant le point auquel doivent être mesurées les hauteurs permises pour les façades des maisons bordant la voie publique* (1).

20 octobre 1874.

Le décret du 18 juin 1872 a fixé à 20 mètres, sous certaines conditions, la hauteur à laquelle on aurait le droit, désormais, d'élever les façades des bâtiments en bordure des voies de 20 mètres de largeur et au-dessus.

Des doutes se sont élevés sur le point à partir duquel ces 20 mètres devaient être mesurés.

Un certain nombre de commissaires-voyers, interprétant l'expression : *hauteur maxima* employée dans le décret, comme une hauteur qui ne devait pas être dépassée, en ont conclu qu'elle devait être mesurée au point le plus bas du sol au pied de la façade du bâtiment; d'autres ont pensé qu'il convenait de mesurer ces 20 mètres au milieu du développement de la façade, comme cela se fait pour les autres hauteurs légales de $17^m,55$, $14^m,60$ et $11^m,70$.

Sans doute, lorsque la hauteur de 20 mètres était une faveur que l'administration avait la faculté d'accorder, en vue d'obtenir des raccordements de lignes horizontales, par îlots de maisons construites en bordure des grandes voies, il y avait intérêt à mesurer cette hauteur à partir du point le plus bas de l'îlot, sans quoi, sur les voies déclives, l'excédant de hauteur

(1) PRÉFECTURE DE LA SEINE. (DIRECTION DES TRAVAUX DE PARIS.)

résultant, à l'une des extrémités, du mesurage fait au milieu de l'îlot, eût été le plus souvent trop considérable.

Mais aujourd'hui que l'Administration a renoncé au système des raccordements et que la hauteur de 20 mètres et devenue une hauteur légale, il n'y a plus lieu d'adopter, pour la mesurer, un mode différent de celui qui est prescrit par le décret du 27 juillet 1859 pour les autres hauteurs réglementaires.

En conséquence, quelle que soit la hauteur réglementaire à laquelle pourra être élevée une construction, on devra toujours la mesurer au milieu du développement de la façade qui devra profiter de cette hauteur.

L'Inspecteur général des Ponts et Chaussées,
Directeur des Travaux de Paris,
Signé : ALPHAND.

CCXXVIII. — ORDONNANCE *concernant les incendies* (1).

Paris, le 15 septembre 1875.

NOUS, PRÉFET DE POLICE,

Vu : 1° les lois des 16-24 août 1790 et 19-22 juillet 1791 ;

2° L'arrêté du Gouvernement du 12 messidor an VIII (1er juillet 1800) ;

3° L'ordonnance du 25 mars 1828 concernant les magasins de détaillants de fourrages ; les ordonnances de police des 24 novembre 1843 et 11 décembre 1852 concernant les incendies ;

4° La délibération du Conseil d'hygiène publique et de salubrité du département de la Seine, en date du 9 avril 1875, et l'instruction qui lui fait suite, concernant les tuyaux de fumée ;

5° Les articles 471 et 475 du Code pénal ;

Considérant qu'il importe de rappeler aux habitants de Paris les obligations qui leur sont imposées par les règlements, soit pour prévenir les incendies, soit pour concourir à les éteindre ; qu'il importe aussi de faire concorder ces obligations avec celles prescrites par l'arrêté du préfet de la Seine, en date du 8 août 1874, concernant la construction des tuyaux de cheminées dans Paris ;

Considérant que non-seulement il y a un intérêt général à prévenir les dangers d'incendie, mais encore que la santé publique peut être compromise par le

(1) PRÉFECTURE DE POLICE. — *Recueil des Ordonnances,* année 1875, n° 22.

mauvais état et le défaut d'entretien des tuyaux de
fumée qui traversent des habitations;

Considérant, enfin, qu'il importe d'apporter à l'ordonnance de police ci-dessus visée du 11 décembre
1852 les modifications dont l'expérience a fait reconnaître l'utilité;

ORDONNONS ce qui suit :

TITRE PREMIER. — DISPOSITION COMMUNE AUX FOYERS DE
CHAUFFAGE ET AUX CONDUITS DE FUMÉE.

Art. 1er. Toutes les cheminées et tous les autres foyers
ou appareils de chauffage fixes et mobiles, ainsi que leurs
conduits ou tuyaux de fumée, doivent être établis et disposés de manière à éviter les dangers de feu et à pouvoir
être visités, nettoyés facilement et entretenus en bon
état.

TITRE II. — ÉTABLISSEMENT DES CHEMINÉES OU AUTRES FOYERS
FIXES ET DES POÊLES OU AUTRES FOYERS MOBILES.

Art. 2. Il est interdit d'adosser les foyers de cheminée,
les poêles, les fourneaux et autres appareils de chauffage
à des pans de bois ou à des cloisons contenant du
bois.

On doit toujours laisser entre le parement extérieur
du mur entourant ces foyers et lesdits pans de bois
ou cloisons un isolement ou une charge de plâtre d'au
moins *seize centimètres*.

Les foyers industriels et ceux d'une importance majeure doivent avoir des isolements ou charges de plâtre
proportionnés à la chaleur produite et suffisants pour
éviter tout danger de feu. (Voir art. 1er).

Art. 3. Les foyers de cheminées et de tous appareils fixes de chauffage, sur plancher en charpente de bois, doivent avoir, au-dessous, des trémies en matériaux incombustibles.

La longueur des trémies sera au moins égale à la largeur des cheminées, y compris la moitié de l'épaisseur des jambages ; leur largeur sera de 1 mètre au moins, à partir du fond du foyer jusqu'au chevêtre.

Cette prescription s'applique également aux autres appareils de chauffage.

Art. 4. Les fourneaux potagers doivent être disposés de telle sorte que les cendres qui en proviennent soient retenues par des cendriers fixes construits en matériaux incombustibles et ne puissent tomber sur les planchers. Ces fourneaux doivent être surmontés d'une hotte, si le conduit de fumée n'aboutit pas au foyer.

Art. 5. Les poêles mobiles et autres appareils de chauffage également mobiles doivent être posés sur une plate-forme en matériaux incombustibles dépassant d'au moins *vingt centimètres* la face de l'ouverture du foyer, ils devront, de plus, être élevés sur pieds de telle sorte que, au-dessus de la plate-forme, il y ait un vide de *huit centimètres* au moins.

TITRE III. — ÉTABLISSEMENT, ENTRETIEN ET RAMONAGE DES
CONDUITS DE FUMÉE FIXES OU MOBILES.

§ 1er. — *Établissement des conduits de fumée.*

Art. 6. Les conduits de fumée faisant partie de la construction et traversant les habitations doivent être construits conformément aux lois, ordonnances et arrêtés en vigueur.

Toute face intérieure de ces tuyaux doit être à *seize centimètres* au moins des bois de charpente.

Quant aux conduits de fumée mobiles, en métal ou autres existant dans le local où est le foyer et aux conduits de fumée montant extérieurement, ils doivent être établis de façon à éviter tout danger de feu, ainsi qu'il est dit en l'art. 1er. Ils doivent être, dans tout leur parcours, à *seize centimètres* au moins de tout bois de charpente, de menuiserie et autres.

Les conduits de chaleur des calorifères et autres foyers sont soumis aux mêmes conditions d'isolement que les conduits de fumée.

Art. 7. Tout conduit de fumée traversant les étages supérieurs ou les habitations doit avoir une section horizontale ou capacité suffisante pour l'importance du foyer qu'il dessert.

Tout conduit de fumée de foyer industriel doit, autant que possible, être à l'extérieur ; mais dans le cas contraire, et si le tuyau traverse les habitations, il doit avoir des dimensions telles ou être construit de telle sorte que la chaleur produite ne puisse le détériorer ou être la cause d'une incommodité grave et de nature à altérer la santé dans les habitations.

Les conduits de fumée des fourneaux en fonte des restaurateurs, traiteurs, rôtisseurs, charcutiers, et ceux des fours de boulangers, pâtissiers, et des autres grands fours, ceux des forges, des moufles, des calorifères chauffant plusieurs pièces doivent, notamment, être établis dans ces conditions particulières.

Art. 8. Tout conduit de fumée doit, à moins d'autorisation spéciale, desservir un seul foyer et monter dans toute la hauteur du bâtiment, sans ouverture d'aucune sorte dans tout son parcours.

En conséquence, il est formellement interdit de pratiquer des ouvertures dans un conduit de fumée traversant un étage, pour y faire arriver de la fumée, des vapeurs ou des gaz ou même de l'air (1).

§ 2. — *Entretien des conduits de fumée.*

Art. 9. Les conduits de fumée fixes ou mobiles doivent être entretenus en bon état.

A cet effet, les conduits de fumée fixes en maçonnerie doivent toujours être apparents sur une de leurs faces au moins, ou disposés de façon à pouvoir être facilement visités ou sondés.

Tout conduit de fumée brisé ou crevassé doit être de suite réparé et refait au besoin.

Après un feu de cheminée, le conduit de fumée où le feu se sera déclaré devra être visité dans tout son parcours par un architecte ou un constructeur et sera, au besoin, réparé ou refait.

Les tuyaux mobiles doivent toujours être apparents dans toutes leurs parties.

§ 3. — *Ramonage.*

Art. 10. Il est enjoint aux propriétaires et locataires de faire nettoyer ou ramoner les cheminées et tous tuyaux conducteurs de fumée assez fréquemment pour prévenr les dangers du feu.

Les conduits et tuyaux de cheminée ou de foyers ordinaires dans lesquels on fait habituellement du feu doivent être nettoyés et ramonés deux fois au moins pendant l'hiver.

Les conduits ou tuyaux de tous foyers qui sont allumés tous les jours doivent être nettoyés et ramonés tous les deux mois, au moins.

(1) Voir plus loin, page 936, *note a,* l'Instruction du Conseil de salubrité reproduite à la suite de la présente ordonnance.

Les conduits et tuyaux des grands fourneaux de restaurateurs, des fours de boulangers, pâtissiers, ou autres foyers industriels semblables doivent être nettoyés au moins tous les mois.

Art. 11. Il est défendu de faire usage du feu pour nettoyer les cheminées, les poêles, les conduits et tuyaux de fumée, quels qu'ils soient.

Le nettoyage des cheminées ne se fera par un ramoneur que si ces cheminées et leur tuyau ont partout un passage d'au moins *soixante centimètres* sur *vingt-cinq*.

Le nettoyage des cheminées et tuyaux ayant une dimension moindre se fera soit à la corde avec hérisson, ou écouvillon, soit par tout autre instrument bien confectionné ou tout autre mode accepté par l'administration.

Art. 12. Il nous sera donné avis des vices de construction des cheminées, poêles, fourneaux et calorifères qui pourraient occasionner un incendie.

Il nous sera aussi donné avis du mauvais état, de l'insuffisance ou du défaut de ramonage de tout conduit de fumée qui pourrait, par suite, faire craindre, soit un feu de cheminée, soit une incommodité grave et pouvant occasionner l'altération de la santé.

TITRE IV. — Couvertures en chaume, jonc, etc.

Art. 13. Aucune couverture en chaume, jonc, ou autre matière inflammable, ne pourra être conservée ou établie sans notre autorisation.

TITRE V. — FOURS, FORGES, FOYERS D'USINE A FEU, FOURS DE
BOULANGERS ET DE PATISSIERS, ATÉLIERS DE CHARRONS, CAR-
ROSSIERS, MÉNUISIERS, ETC.

Art. 14. Les fours, les forges et les foyers d'usines
à feu, non compris dans la nomenclature des établissements classés, lesquels sont soumis à des règlements
spéciaux, ne pourront être établis dans l'intérieur
de Paris, sans une déclaration à la Préfecture de
police.

Le sol, le plafond et les parois des locaux où ils seront construits ne pourront être en bois apparent.

Art. 15. L'exploitation des fournils et fours de
boulangers et de pâtissiers est soumise aux prescriptions suivantes :

1° Les fournils devront être indépendants des locations et habitations voisines et en être séparés par des
murs en moëllons ou en briques d'une épaisseur suffisante.

Les locaux où ils seront installés seront d'un accès
facile.

2° Les fours seront isolés de toute construction et
leurs tuyaux disposés ou construits comme il est dit
en l'article 7.

3° Le bois de provision devra toujours être disposé
en dehors du fournil, dans un lieu où il ne puisse présenter aucun danger d'incendie.

4° Le bois destiné à la consommation du jour, ne
pourra, soit avant, soit après la dessication, être laissé
dans les fournils que s'il est placé dans une resserre
en matériaux incombustibles fermant hermétiquement
par une porte en fer.

Les arcades situées sous les fours ne pourront être

affectées à cet usage qu'autant qu'elles seront fermées également par une porte en fer, à demeure, posée en retraite à 10 centimètres de la face du four.

5° Les escaliers desservant les fournils seront en matériaux incombustibles.

6° Les soupentes et resserres et toutes autres constructions établies dans les fournils, ainsi que les supports de pannetons, les étouffoirs et coffres à braise, seront aussi en matériaux incombustibles.

7° Les pétrins et les couches à pain seront revêtus extérieurement de tôle, quand ils se trouveront placés à moins de 2 mètres de la bouche du four. Dans le même cas, les glissoires à farine seront construites en métal avec fourreau en peau.

8° Les tuyaux à gaz dans les fournils, devront être en fer ou en cuivre et non en plomb.

Art. 16. Les forges doivent être construites suivant les lois et coutumes. Elles doivent, de plus, être sous une hotte. Leur tuyau doit être disposé et construit comme il est dit à l'article 7.

Les charrons, carrossiers, menuisiers, et autres ouvriers qui travaillent le bois et le fer sont tenus, s'ils exercent les deux professions dans la même maison, d'y avoir deux ateliers entièrement séparés par un mur, à moins que, entre la forge et l'endroit où l'on travaille ou dépose des bois, il y ait une distance de 10 mètres au moins.

Art. 17. Dans tous les ateliers où il y aura des fourneaux dits sorbonnes, ces fourneaux seront établis sous des hottes en matériaux incombustibles.

L'âtre sera entouré d'un mur en briques de 25 centimètres de hauteur au-dessus du foyer, et ce foyer sera disposé de manière à être clos pendant l'absence des ouvriers, par une fermeture en tôle.

Dans ces ateliers, ainsi que dans ceux qui sont mentionnés à l'article précédent, les copeaux seront enlevés chaque soir.

TITRE VI. — ENTREPOTS, MAGASINS ET DÉBITS DE MATIÈRES COMBUSTIBLES OU INFLAMMABLES, THÉATRES, SALLES DE SPECTACLE, ÉTABLISSEMENTS ET LIEUX PUBLICS OU PARTICULIERS.

Art. 18. Les magasins et entrepôts de charbons de terre, houille et autres combustibles minéraux, les débits de bois de chauffage, de charbon et de tous autres combustibles, les magasins de marchands de paille et de fourrages en gros ne pourront être formés dans Paris sans notre autorisation.

On ne pourra entrer avec de la lumière dans les magasins de fourrages en gros.

Art. 19. Tous magasins des détaillants de paille et de fourrages ne peuvent être ouverts qu'après une déclaration à la Préfecture de police. Ils ne devront être établis ni dans des boutiques ni dans des soupentes y attenant. Il n'y aura dans ces magasins ni bois de construction apparent, ni foyer, ni tuyau de cheminée. On ne pourra entrer avec de la lumière.

Art. 20. Il est interdit d'entrer avec de la lumière dans les établissements, magasins, caves et autres lieux renfermant des spiritueux et, en général, des matières dégageant des gaz ou des vapeurs inflammables, à moins que cette lumière ne soit renfermée dans une lampe de sûreté dite de Davy.

Les caves et les magasins renfermant des spiritueux ou des matières dégageant des gaz ou des vapeurs inflammables devront être suffisamment ventilés au moyen d'une ouverture ménagée dans la partie inférieure de la porte d'entrée et d'une autre ouverture opposée à la première. Cette seconde ouverture sera pratiquée dans la partie supérieure de la cave ou du magasin.

Il est défendu d'entrer dans les écuries et dans les étables avec de la lumière non renfermée dans une lanterne.

Art. 21. Il est défendu de rechercher les fuites de gaz avec du feu ou de la lumière.

Art. 22. La vente des matières d'artifices, le tir des armes à feu, et des feux d'artifice, la conservation, le transport et la vente des capsules et des allumettes fulminantes auront lieu conformément aux règlements spéciaux à ces matières.

Art. 23. Les lieux publics de réunion tels que les théâtres, les salles de bal, les cafés-concerts, etc., ne pourront, à moins d'une autorisation spéciale, être chauffés autrement que par des bouches à air chaud et être éclairés autrement que par le gaz ou par des lampes à l'huile, mais non à l'huile minérale.

Art. 24. Il est expressément défendu de brûler de la paille sur aucune partie de la voie publique, dans les cours, les jardins et terrains particuliers, et d'y mettre en feu aucun amas de matières combustibles.

Art. 25. Il est interdit de fumer dans les salles de spectacle, sous les abris des halles, dans les marchés, et en général dans l'intérieur de tous les monuments et édifices publics placés sous notre surveillance.

Il est également défendu de fumer dans les magasins et autres endroits renfermant des spiritueux, ainsi que des matières combustibles, inflammables ou fulminantes.

Art. 26. Il n'est point dérogé, par la présente ordonnance, aux dispositions relatives aux dangers d'incendie qui se trouvent contenues dans les règlements

spéciaux concernant les halles et marchés, les abat=
toirs, les ports et berges, les salles de spectacle, etc.

Les établissements classés et les locaux contenant
des produits spécialement règlementés restent soumis
aux conditions particulières que leur imposent les règlements en vigueur.

TITRE VII. — EXTINCTION DES INCENDIES.

Art 27. Aussitôt qu'un feu de cheminée ou un in=
cendie se manifestera, il en sera donné avis au plus
prochain poste de sapeurs pompiers et au commissaire
de police du quartier.

Art. 28. Il est enjoint à toute personne chez qui le
feu se manifesterait d'ouvrir les portes de son domicile
à la première réquisition des sapeurs-pompiers et de
tous agents de l'autorité.

Art. 29. Les propriétaires ou locataires des lieux
voisins du point d'incendie seront obligés de livrer, au
besoin, passage aux sapeurs-pompiers et aux agents de
l'autorité appelés à porter des secours.

Art. 30. Les habitants de la rue où se manifestera
l'incendie et ceux des rues adjacentes tiendront les
portes de leurs maisons ouvertes et laisseront puiser
de l'eau à leurs puits, pompes et robinets de conces=
sion pour le service de l'incendie.

Art. 31. En cas de refus de la part des propriétaires et des locataires de déférer aux prescriptions des
trois articles précédents, les portes seront ouvertes à la
diligence du commissaire de police et, à son défaut,
de tout commandant de détachement de sapeurs-pompiers.

Art. 32. Il est enjoint aux propriétaires et princi-
paux locataires des maisons où il y a des puits, des

pompes et autres appareils hydrauliques, de les entretenir en bon état de service. Les puits devront être constamment garnis de cordes, de poulies et de seaux.

Art. 33. Les propriétaires, gardiens ou détenteurs de seaux, pompes, échelles, etc., qui se trouveront, soit dans les édifices publics, soit chez les particuliers, seront tenus de déférer aux demandes du commandant de détachement des sapeurs-pompiers et des commissaires de police qui les requerront de mettre ces objets à leur disposition.

Art. 34. Les porteurs d'eau à tonneaux rempliront leurs tonneaux, chaque soir, avant de les remiser, et les tiendront pleins toute la nuit.

Au premier avis d'un incendie, ils y conduiront leurs tonneaux pleins d'eau (1).

Art. 35. Les gardiens des pompes et réservoirs publics seront tenus de fournir l'eau nécessaire pour l'extinction des incendies.

Art. 36. Toute personne requise pour porter secours en cas d'incendie et qui s'y serait refusée, sera poursuivie ainsi qu'il est dit en l'article 475 du Code pénal.

Art. 37. Les maçons, charpentiers, fumistes, couvreurs, plombiers et autres ouvriers, seront tenus, à la première réquisition, de se rendre au lieu de l'incendie

---

1. Il sera accordé une gratification à chacun des porteurs d'eau arrivés les premiers au lieu de l'incendie avec leurs tonneaux pleins. Cette gratification sera :

De 12 francs pour le premier arrivé ;

De 6 francs pour le second.

En cas d'incendie, les porteurs d'eau sont autorisés à puiser à toutes les fontaines indistinctement.

Ils seront payés de leur travail à raison de 0 fr. 35 c. par hectolitre d'eau fournie.

avec leurs outils ou agrès, mais ils ne travailleront que d'après les ordres du commandant de détachement des sapeurs-pompiers ; faute par eux de déférer à cette réquisition, ils seront poursuivis devant les tribunaux conformément audit article 475.

Art. 38. Tous propriétaires de chevaux seront tenus, au besoin, de les fournir pour le service des incendies, et le prix du travail de ces chevaux sera payé sur mémoires certifiés par le commissaire de police ou par le colonel des sapeurs-pompiers.

Art. 39. Il est enjoint à tous marchands voisins de l'incendie de fournir, sur la réquisition du commissaire de police ou du commandant de détachement de sapeurs-pompiers, les flambeaux et terrines nécessaires pour éclairer les travailleurs, ainsi que le combustible destiné au service des pompes à vapeur.

Le prix des fournitures faites sera payé sur des mémoires certifiés ainsi qu'il est dit à l'article précédent.

TITRE VIII. — DISPOSITIONS GÉNÉRALES.

Art. 40. Les ordonnances de police des 24 novembre 1843 et 11 décembre 1852, concernant les incendies, ainsi que celle du 25 mars 1828, concernant les magasins de détaillants de fourrages, sont rapportées.

Art. 41. — Les contraventions à la présente ordonnance seront constatées par des procès-verbaux qui nous seront transmis pour être déférés, s'il y a lieu, aux tribunaux compétents.

Il sera pris, en outre, suivant les circonstances, telles mesures d'urgence qu'exigera la sûreté publique.

Art. 42. La présente ordonnance sera publiée et affichée.

Les commissaires de police, le chef de la police municipale, le colonel du régiment de sapeurs-pompiers, les officiers de paix, les architectes de la Préfecture de police, l'inspecteur général des halles et marchés, l'inspecteur principal des combustibles, et les autres préposés de la Préfecture de police en surveilleront et en assureront l'exécution, chacun en ce qui le concerne.

Elle sera adressée à notre collègue, M. le préfet de la Seine, à M. le général commandant la place de Paris, à M. le colonel de la gendarmerie de la Seine.

Le Préfet de police,
L. RENAULT.

Par le Préfet de police :

Le secrétaire général,

L. DE BULLÉMONT.

ORDONNANCE CONCERNANT LES INCENDIES

DU 15 SEPTEMBRE 1875 (1).

Note a.

*Instruction du Conseil d'hygiène publique et de salubrité
du département de la Seine, concernant les tuyaux de fumée (2).*

(Lue et adoptée dans la séance du 9 avril 1875).

La salubrité d'une habitation dépend, en grande partie, de
la pureté de l'air qu'on y respire. Tout ce qui vicie l'air doit
donc exercer une influence fâcheuse sur la santé des habitants.

Les tuyaux de fumée en maçonnerie qui traversent des étages
et des habitations peuvent, s'ils sont brisés ou en mauvais état,
être la cause non-seulement d'incendies, mais encore d'altération de la santé, d'asphyxie même, parce que ces tuyaux peuvent alors laisser échapper des gaz délétères qui vicient l'air
des habitations. C'est notamment dans les chambres où l'on
couche qu'il importe que ces tuyaux soient en bon état.

Il faut donc, non-seulement, que ces tuyaux soient solidement et convenablement établis, mais encore qu'ils soient bien
entretenus et que tout tuyau brisé par feu de cheminée, ou
par toute autre cause, soit, de suite, réparé soigneusement ou
remplacé au besoin.

Il faut que les tuyaux de fumée soient d'une capacité suffisante pour les foyers qu'ils desservent, car l'excessive chaleur
d'un tuyau peut le faire éclater, le briser et causer, d'ailleurs,
dans certains cas, une incommodité de nature à altérer la santé.

Les ramonages doivent être faits fréquemment, avec le plus
grand soin, pour éviter les feux dits de cheminée qui brisent

(1) Voir plus haut, p. 922.

(2) Annexée à l'Ordonnance concernant les incendies en date du 15 septembre 1875. — PRÉFECTURE DE POLICE, *Recueil des Ordonnances*, année
1875, n° 22.

et détériorent les tuyaux de fumée, notamment ceux cylindri-
ques. Par suite, après un feu de cheminée, le tuyau doit être
visité attentivement, en vue des réparations ou des remplace=
ments à opérer.

Il importe donc que tout foyer ait son conduit particulier de
fumée, montant jusqu'au dessus des toits ; que tout foyer fixe
ou mobile soit convenablement établi.

Il importe, enfin, de rappeler ce qui est dit dans l'ordonnance
de police du 23 novembre 1853 et dans l'instruction du conseil
à la suite, savoir :

« Tout foyer mobile, brasero, ou autre, alors même qu'on
« n'y brûle que de la braise ou du combustible ne produisant
« pas de fumée, est dangereux s'il n'est, par un tuyau, en com=
« munication directe avec l'air extérieur. »

On ne doit, par la même raison, fermer la clef d'un poêle
qu'après s'être assuré que le feu est complétement éteint.

CCXXIX. — Avis *au public concernant l'Assainissement des habitations* (1).

23 mars 1876.

Le Préfet de police croit utile, au moment où l'inondation touche à sa fin, de rappeler aux habitants des maisons qui ont été envahies par les eaux, les mesures de précaution indiquées dans une Instruction du Comité consultatif d'hygiène publique, en date du 12 juin 1856.

Le Préfet de police,
F. VOISIN.

INSTRUCTION.

Assainissement des habitations. — Les habitations qui auront été envahies par les eaux devront être l'objet d'une attention toute spéciale, afin que ceux que le fléau en aura éloignés n'y rentrent pas avant qu'elles aient été suffisamment assainies.

Elles seront d'abord nettoyées aussi rapidement et aussi complètement que possible, et débarrassées de toutes les immondices que l'eau aurait déposées dans leurs diverses parties.

Le principal et le plus énergique agent d'assainissement des habitations sera l'aération continue et la ventilation la plus active.

Celle-ci sera favorisée, partout où la chose sera

(1) PRÉFECTURE DE POLICE. *Recueil des Ordonnances,* année 1876.

possible, par un grand feu allumé et entretenu dans le foyer, toutes les issues de l'habitation étant ouvertes, afin de faire contribuer à l'assainissement l'air ainsi que la lumière et la chaleur du soleil.

En même temps, on prendra soin d'établir autour de chaque maison, là où l'intérieur est souvent en contact du sol, une rigole de trois à cinq décimètres de profondeur, qui réalisera un des moyens les plus simples et les plus actifs d'égouttement.

Il sera bon également de gratter à vif les parois des murs dans les parties de l'habitation qui auront été le plus endommagées et où se seront accumulés les dépôts vaseux; les planchers, là où il en existe, seront aussi réparés avec soin, et le sol sera recouvert, soit d'une substance désinfectante, comme le charbon concassé, soit d'une matière imperméable, telle que le sable ou les dalles de pierre. Lorsque la maison aura plusieurs étages, on commencera d'abord par en habiter seulement les parties les plus élevées.

On doit employer en même temps de grandes précautions pour assainir certains objets mobiliers, tels que les lits et paillasses, qu'il faudra renouveler ou remplacer, et qui, dans tous les cas, ne devront resservir qu'après avoir été desséchés complètement.

Les procédés d'assainissement employés pour les habitations devront être appliqués avec non moins de vigilance aux étables et écuries, dans le but de prévenir les épizooties dont il n'est pas besoin de faire ressortir, dans les circonstances actuelles, les déplorables conséquences.

Il est une particularité qu'il importe de signaler, bien qu'elle ne doive se produire qu'accidentellement; c'est l'altération possible de l'eau des puits et des sources d'eau potable, dans le voisinage desquels se seraient trouvés des dépôts de matières en décomposition, ou des amas de vase ou de débris organiques, ou qui auraient été souillés par les matières de fosses d'aisances défoncées; il suffit d'appeler l'attention sur ce fait.

CCXXX. — Décret *qui modifie le règlement d'administration publique du 27 décembre 1858, relatif aux rues de Paris* (1).

14 juin 1876.

Art. 1er. Lorsqu'il y aura lieu de procéder à l'ouverture, au redressement ou à l'élargissement d'une rue à Paris ou dans une des villes auxquelles l'article 2 du décret du 26 mars 1852 aura été déclaré applicable, et qu'il paraîtra nécessaire de comprendre dans l'expropriation, en conformité dudit article, des parties d'immeubles situées en dehors des alignements, ces parcelles seront désignées sur le plan soumis à l'enquête prescrite par le titre I er, article 2, de la loi du 3 mai 1841, et mention en sera faite dans l'avertissement publié en vertu de l'article 3 de l'ordonnance royale du 23 août 1835. Il sera statué sur l'autorisation d'acquérir lesdites parcelles par le décret qui déclarera d'utilité publique l'opération de voirie projetée.

Art. 2. Si, postérieurement au décret portant déclaration d'utilité publique, l'administration reconnaît la nécessité d'acquérir des parties d'immeubles situées en dehors des alignements, ces parcelles seront indiquées sur le plan soumis à l'enquête prescrite par le titre II de la loi du 3 mai 1841 ; il en sera fait mention dans l'avertissement donné conformément à l'article 6 de ladite loi, et l'expropriation n'en pourra être auto-

(1) ROGER et SOREL, *Codes et Lois usuelles.*

risée, même en l'absence d'opposition, que par un décret rendu en Conseil d'État.

Art. 3. La disposition qui précède ne fait pas obstacle à ce que le préfet statue, conformément aux articles 11 et 12 de la loi du 3 mai 1841, aussitôt après l'accomplissement des formalités prescrites par le titre II de ladite loi, à l'égard de toutes les autres propriétés comprises dans l'expropriation.

Art. 4. Les articles 1, 2 et 3 du décret du 27 décembre 1858 sont rapportés

CCXXXI. — **Arrêté** *réglementaire relatif à la conservation du matériel destiné à assurer la propreté et la
salubrité de la voie publique* (1).

30 octobre 1876.

Le Préfet de la Seine,

Vu le décret du 10 octobre 1859 et l'article 471,
n° 15, du Code pénal ;

Sur la proposition de l'Inspecteur général des ponts
et chaussées, directeur des travaux,

Arrête :

Art. 1er. Il est défendu de détériorer, de quelque
manière que ce soit, les objets dépendant du matériel
destiné à assurer la propreté ou la salubrité de la voie
publique.

Art. 2. Les contraventions aux dispositions de l'article précédent seront constatées par des procès-
verbaux qui seront déférés aux tribunaux compétents,
sans préjudice des mesures administratives pour la
réparation du dommage.

Art. 3. L'Inspecteur général des ponts et chaussées,
directeur des travaux, est chargé de l'exécution du
présent arrêté, qui sera publié dans Paris, inséré au
Recueil des actes administratifs de la préfecture et dont
ampliation sera remise :

1° Aux ingénieurs en chef de la voie publique ;

2° A l'ingénieur en chef des promenades, de l'éclairage et des concessions.

Ferdinand Duval.

(1) Préfecture de la Seine (Direction des travaux).

CCXXXII. — ATTRIBUTIONS *des Commissaires-voyers titu-
laires et des Commissaires-voyers adjoints* (1).

30 juin 1871. — 15 avril 1878.

Transmission des affaires. — Les affaires de diverse
nature concernant le service de la voirie sont transmises, suivant le cas, par le bureau des alignements
ou par le bureau des traités et acquisitions, à MM. les
commissaires-voyers d'arrondissement qui, après instruction, les remettent à l'ingénieur en chef de la
division à laquelle ils appartiennent. MM. les architectes-voyers tiennent un registre d'ordre de ces affaires.

Un bordereau des pièces ou dossiers transmis à ces
derniers est, chaque jour, adressé à MM. les ingénieurs
en chef.

Fosses d'aisances. — Le service spécial des fosses
étant supprimé, MM. les architectes-voyers et leurs
adjoints ont dans leurs attributions les fosses de construction neuve. L'autorisation de mise en service des
fosses est délivrée par le commissaire-voyer, qui a
préalablement vérifié les plans de construction de
la fosse neuve ou prescrit les modifications ou réparations à faire à la fosse ancienne (2).

(1) PRÉFECTURE DE LA SEINE. (DIRECTION DES TRAVAUX DE
PARIS.)

(2) Par l'arrêté du 15 avril 1878, « les vidanges, y compris les réparations à faire dans les fosses après la vidange »,
sont maintenant comprises dans le service des canaux et de
l'assainissement de Paris et confiées à ceux des agents spé-

Les permissions de voirie contiennent un avis aux constructeurs d'avoir, aussitôt après l'achèvement des travaux, à prévenir le commissaire-voyer pour la vérification à faire.

Avis de l'autorisation de mise en service est donné à l'administration par l'intermédiaire de l'ingénieur en chef.

Les signalements relatifs aux fosses à réparer sont adressés par le service de l'assainissement au bureau administratif, qui les transmet dans la journée aux architectes-voyers, lesquels font faire immédiatement les visites nécessaires (1).

Récolements de hauteur. — Le récolement de hauteur des maisons nouvellement construites n'était dressé, le plus souvent, que longtemps après l'achèvement de la maison. Il importait que cette formalité fût remplie en temps utile, c'est-à-dire de manière à ce qu'il pût toujours être porté remède aux infractions commises. Dans ce but, un avis est également inséré dans la permission de voirie, pour que le commissaire-voyer soit prévenu par les constructeurs du moment où ils poseront le comble. La vérification de hauteur peut alors être utilement faite.

Constatation de l'exécution conforme des plans. — Une autre constatation, qui n'est pas moins nécessaire, est celle de l'exécution fidèle des plans soumis à l'administration et approuvés par elle.

Les architectes-voyers dressent en conséquence, une fois la construction terminée, un rapport constatant

ciaux du service des commissaires-voyers de Paris qui en ont été distraits pour le service des fosses.

(1) Voir note 2, p. 944.

l'exécution conforme des plans approuvés. Ce rapport est joint au dossier de l'affaire.

Procès-verbaux de contravention. — Toutes les contraventions, soit de grande, soit de petite voirie, dans les espèces rentrant dans les attributions des commissaires-voyers, continuent, comme par le passé, à être relevées par ces agents.

Lorsqu'il y a doute sur la suite à donner aux procès-verbaux, l'affaire est portée devant la Commission de voirie, qui décide s'il y a lieu de poursuivre la contravention signalée.

En dehors de leurs attributions spéciales, les agents de tout ordre du service de la voirie doivent, d'ailleurs, signaler d'office, à l'Administration, tout ce qui leur paraîtrait de nature à motiver son action.

CCXXXIII. — Ordonnance *de police concernant la salubrité des logements loués en garni* (1).

7 mai 1878.

Nous, Préfet de police,

Vu : 1° les lois des 16-24 août et 19-22 juillet 1791;

2° Les arrêtés des consuls des 12 messidor an VIII et 3 brumaire an IX;

3° Les articles 471, § 15, et 474 du Code pénal;

4° Les ordonnances de police des 15 juin 1832, concernant les aubergistes, maîtres d'hôtels garnis et logeurs, et 23 novembre 1853, concernant la salubrité des habitations;

5° L'avis du Conseil d'hygiène publique et de salubrité du département de la Seine;

Ordonnons ce qui suit :

Art. 1er. En conformité de l'ordonnance de police du 15 juin 1832, aucune maison ou partie de maison ne pourra être livrée à la location en garni qu'après une déclaration faite à la Préfecture de police.

Dans un délai de cinq jours, à partir de la réception de cette déclaration, les locaux proposés seront visités par des agents de l'Administration qui s'assureront de l'état de salubrité des lieux et de l'exécution des prescriptions hygiéniques concernant les habitations.

Le logeur ne pourra recevoir des locataires qu'à partir du jour où il lui aura été donné acte de sa déclaration.

----

(1) Préfecture de police. *Recueil des Ordonnances,* année 1878.

Art. 2. Dans la visite prescrite par l'article précédent, il sera procédé au cubage des chambres louées en garni.

Le nombre des locataires qui pourront être reçus dans chaque chambre sera proportionnel au volume d'air qu'elle contiendra. Ce volume ne sera jamais inférieur à 14 mètres cubes *par personne*.

Le nombre maximum des personnes qu'il sera permis de recevoir dans chaque chambre y sera affiché d'une manière apparente.

Art. 3. Le sol des chambres sera imperméable et disposé de façon à permettre de fréquents lavages, à moins qu'il ne soit planchéié et frotté à la cire ou peint au siccatif.

Les murs, les cloisons et les plafonds seront enduits en plâtre; ils seront maintenus en état de propreté, et, de préférence, peints à l'huile ou badigeonnés à la chaux.

Les peintures seront lessivées ou renouvelées au besoin tous les ans.

On ne pourra garnir de papier que les chambres à un ou deux lits, et ces papiers seront renouvelés toutes les fois que cela sera nécessaire.

Art. 4. Les chambres devront être convenablement ventilées.

Les chambrées, c'est-à-dire les chambres qui contiennent plus de quatre locataires, devront être pourvues d'une cheminée ou de tout autre moyen d'aération permanente.

Art. 5. Il est interdit de louer en garni des chambres qui ne seraient pas éclairées directement, ou qui ne prendraient pas air et jour sur un vestibule ou sur un corridor éclairé lui-même directement.

Les chambrées et les chambres qui contiendraient

plus de deux personnes devront toujours être éclairées directement.

Art. 6. Il est interdit de louer des caves en garni.

Les sous=sols ne pourraient être loués en garni qu'en vertu d'autorisations spéciales.

Art. 7. Il est absolument défendu d'admettre dans les chambrées des personnes de sexe différent.

Art. 8. Il n'y aura pas moins d'un cabinet d'aisances pour chaque fraction de vingt habitants.

Ces cabinets, peints au blanc de zinc, et tenus dans un état constant de propreté. seront suffisamment aérés et éclairés directement. Ils seront munis d'appareils à fermeture automatique.

Le sol sera imperméable et disposé en cuvette inclinée, de manière à ramener les liquides vers le tuyau de chute, et au=dessus de l'appareil automatique.

Les urinoirs, s'il en existe, seront construits en matière imperméable. Ils seront à effet d'eau.

Art. 9. Les plombs seront munis d'une fermeture hermétique, lavés et désinfectés assez souvent pour qu'ils ne répandent aucune odeur.

Art. 10. Les corridors, les paliers, les escaliers et les cabinets d'aisances devront être fréquemment lavés, à moins qu'ils ne soient frottés à la cire ou peints au siccatif, ainsi que cela a été prescrit pour les chambres.

Art. 11. Chaque maison louée en garni sera pourvue d'une quantité d'eau suffisante pour assurer la propreté et la salubrité de l'immeuble, et pour pourvoir aux besoins des locataires.

Art. 12. Toutes les fois qu'un cas de maladie épidémique ou contagieuse se sera manifesté dans un garni, la personne qui tiendra ce garni devra en faire immédiatement la déclaration au commissaire de police de son quartier ou de sa circonscription, lequel nous transmettra cette déclaration.

Un membre du Conseil de salubrité sera délégué pour constater la gravité de la maladie, et provoquer les mesures propres à en prévenir la propagation.

Art. 13. Les personnes qui tiendront des logements en garni seront tenues de se conformer à toutes les prescriptions :

1° De l'ordonnance de police susvisée du 23 novembre 1853, concernant la salubrité des habitations ;

2° De l'instruction du Conseil d'hygiène publique et de salubrité de la Seine, annexée à ladite ordonnance, aussi bien qu'à toutes les prescriptions intervenues depuis cette époque.

Art. 14. Les contraventions aux dispositions qui précèdent seront constatées par des procès-verbaux ou rapports, et déférées aux tribunaux compétents.

Art. 15. L'ordonnance de police du 23 novembre 1853, et l'instruction du Conseil de salubrité rappelées dans l'article précédent, seront publiées et affichées en même temps que la présente ordonnance.

Art. 16. Les sous-préfets des arrondissements de Sceaux et de Saint-Denis, les maires et les commissaires de police des communes du ressort de la préfecture de police, les commissaires de police de Paris, le chef de la police municipale, et les autres préposés de la préfecture de police, sont chargés, chacun en ce qui les concerne, de tenir la main à l'exécution de la présente ordonnance.

Le Préfet de police,
ALBERT GIGOT.

Par le Préfet de police :

Le Secrétaire général,
L. DE BULLEMONT.

CCXXXIV. — *Extrait du décret approbatif du tarif de
perception de la taxe de balayage* (1).

4 décembre 1878.

Le Président de la République française,

Sur le rapport du Ministre de l'Intérieur ;

Vu la loi du 26 mars 1873, qui convertit en une taxe
municipale, payable en numéraire, l'obligation imposée aux propriétaires riverains des voies de communication de Paris de balayer le sol livré à la circulation ;

Les décrets du 24 décembre 1873 et 12 février 1877,
réglant le tarif du balayage pour la période quinquen-
nale de 1874 à 1878 ;

Le projet de tarif approuvé pour la période de 1879
à 1883 ;

Les pièces des enquêtes auxquelles il a été procédé
dans les vingt arrondissements de Paris ;

Les rapports des ingénieurs du service municipal ;

La délibération du Conseil municipal de Paris, en
date du 30 juillet 1878 ;

Les propositions du Préfet de la Seine ;

L'ordonnance royale du 23 août 1835 ;

Le Conseil d'État entendu ;

Décrète :

Art. 1er. Est approuvé et déclaré exécutoire pendant
cinq années, à partir du 1er janvier 1879, le tarif voté

____

(1) PRÉFECTURE DE LA SEINE. (DIRECTION DES TRAVAUX DE
PARIS.)

par le Conseil municipal de Paris, dans sa délibération du 30 juillet 1878, ci-dessus visée, pour la perception de la taxe de balayage créée par la loi du 26 mars 1873.

En conséquence :

1° Les voies de communication de Paris livrées à la circulation sont divisées en huit catégories, subdivisées chacune en trois classes : A, B, C.

2° Les droits à percevoir par chaque catégorie de voies sont fixés conformément au tarif suivant :

NUMÉROS des catégories.	A CONSTRUCTION en bordure de la voie publique.	B PROPRIÉTÉS BATIES ne bordant pas la voie publique, et closes par des murs des grilles ou autres modes de clôtures équivalentes	C TERRAINS VAGUES clos de planches, treillages ou haies, ou non clos.
1re . . .	Fr. 0.70	Fr. 0.525	Fr. 0.35
2e . . .	0.60	0.45	0.30
3e . . .	0.50	0.375	0 25
4e . . .	0.40	0.30	0.20
5e . . .	0.30	0.225	0.15
6e . . .	0.20	0.15	0.10
7e . . .	0.10	0.075	0.05
8e . . .	0.08	0.06	0.04

(Par mètre superficiel.)

CCXXXV. — Arrêté *concernant l'établissement de bran-*
chements et de bouches d'eau pour protéger les immeubles
contre l'incendie (1).

30 avril 1879.

Le Sénateur, Préfet de la Seine,

Vu la délibération du conseil municipal de Paris, en
date du 29 mars 1879, portant qu'il y a lieu d'autoriser les propriétaires ou locataires des maisons de
Paris à installer à leurs frais, risques et périls, des
branchements et des bouches d'eau, destinés à protéger leurs immeubles contre l'incendie, ladite délibération déterminant les conditions auxquelles ces autorisations seront subordonnées ;

Vu le traité passé entre la Ville de Paris et la Compagnie générale des eaux, le 11 juillet 1860, et le
règlement sur les abonnements aux eaux, en date du
30 novembre 1860 ;

Vu l'avis de ladite compagnie ;

Vu l'avis du Comité consultatif de jurisconsultes
établi près la préfecture de la Seine ;

Vu le rapport de l'Inspecteur général des ponts et
chaussées, directeur des travaux ;

Arrête :

Art. 1. La délibération du conseil municipal de
Paris, en date du 29 mars 1879, susvisée, est approuvée.

Les propriétaires ou locataires des maisons de Paris
pourront être autorisés, sous la réserve des droits des
tiers, à placer à leurs frais, risques et périls, dans le

____

(1) Préfecture de la Seine (Direction des travaux). — Voir
plus loin, p. 957, *note a, le modèle d'engagement à souscrire.*

sol de la voie publique, des tuyaux de branchements d'eau, en fonte ou en plomb, d'un diamètre choisi et déterminé par eux, qui devront se raccorder avec les conduites publiques des eaux de la ville, pour rejoindre ensuite et alimenter des bouches d'incendie établies à l'intérieur ou à l'extérieur des maisons.

Art. 2. Ces autorisations sont subordonnées aux conditions suivantes, que le permissionnaire devra s'engager à remplir :

1° Aucun branchement de secours contre l'incendie ne pourra être établi que dans les locaux où l'alimentation journalière, soit de la propriété, soit des industries, soit des habitants, aura été préalablement assurée par une concession d'eau, soumise aux tarifs et conditions de l'arrêté réglementaire du 30 novembre 1860.

Le branchement et la canalisation intérieure de secours contre l'incendie seront complètement isolés du branchement et de la canalisation intérieure du service ordinaire.

2° La Ville de Paris ne sera tenue à aucune obligation envers le permissionnaire, en ce qui concerne soit la quantité, soit la pression, soit même le fonctionnement de l'eau contenue dans la conduite publique sur laquelle le branchement sera autorisé.

3° Lorsque les appareils de prise d'eau seront placés à l'intérieur de la propriété, le robinet destiné à la manœuvre du branchement sera placé dans un regard établi dans le sol de la voie publique, et fermé par une clef qui sera remise au permissionnaire. Il devra être revêtu de cachets, lesquels ne pourront être brisés que dans le cas d'incendie.

4° En dehors du cas ci-dessus dûment établi et de l'exception prévue à l'art. 3 ci-après, toute rupture de ces cachets constatée, soit par les agents du service des eaux de la ville de Paris, soit par les agents assermentés de la Compagnie générale des eaux, entraînera pour le permissionnaire l'obligation de payer une indemnité de 1,000 fr. à titre de dommages-intérêts.

Si ces cachets étaient rompus par cas de force majeure, ou par une cause étrangère à la volonté du permissionnaire, celui-ci devrait en aviser immédiatement la Compagnie générale des eaux. Il en sera référé sans retard à l'administration qui pourra, sur l'avis de l'ingénieur en chef des eaux, autoriser l'apposition de nouveaux cachets, sans pénalité.

5° La Compagnie générale des eaux, régisseur intéressé de la ville de Paris pour les eaux livrées aux particuliers, aura un droit de contrôle sur les appareils dont il s'agit.

Elle dressera, s'il y a lieu, procès-verbal de toutes les contraventions, sans préjudice des dommages-intérêts qu'elle croirait devoir réclamer pour le dommage que ces contraventions auraient pu lui causer ;

6° Les travaux nécessaires à l'établissement dans le sol de la voie publique du branchement autorisé seront exécutés et réparés par les entrepreneurs de la ville de Paris, aux frais et sous la responsabilité du permissionnaire, et aux conditions du devis et de la série de prix de l'adjudication du 8 janvier 1877.

7° Ces autorisations, absolument temporaires, concernant des eaux publiques, inaliénables et imprescriptibles, seront révocables à la volonté de l'administration, par arrêté préfectoral, et ne pourront être transportées à aucune autre personne ou compagnie sans le consentement de l'administration.

8° Les frais de timbre et d'enregistrement de l'ar-

rêté d'autorisation et de l'engagement du permissionnaire seront supportés par celui-ci.

Art. 3. Sur la demande qu'en fera le permissionnaire, par lettre au directeur de la compagnie générale des eaux, un agent sera mis à sa disposition pour
assister à l'ouverture du robinet cacheté, permettre
toute expérience, vérification et constatation de l'état
des appareils et rétablir les cachets après l'opération.

Art. 4. Le robinet extérieur cacheté ne sera obligatoire ni pour les théâtres, ni pour les cafés-concerts
soumis au contrôle régulier des pompiers, et dont la
liste est arrêtée par M. le préfet de police.

. Art. 5. Les théâtres seuls seront exceptés de l'abonnement imposé par le § 1er de l'art. 2 du présent arrêté ; mais cet abonnement sera obligatoire pour tous
autres établissements, notamment pour les cafés-
concerts de quelque catégorie qu'ils soient.

Art. 6. L'Inspecteur général des ponts et chaussées,
directeur des travaux, est chargé d'assurer l'exécution
du présent arrêté dont ampliation sera remise :

1° Au secrétariat général (1re division, 1er bureau),
pour insertion au Recueil des actes administratifs ;
2° A M. le préfet de police ; 3° A M. le colonel des
sapeurs-pompiers ; 4° A M. l'ingénieur en chef des
eaux (1re division) ; 5° A la Compagnie générale des
eaux ; 6° A M. l'agent judiciaire, chef du contentieux
de la ville de Paris.

Signé : F. HEROLD.

Pour ampliation :

Le secrétaire général de la préfecture,

Signé : J.-G. VERGNIAUD.

ARRÊTÉ DU 30 AVRIL 1879

CONCERNANT LES BRANCHEMENTS ET BOUCHES D'EAU (1).

Note a.

FORMULE D'ENGAGEMENT à souscrire par les établissements et les propriétaires, pour bouches d'incendie à établir dans l'intérieur des propriétés.

Je soussigné,
demeurant à Paris, rue   *n°*
demande l'autorisation de placer à mes frais, risques et pé-
rils, sous le sol de la voie publique, un tuyau de branche-
ment en   *d'un diamètre de*
destiné à l'alimentation de   *bouche d'incendie de*
     de diamètre et du système adopté par la ville de Pa-
ris, laquelle bouche établie à l'intérieur de l'immeuble sis
rue   *n°*
Je m'engage à remplir toutes les conditions prescrites par
l'arrêté réglementaire du 30 avril 1879, notamment celles
relatives à l'obligation du robinet cacheté et au payement
d'une indemnité de 1,000 fr. (mille francs) dans le cas où
le cachet serait indûment brisé.
Il est bien entendu que, conformément d'ailleurs à cet
arrêté, la Ville ne sera tenue à aucune obligation envers
moi, en ce qui concerne soit la quantité, soit la pression,
soit même le fonctionnement de l'eau contenue dans la con-
duite publique sur laquelle le branchement sera autorisé.

     Paris, le   *mil huit cent*

(1) Voir plus haut, p. 953.

CCXXXVI. — ARRÊTÉ *concernant la projection des eaux pluviales et ménagères dans l'égout public* (1).

2 juillet 1879.

Le Sénateur, Préfet de la Seine,

Vu l'art. 6 du décret du 26 mars 1852, portant que « toute construction nouvelle dans une rue pourvue « d'égout devra être disposée de manière à y conduire « les eaux pluviales et ménagères, et que la même dis- « position sera prise pour toute maison ancienne, en « cas de grosses réparations et en tout cas avant dix « ans ; »

Vu l'arrêté préfectoral du 19 décembre 1854, disposant que cette projection aura lieu par des galeries souterraines en maçonnerie ;

Vu l'arrêté préfectoral du 24 avril 1866, relatif à l'établissement des tuyaux de prise d'eau dans ces galeries ;

Vu l'arrêté préfectoral du 25 février 1870, déterminant les dimensions à leur donner ;

Vu les arrêtés préfectoraux, en date des 4 mai 1860, 9 juin 1863 et 14 février 1872, relatifs à la construction, à l'entretien et au curage desdites galeries ;

Vu le rapport, en date du 25 juillet 1878, par lequel M. l'Inspecteur général des Ponts et Chaussées, Directeur des Travaux de Paris, expose, après avis des ingénieurs du Service municipal, que les meilleures dispositions à prendre pour procurer une économie notable dans la dépense du drainage des propriétés

____

(1) PRÉFECTURE DE LA SEINE (DIRECTION DES TRAVAUX).

de Paris et sauvegarder en même temps les besoins
de la circulation, le bon entretien des voies publiques
et la sécurité des habitations, consisteraient à autoriser par voie d'arrêté réglementaire, savoir :

1° L'emploi de tuyaux résistants en fonte ou en grès,
d'un diamètre minimum de $0^m,20$ et placés en ligne
droite suivant une pente de $0^m,10$ au moins par mètre,
pour l'écoulement direct dans l'égout des eaux pluviales et ménagères des propriétés d'un revenu imposable inférieur à 1,600 francs situées en dehors des
voies publiques de grande circulation et dont l'alimentation en eau ne comporte pas les fortes pressions des
eaux de source et de rivière ;

2° Et la réduction, pour les branchements particuliers d'égout d'une longueur inférieure à 6 mètres, des
dimensions assignées à ces galeries par l'art. 1er de
l'arrêté préfectoral du 25 février 1870, à une hauteur
sous clef de 1 mètre, avec largeur aux naissances de
$0^m,60$ et au radier de $0^m,40$, le classement des voies
publiques de grande circulation devant être prononcé
après enquête dans chacun des vingt arrondissements
de Paris sur des tableaux provisoires dressés par les
soins de l'Administration ;

Vu la délibération, en date du 31 mai 1879, par laquelle le Conseil municipal de Paris a adopté la plupart des dispositions susrelatées, sous les réserves et
avec les modifications ci-après exprimées, et émet
l'avis :

I. Qu'un arrêté préfectoral autorisât :

1° Pour l'écoulement direct dans l'égout des eaux
pluviales et ménagères des propriétés d'un revenu imposable inférieur à 3,000 francs situées en dehors des
voies publiques de grande circulation, l'emploi de

tuyaux résistants, en fonte ou en grès, d'un diamètre minimum de 0^m,30 et placés en ligne droite, suivant une pente de 0^m,075 au moins par mètre;

2° Pour l'établissement des galeries souterraines de branchements d'une longueur inférieure à 6 mètres, la réduction des dimensions assignées à ces galeries par l'art. 1er de l'arrêté préfectoral du 25 février 1870 jusqu'aux minima suivants :

Hauteur sous clef.	1^m,00
Largeur aux naissances.	0^m,60
Largeur au radier.	0^m,40

II. Que, en vue de l'exécution des dispositions qui précèdent, une enquête fût ouverte dans les vingt mairies d'arrondissement, sur la désignation des voies publiques de grande circulation;

III. Que l'exécution complète des dispositions de l'art. 6 du décret du 26 mars 1852 fût poursuivie activement et terminée à bref délai;

Vu l'ordonnance du bureau des Finances du 2 août 1774, et les lettres patentes du 30 décembre 1785; les lois des 16-24 août 1790 (art. 3) et des 19-22 juillet 1791 (titre 1er, art. 29, § 2 et art. 46); la loi du 28 pluviôse an VIII (art. 4 et 6), et celle du 16 septembre 1807 (art. 36 et 37), et le décret du 10 octobre 1859;

Arrête :

Art. 1er. Les dimensions des branchements particuliers d'égout, d'une longueur inférieure à 6 mètres, sont réduites aux minima suivants :

Hauteur sous clef.	1^m,00
Largeur aux naissances.	0^m,60
Largeur au radier.	0^m,40

Art. 2. L'écoulement direct dans l'égout public des eaux pluviales et ménagères des propriétés d'un revenu imposable inférieur à 3,000 francs, situées en dehors des voies publiques de grande circulation, pourra être autorisée au moyen de tuyaux résistants, en fonte ou en grès, d'un diamètre minimum de 0^m,30 centimètres et placés en ligne droite, suivant une pente de 0^m,075 millimètres au moins par mètre.

Art. 3. Les Ingénieurs du Service municipal des Travaux publics dresseront immédiatement la liste des voies de grande et de petite circulation, qui sera déposée dans chaque mairie pour recevoir les observations des intéressés.

La durée de cette enquête est fixée à vingt jours.

A l'expiration de ce délai, les maires renverront les procès-verbaux de l'enquête, avec leur avis personnel, au Préfet de la Seine, qui soumettra le dossier d'enquête au Conseil municipal de Paris.

Après délibération du Conseil, le Préfet de la Seine arrêtera définitivement la liste des voies de grande ou de petite circulation.

Art. 4. Les arrêtés des 19 décembre 1854, 9 juin 1863, 25 février 1870 et 14 février 1872, susvisés, sont rapportés pour toutes celles de leurs dispositions qui sont contraires au présent arrêté.

Art. 5. L'Inspecteur général des Ponts et Chaussées, Directeur des Travaux de Paris, est chargé de l'exécution du présent arrêté dont l'ampliation sera transmise :

1° A M. le Ministre de l'Intérieur ;

2° A M. le Préfet de Police ;

3° Aux Maires des vingt arrondissements de Paris ;

4° A l'Ingénieur en chef de la voie publique (1re division) ;

5° A l'Ingénieur en chef de la voie publique (2ᵉ division) ;

6° Aux Ingénieurs en chef des eaux et égouts (1ʳᵉ et 2ᵉ divisions) ;

7° A l'Ingénieur en chef des Promenades et Plantations ;

8° Au Secrétariat général (1ʳᵉ division, 2ᵉ Bureau), pour insertion au *Recueil des Actes administratifs* ;

9° A la Compagnie générale des eaux.

Signé : F. HÉROLD.

Pour ampliation :

Le Secrétaire général de la Préfecture,

Signé : J.-G VERGNIAUD.

CCXXXVII. — Conditions *générales relatées dans les permissions de grande voirie* (1).

Année 1879.

Les murs de face du bâtiment, y compris l'attique ou les mansardes, ne dépassera pas la hauteur de mètres, centimètres.

1° Toutes les charges et conditions énoncées dans la permission d'autre part (2) sont de rigueur. Si elles n'étaient pas exactement remplies, des poursuites seraient dirigées contre les propriétaires, les architectes et les entrepreneurs, qui, dans aucun cas, ne pourraient se prévaloir de ce que les plans, coupes et élévations soumis par eux à l'Administration ne seraient pas conformes auxdites conditions. Ces plans devront toujours être signés par les propriétaires. — Des poursuites seraient également exercées si les travaux étaient commencés avant la délivrance de la permission.

2° Les lignes horizontales des façades, comme grands balcons, bandeaux, entablements, etc., des diverses maisons comprises dans un même îlot, seront raccordées entre elles. — Lorsque l'inclinaison de la voie publique ne permettra pas de raccorder les façades des diverses maisons d'un îlot, ces maisons

(1) Préfecture de la Seine. (Direction des travaux de Paris.)
(2) Il s'agit ici des conditions particulières insérées dans le texte même de l'arrêté préfectoral accordant la permission.

seront divisées par groupes, suivant les indications de l'Administration.—Les propriétaires pourront s'affranchir du raccord avec les maisons contiguës, en respectant le nu de la tête des murs mitoyens, c'est-à-dire en arrêtant les lignes des bandeaux, corniches, etc., au droit du parement intérieur desdits murs. — Dans ces divers cas, l'Administration déterminera le point où devra être mesurée la hauteur du mur de face, toutes les fois qu'il s'agira d'une hauteur de plus de 17^m,55.

3° La hauteur des murs de face sur les cours ou espaces intérieurs sera conforme aux dispositions de l'article 5 du décret du 27 juillet 1859. — Chaque étage, même l'étage de comble, aura au moins 2^m,60 de hauteur entre planchers. — Le faîtage n'excédera pas une hauteur égale à la moitié du corps de logis, mesurée hors œuvre. — A part les cas prévus par le décret du 27 juillet 1859, les pans du comble seront droits et ne dépasseront pas une ligne inclinée à 45 degrés partant de l'extrémité de l'entablement. — Le relief du chéneau ne sortira pas du même périmètre, et celui des égouts n'excédera pas de plus de 0^m,10 la saillie des corniches. — Toutes les saillies devront être conformes aux prescriptions de l'ordonnance du 24 décembre 1823. — Sur les boulevards ou autres voies plantées, les portes cochères seront placées en face des espaces libres entre les arbres, autrement le passage des voitures ne serait pas autorisé. — Les façades des maisons seront constamment tenues en état de propreté ; elles seront grattées, peintes ou badigeonnées au moins une fois tous les dix ans, sur l'injonction de l'autorité municipale, conformément au décret du 26 mars 1852.

4° Les constructeurs devront, *avant de se mettre à*

l'œuvre, adresser une demande spéciale pour obtenir le nivellement de la voie publique au-devant des constructions projetées, et les cotes de ce nivellement, délivrées par les soins de MM. les ingénieurs du service municipal, feront l'objet d'un arrêté spécial.

5° Ils devront aussi préalablement prendre communication au bureau du service des carrières, rue Brézin, n° 29, des plans souterrains qui s'y trouvent déposés, à l'effet de savoir si le sol de la propriété ne renfermerait pas d'anciennes carrières souterraines qui les obligeraient à prendre certaines mesures de précaution ou à modifier leurs projets. Ils sont d'ailleurs prévenus que dans le cas d'un affaissement du sol provenant de leur fait, ils seront responsables, envers la Ville, des dégradations que la voie publique ou les conduites d'eau auront éprouvées.

6° Au moment de poser la première assise de re= traite, ils donneront avis de l'état des travaux au géomètre en chef du service du plan de Paris, à l'Hôtel de Ville, à fin de vérification de l'alignement de ladite assise. — Aussitôt après la pose des combles, ils informeront le commissaire-voyer de l'arrondissement de l'exécution de ce travail, à fin de récolement de la hauteur du bâtiment.

7° Toute construction, dans une rue pourvue d'é- gout, sera disposée de manière à conduire dans l'égout les eaux pluviales ou ménagères, conformément aux prescriptions de la permission qui sera délivrée sur une demande spéciale. — Un tuyau de ventilation d'au moins 4 décimètres carrés de section, partant de l'égout et s'élevant au-dessus du comble, sera établi, soit sur le parement intérieur, soit sur la tête du mur mitoyen. — Le sol des cours sera disposé de manière à assurer l'écoulement des eaux, et chaque bâtiment sera pourvu des accessoires nécessaires aux besoins des habitants, tels que cuvettes pour les eaux ménagères, tuyaux d'écoulement et cabinets d'aisances, le tout établi dans les conditions prescrites par les règlements.

Les propriétaires sont tenus de se conformer rigoureusement à la cote d'altitude minima fixée pour le radier des fosses. — On fait observer que l'écoulement direct des eaux vannes à l'égout public, de même que la pose de tout appareil mobile dans les fosses, doit faire l'objet d'une demande spéciale avec plans, et que l'autorisation sera accordée, s'il y a lieu, par un arrêté pris sur la proposition des ingénieurs du service municipal.

Indépendamment de leur réception par les commissaires-voyers, les fosses d'aisances devront, avant leur mise en service, être l'objet d'une vérification au point de vue de l'exécution des lois et règlements sur la matière de la part de l'inspection de l'assainissement qui délivrera le permis de fermer.

8° Les dégradations faites au pavé ou au trottoir à l'occasion des travaux autorisés seront réparées aux frais du propriétaire par les entrepreneurs des travaux de la voie publique, sous la surveillance des ingénieurs du service municipal. En conséquence, deux jours avant de commencer les travaux, les constructeurs devront donner avis desdits travaux à l'ingénieur de la section et à l'architecte commissaire-voyer de l'arrondissement, et justifier au commissaire de police du quartier de l'accomplissement de cette formalité. — Les frais de premier pavage du terrain dévolu à la voie publique par suite de reculement sont à la charge des propriétaires riverains; mais les travaux de viabilité ne pourront être entrepris qu'à la suite d'une demande spéciale formée lors de l'achèvement des constructions. — Les intérêts du prix du terrain livré à la voie publique ne pourront courir qu'à partir du jour de l'achèvement complet, soit du pavage, soit du trottoir qui en tiendra lieu.

9° Les plaques indicatives des voies publiques et du numérotage des maisons seront, en cas de reconstruction, mises à part et représentées par le propriétaire; celles qui auraient été endommagées seront rétablies à ses frais. — Les emplacements destinés auxdites plaques seront ménagés et ne devront être masqués sous aucun prétexte. — Les plaques indicatives des voies publiques sont placées, selon les cas, soit à l'encoignure des rues, soit dans l'axe des rues aboutissant en face des maisons sur lesquelles elles sont posées. — Les numéros sont placés au-dessus et dans l'axe de la principale porte de chaque maison; en cas d'empêchement, dans l'axe du dosseret droit de ladite porte; et enfin, s'il est nécessaire, dans l'axe du dosseret gauche; le tout en se conformant aux prescriptions de l'Administration.

10° Lorsqu'il y a lieu d'établir une barrière provisoire au-devant des constructions, les constructeurs doivent se soumettre aux prescriptions du Préfet de police, pour la saillie de cette barrière.

11° L'entrepreneur des travaux présentement autorisés est tenu d'établir pendant toute leur durée un appareil mobile de fosses d'aisances à l'usage des ouvriers et suffisamment entouré dans l'intérêt de la décence.

12° *La permission ci-dessus est délivrée sous toutes réserves des droits des tiers et de ceux que pourraient constituer, en faveur de la Ville de Paris, les clauses des contrats par lesquels elle aurait cédé une partie ou la totalité des terrains sur lesquels doivent être élevées les constructions projetées. Elle n'est valable que pour un an à partir de ce jour.* — En exécution de la loi du 13 brumaire an VII (3 novembre 1798) et de la décision du Ministre des finances, en date du 14 février 1809, l'impétrant supportera les frais de timbre de l'extrait qui lui sera remis.

13° En cas d'incertitude au sujet de l'application des termes de la présente permission, le propriétaire, l'architecte ou l'entrepreneur devront s'adresser au commissaire-voyer de l'arrondissement (ou à l'ingénieur de la section, s'il s'agit de clôture sans autres constructions) qui donnera toutes les explications nécessaires, même sur les lieux, s'il en est besoin.

CCXXXVIII. — CHARGES *et conditions générales relatées dans les permissions de saillie sur la voie publique* (1).

Année 1879.

1° Les objets indiqués seront établis dans le délai d'une année, au plus, à partir de ce jour, et la présente permission devra être renouvelée dans le cas où il n'en aurait pas été fait usage avant l'expiration dudit délai.

Ces objets ne pourront excéder les dimensions fixées par la permission, notamment en ce-qui concerne la saillie, qui sera mesurée à partir du nu du mur, au-dessus des assises de retraite.

2° Les *lanternes* devront être posées à 2 mètres 50 centimètres d'élévation et à 75 centimètres de saillie le soir; elles seront retirées pendant le jour ou reployées de manière à ne pas excéder 16 centimètres de saillie.

Les *stores* pourront être posés au-devant des baies des croisées, à la condition que le mécanisme en sera placé dans l'épaisseur du tableau des fenêtres; qu'ils n'excéderont pas 1 mètre 50 centimètres de saillie; qu'ils seront retirés dès que le soleil ne donnera plus sur l'appartement et qu'ils seront constamment entretenus en bon état de propreté et de solidité.

Les *marquises* et *bannes* ne sont autorisées qu'au-devant des maisons pourvues de trottoirs.

(1) PRÉFECTURE DE LA SEINE. (DIRECTION DES TRAVAUX DE PARIS.)

La hauteur minima et la saillie maxima de ces objets
sont fixées ainsi qu'il suit :

    Marquises. . . hauteur, 3 mètres; saillie, 0^m,80.
    Bannes. . . . hauteur, 2^m,50; saillie, 1^m,50.

Les hauteurs seront mesurées du sol du trottoir à
la partie la plus basse de la marquise ou banne.

Les saillies devront, dans tous les cas, s'arrêter à
25 centimètres en arrière de l'arête de la bordure des
trottoirs.

Les *parements de décoration* ne devront recouvrir que
le mur de face de l'entresol.

Les *devantures* ne pourront excéder 5 mètres d'élévation.

Le *renouvellement de toiles des bannes et stores* est assi-
milé au premier établissement de ces saillies et donne
lieu aux mêmes droits.

En conséquence, ce renouvellement devra être précédé d'une demande à la préfecture de la Seine, faute
de quoi des poursuites seraient exercées contre les dé-
linquants.

3° Les objets autorisés ne devront, dans aucun cas,
être posés de manière à nuire au service de l'éclairage
public, ou à masquer, soit les inscriptions indicatives
des voies publiques ou la place destinée à ces inscriptions, soit les numéros des maisons, soit, enfin, les
emplacements affectés à l'affichage des lois et des actes
de l'autorité.

4° Les dégradations faites au trottoir ou au pavé à
l'occasion des ouvrages autorisés, seront réparées, aux
frais de l'impétrant, par les entrepreneurs des travaux
de la voie publique, sous la surveillance des ingénieurs
du service municipal. En conséquence, deux jours

avant de commencer les travaux, le permissionnaire devra en donner avis à l'Ingénieur de la section et à l'Architecte commissaire-voyer de l'arrondissement et justifier au Commissaire de police du quartier de l'accomplissement de cette formalité.

5° Aussitôt après leur exécution, les ouvrages autorisés seront vérifiés par le commissaire-voyer de l'arrondissement.

Il ne pourra être établi, sans une nouvelle [permission, aucun autre objet en saillie, aucun dépôt ou étalage sur la voie publique, au delà des maisons et boutiques.

6° La présente permission, accordée sous réserve des droits des tiers, est essentiellement révocable, et ne saurait, par conséquent, constituer aucun droit définitif en faveur du permissionnaire, qui devra, au contraire, supprimer ou modifier les objets autorisés à la première réquisition de l'Administration, et ne pourra prétendre, dans aucun cas, ni à une indemnité ni au remboursement des droits payés.

7° En exécution de la loi du 13 brumaire an VII (3 novembre 1798) et de la décision du Ministre des finances, en date du 14 février 1809, l'impétrant supportera les frais de timbre de l'extrait qui lui sera remis.

TABLE CHRONOLOGIQUE

DES

USAGES ANCIENS, RÈGLEMENTS ADMINISTRATIFS
ET LOIS COMPLÉMENTAIRES

DEUXIÈME PARTIE

(1848 — 1880)

FIN DE LA TABLE CHRONOLOGIQUE DES USAGES ANCIENS, RÈGLEMENTS
ADMINISTRATIFS ET LOIS COMPLÉMENTAIRES.
(IIᵉ PARTIE. — 1848-1880)

VOIRIE

JURISPRUDENCE SPÉCIALE

JURISPRUDENCE DE LA COUR DE CASSATION
DU CONSEIL D'ÉTAT ET DU CONSEIL
DE PRÉFECTURE DE LA SEINE

Nota. — Les arrêts de la Cour de Cassation et les arrêts du Conseil d'État relatés ci-dessous ont surtout rapport à des questions de voirie et sont classés par ordre chronologique (1).

(1) Tous les arrêts reproduits ci-dessous sont empruntés, soit au *Recueil périodique et critique de Jurisprudence générale* de MM. DALLOZ, soit au *Recueil de Règlements* édité par la PRÉFECTURE DE LA SEINE.

CONSEIL D'ÉTAT.

Arrêt du 23 janvier 1862.

NAPOLÉON, par la grâce de Dieu et la volonté nationale, Empereur des Français, à tous présents et à venir, salut.

Sur le rapport de la section du contentieux ;

Vu les requêtes sommaire et ampliative présentées pour le sieur Charles-Auguste Legendre, demeurant à Savigny-sur-Orge (Seine-et-Oise), et pour le sieur Émile Guilloteaux et la dame Marie-Louise Legendre, son épouse, demeurant ensemble à Mormant (Seine-et-Marne), tous agissant comme co-propriétaires d'une maison sise à Paris, rue du Roule, 6 ; lesdites requêtes enregistrées au secrétariat de la section du contentieux de notre Conseil d'État, les 17 septembre et 21 novembre 1860, et tendant à ce qu'il nous plaise annuler, pour excès de pouvoir, un arrêté en date du 25 août 1860, par lequel le Préfet du département de la Seine leur a enjoint de faire combler, dans un délai de huit jours, les caves dépendant de leur maison précitée, sise rue du Roule, et qui s'étendaient sous le sol de la voie publique, disposant que faute par les propriétaires d'avoir opéré ce comblement dans le délai ci-dessus fixé, il y serait pourvu d'office à leurs risques et périls ;

Attendu que ces caves existaient avant que la rue du Roule ne fût ouverte ; que l'existence de ces caves a dû être connue par la Ville de Paris au moment de l'ouverture de ladite rue ; que la Ville de Paris n'a produit aucun titre prouvant qu'à une époque quelconque

elle aurait acquis la propriété du sous-sol de la voie
publique; que, d'ailleurs, en présence de l'existence
des caves avant l'ouverture de la rue et de la possession simultanée de ces caves, c'est-à-dire du sous-sol
de la voie publique, par les requérants, et du sol de
cette voie par la ville de Paris, cette ville ne peut pas
invoquer la présomption légale établie par l'article 552
du Code Napoléon, et qui ferait que, propriétaire du
sol, elle devrait être considérée comme propriétaire du
dessous de ce sol; que, dès lors, les requérants ne
pouvaient être dépossédés de leur propriété que moyennant payement d'une juste et préalable indemnité;

Subsidiairement, ordonner, avant faire droit au
fond, une vérification par experts, à l'effet de reconnaître :

1° Si les caves dont la suppression est demandée
n'ont pas une existence antérieure de plusieurs siècles
à l'ouverture de la rue du Roule;

2° Si, lors de l'ouverture de cette rue, la ville de Paris
n'a pas pu et dû connaître l'existence antérieure de
ces caves;

Vu l'arrêté attaqué;

Vu le mémoire en intervention produit par la Ville
de Paris, poursuites et diligences du Préfet du département de la Seine à ce dûment autorisé; ledit mémoire
enregistré comme ci-dessus le 7 mars 1861, et tendant
à ce qu'il nous plaise déclarer l'intervention recevable
et rejeter le pourvoi des requérants aux dépens;

Attendu que la Ville de Paris, en devenant propriétaire du sol sur lequel la rue du Roule a été établie, a
dû nécessairement devenir propriétaire du dessous de
ce sol, que les anciens édits et arrêts lui en faisaient
une obligation, et que les rues faisant partie du domaine
public municipal imprescriptible, aucune usurpation

ou possession n'a pu détruire son droit de propriété ;
que les anciens édits et arrêts sur la voirie, notamment
ceux de décembre 1607 et du 4 septembre 1778, inter-
disaient de creuser des caves sous la voie publique, ce
qui impliquait l'interdiction de conserver sous cette
voie les caves d'une existence antérieure à son ouverture ; que, dans l'espèce, les arrêts des dernier janvier
et dernier février 1689, en vertu desquels l'ouverture
de la rue du Roule a été autorisée, disposaient que
l'emplacement de cette rue serait payé des deniers
patrimoniaux de la Ville, suivant l'estimation qui serait faite ; qu'ainsi la cession du sol de cette rue n'a
pas été gratuite, et a dû, dès lors, être entière et
comprendre le dessous aussi bien que le dessus de
ce sol ; que telle est du moins la présomption légale
établie par l'art. 552 du Code Napoléon, présomption
qui ne peut être détruite que par la production des
titres contraires, qui n'ont pas été produits par les requérants ;

Que, de ce qui précède, il faut donc conclure que
lesdits requérants ont conservé non pas la propriété,
mais la jouissance des caves dont il s'agit, à titre de
pure tolérance ; et que la ville peut toujours exiger la
suppression de ces caves ; qu'enfin, en admettant même
que les requérants puissent invoquer un droit de propriété, ils étaient toujours tenus d'obéir aux injonc-
tions du voyer, faites dans le but d'assurer le service
de la voirie, sauf, s'ils s'y croyaient fondés, à réclamer
ensuite une indemnité ;

Vu les observations de notre Ministre de l'Intérieur,
en réponse à la communication qui lui a été donnée
des requêtes ci-dessus visées, lesdites observations
enregistrées comme ci-dessus le 17 septembre 1861 ;

Vu le mémoire en réplique, enregistré comme ci-dessus le 16 novembre 1861, par lequel les requérants déclarent persister dans leurs précédentes conclusions, et demandent, en outre, que la Ville de Paris soit condamnée aux dépens ;

Attendu notamment que la Ville de Paris, ayant admis que les caves dont il s'agit existaient antérieurement à l'ouverture de la rue du Roule, et ne produisant aucun titre en vertu duquel elle serait devenue propriétaire de ces caves, les requérants sont fondés à invoquer, en faveur de leur droit de propriété sur lesdites caves, la présomption légale établie par l'art. 2234 du Code Napoléon, qui dispose que le possesseur actuel qui prouve avoir possédé antérieurement est présumé avoir possédé dans le temps intermédiaire, sauf la preuve contraire ;

Vu la délibération en date du 19 avril 1861, par laquelle le Conseil municipal de la ville de Paris autorise le Préfet du département de la Seine à intervenir devant nous en notre Conseil d'État, à l'effet de défendre au pourvoi formé par les requérants contre l'arrêté ci-dessus visé du 25 août 1860 ;

Vu les autres pièces produites et jointes au dossier, notamment les arrêtés du Conseil des dernier janvier et dernier février 1689, relatifs à l'ouverture de la rue du Roule ;

Vu l'édit de décembre 1607, l'arrêt du Conseil du 3 juillet 1685 et l'ordonnance du bureau des finances du 4 septembre 1778, portant notamment que les propriétaires de maisons ou héritages qui ont des caves ou passages sous les rues, voies, places publiques et grands chemins dans l'étendue de la généralité de Paris, seront tenus de les combler ou d'en faire la déclaration au procureur du Roi du bureau, pour être ensuite, d'après la visite qui en sera faite, ordonné ce qu'il appartiendra ;

Vu la loi des 19-22 juillet 1791, article 29;

Ouï M. Perret, auditeur, en son rapport;

Ouï Mᵉ Plé, avocat du sieur Legendre, et Mᵉ Jager-schmidt, avocat de la Ville de Paris, en leurs observa-tions;

Ouï M. Charles Robert, maître des requêtes, commis-saire du Gouvernement, en ses conclusions;

En ce qui touche l'intervention de la Ville de Paris:

Considérant que les caves dont la suppression a été ordonnée par l'arrêté attaqué étaient placées sous le sol de la rue du Roule; que, dans ces circonstances, la ville de Paris a intérêt à défendre au pourvoi formé par les requérants contre cet arrêté, et que son inter-vention doit être admise;

Au fond:

Considérant qu'en ordonnant, par l'arrêté attaqué, la suppression des caves précitées, le Préfet du départe-ment de la Seine a agi en vertu des pouvoirs qui résul-tent pour l'Administration des édit, arrêt et ordon-nance ci-dessus visés, notamment de l'ordonnance du 4 septembre 1778; et que cet arrêté ne fait pas obstacle à ce que les requérants, s'ils s'y croient fondés, fassent valoir devant l'autorité compétente les droits qu'ils prétendraient avoir à une indemnité à raison de la suppression de ces caves; que, dès lors, en prenant cet arrêté, ledit Préfet n'a pas excédé ses pouvoirs;

Notre Conseil d'État au contentieux entendu,

AVONS DÉCRÉTÉ ET DÉCRÉTONS CE QUI QUI SUIT:

Art. 1ᵉʳ. L'intervention de la ville de Paris est admise.

Art. 2. La requête du sieur Legendre et des sieur et dame Guilloteaux est rejetée.

Art. 3. Le sieur Legendre et les sieur et dame Guilloteaux sont condamnés aux dépens de l'intervention.

Art. 4. Notre Garde des sceaux, Ministre secrétaire d'État au département de la Justice, et notre Ministre secrétaire d'État au département de l'Intérieur, sont chargés, chacun en ce qui le concerne, de l'exécution du présent décret.

NAPOLÉON.

CONSEIL D'ÉTAT.

Arrêt du 14 novembre 1862.

NAPOLÉON, par la grâce de Dieu et la volonté nationale, Empereur des Français,

A tous, présents et à venir, salut.

Sur le rapport de la section du contentieux;

Vu le recours présenté par Notre Ministre de l'Intérieur, ledit recours enregistré au secrétariat de la section du contentieux de Notre Conseil d'État, le 16 mars 1862, et tendant à ce qu'il nous plaise annuler un arrêté en date du 18 novembre 1861, par lequel le Conseil de préfecture du département de la Seine, statuant sur un procès-verbal de contravention de grande voirie dressé contre la dame Lemké, propriétaire d'une maison située rue de Grammont, n° 17, et sujette à reculement, et contre les sieurs Addès et Fontaine, ses entrepreneurs, pour avoir fait établir une rampe en fer, faisant balcon, sur l'extrémité de la corniche formant l'entablement de sa maison, et à 50 centimètres en avant du mur de face.....

Ce faisant, décider, par application de l'ordonnance
du 24 décembre 1823, laquelle n'autorise l'établissement de grands balcons que dans les rues ayant au
moins 10 mètres de largeur, que la dame Lemké sera
tenue de supprimer la rampe en fer par elle établie
sur la corniche formant l'entablement de sa maison,
attendu que la rue de Grammont n'a pas 10 mètres
de largeur, et condamner en outre à l'amende ladite
dame Lemké et les sieurs Addès et Fontaine, pour
avoir fait ce travail.

Vu l'arrêté attaqué ;

Vu le mémoire en défense, présenté par la dame
Lemké, en réponse à la communication qui lui a été
donnée du recours ci-dessus visé, ledit mémoire enregistré comme ci-dessus le 23 mai 1862, et tendant au
rejet dudit recours, par le même motif, d'une part,
qu'une tringle en fer, avec barreaux, posée sur une
corniche régulièrement établie, ne saurait constituer
un grand balcon dans le sens de l'ordonnance du
24 décembre 1823 ; d'autre part, que l'autorisation
qui lui a été accordée de construire au troisième étage
sur l'entablement de sa maison. la dispensait de demander une permission spéciale à l'effet d'établir une
balustrade au-devant de cet étage ;

Vu le procès-verbal de contravention, dressé à la
date du 4 décembre 1860 contre la dame Lemké et
contre les sieurs Addès et Fontaine, ses entrepreneurs,
et constatant que la dame Lemké, sans demande ni
autorisation préalable, a fait établir par les sieurs Addès et Fontaine, ses entrepreneurs, sur l'entablement
de sa maison, située rue de Grammont, n° 17, un
grand balcon en saillie de 0ᵐ,50 sur le nu du mur de
face ;

Vu l'arrêt du Conseil du 27 février 1765, et l'ordonnance royale du 24 décembre 1823, sur les saillies à permettre dans la Ville de Paris, notamment l'article 10, ainsi conçu :

« Les permissions d'établir de grands balcons ne
« seront accordées que dans les rues de 10 mètres de
« largeur et au-dessus, ainsi que dans les places et
« carrefours, et ce, d'après une enquête *de commodo*
« *et incommodo*. S'il n'y a point d'opposition, les per-
« missions sont délivrées. En cas d'opposition, il sera
« statué par le Conseil de préfecture, sauf le recours
« au Conseil d'État. Dans aucun cas, les grands bal-
« cons ne pourront être établis à moins de 6 mètres
« du sol de la voie publique. Le préfet de police sera
« toujours consulté sur l'établissement des grands et
« petits balcons. »

Considérant qu'il résulte de l'article 3 de l'ordonnance royale du 24 décembre 1823, ci-dessus visée, que les balcons dont la dimension excède $0^m,22$ doivent être considérés comme grands balcons, et que l'article 10 de la même ordonnance porte que les permissions d'établir de grands balcons ne seront accordées que dans les rues de 10 mètres de largeur et au-dessus, ainsi que dans les places et carrefours, et ce, après une enquête *de commodo et incommodo*, et que le préfet de police sera toujours consulté sur l'établissement de ces balcons ;

Considérant que ces dispositions ont pour but d'assurer la circulation de l'air et de la lumière dans ces rues et d'établir des garanties en faveur de la sûreté publique et de la sécurité des voisins ;

Considérant que la dame Lemké n'avait été autorisée par le Préfet qu'à surélever d'un étage la maison qu'elle possède rue de Grammont ; qu'il résulte du procès-verbal ci-dessus visé qu'elle a fait construire cet étage, en retraite sur l'entablement de sa maison, et qu'elle a fait établir par les sieurs Addès et Fontaine, ses entrepreneurs, à l'extrémité dudit entablement et à 0m,50 en avant du mur de face joignant la voie publique, une rampe en fer; que cet ouvrage a la destination et le caractère d'un grand balcon;

Considérant que l'établissement de ce balcon n'a été précédé d'aucune des formalités prescrites par l'article 10 précité; que d'ailleurs la rue de Grammont n'a pas 10 mètres de largeur, et qu'il ne peut dès lors y être établi de grand balcon : qu'il suit de là que la dame Lemké doit être condamnée à l'amende ainsi que les sieurs Addès et Fontaine, ses entrepreneurs;

Notre Conseil d'État au contentieux entendu;

AVONS DÉCRÉTÉ ET DÉCRÉTONS CE QUI SUIT :

Art. 1er. L'arrêté ci-dessus visé du Conseil de préfecture du département de la Seine, en date du 18 novembre 1864, est annulé.

Art. 2. La dame Lemké est condamnée à supprimer la rampe en fer par elle établie sur l'entablement de sa maison à 0m,50 en avant du mur de face joignant la voie publique.

. . . .

Art. 4. Notre Garde des sceaux, Ministre secrétaire d'État au département de la Justice, et Notre Ministre secrétaire d'État au département de l'Intérieur, sont chargés, chacun en ce qui le concerne, de l'exécution du présent décret.

NAPOLÉON.

CONSEIL DE PRÉFECTURE DE LA SEINE.

(1864-1867).

Extraits de divers Arrêtés concernant la Jurisprudence en matière de branchements d'égouts (1).

I. — *Assimilation des contraventions concernant les égouts publics aux contraventions de grande voirie.* — Les égouts destinés à l'assainissement et au bon entretien des routes font en réalité partie de la voie publique, à titre d'ouvrages d'art, et leur détérioration doit, par suite, être considérée comme affectant les routes elles-mêmes. (*Préfet de la Seine contre Meunier, Compagnie parisienne de vidanges et Administration de l'Assistance publique, 3 décembre 1864.* — *Contre Bergeon et Meunier, 24 décembre 1864.*)

II. — *Obligation d'établir des branchements particuliers d'égouts. — Maisons anciennes.* — Un propriétaire n'est pas fondé à prétendre que les dispositions du décret du 26 mars 1852 ne sont pas applicables à sa maison, par la raison qu'elle est de construction ancienne et n'a pas subi de grosses réparations dans les dix années qui ont suivi ledit décret; la disposition finale de l'art. 6 de ce décret n'a pas eu pour objet de soustraire les anciennes constructions à l'application d'une mesure générale d'intérêt public, mais seulement de ren-

(1) Préfecture de la Seine (Direction des eaux et des égouts de Paris). *Recueil de Règlements sur l'Assainissement.* — Voir plus loin, p. 1002, un Avis du Comité du Contentieux.

dre la mesure moins onéreuse pour les propriétaires,
en leur accordant un délai de dix années pour l'exécution des travaux. (*Préfet de la Seine contre Damon-
ville, 28 juin* 1864.)

III. — *Exécution d'office des branchements. — Recouvrement de la dépense. — Contestations. — Compétence.*
— D'après le décret du 26 mars 1852, art. 6, sur la
grande voirie à Paris, l'Administration a le droit d'exiger que toutes les maisons soient pourvues d'un branchement particulier d'égout, pour conduire les eaux
pluviales et ménagères dans l'égout public.

Suivant l'esprit de ce décret et des art. 36 et 37 de
la loi du 16 septembre 1809, il appartient au préfet,
dans un intérêt de salubrité, d'ordre général et de protection de la voie publique, de faire exécuter sous la voie
publique les branchements particuliers d'égout pour
le compte et à la charge des propriétaires intéressés.
— Les contestations qui s'élèvent sur le recouvrement
de la dépense constituent des difficultés concernant à
la fois la grande voirie et l'exécution des travaux entrepris dans un intérêt de salubrité, et le Conseil de préfecture est, à un double titre, compétent pour en connaître, en vertu de l'art. 4, § 6, de la loi du 28 pluviôse
an VIII, et de l'art. 37 de la loi du 16 septembre 1807,
combinés avec le décret-loi du 26 mars 1852. (*Dame
Quesnay, 6 mars* 1866. — *Féron et dame Croullebois,
30 janvier* 1866.)

IV. — *Exécution des branchements par l'entrepreneur
de l'égout public. — Difficultés sur le décompte. — Compétence.* — Quand des branchements d'égout, destinés
à conduire les eaux pluviales et ménagères des maisons dans l'égout public, sont établis sur un égout

public en cours de construction, c'est à l'entrepreneur
de l'égout public que l'exécution doit en être confiée,
suivant l'arrêté préfectoral du 9 juin 1863, et les conditions de l'adjudication générale règlent celles de la
dépense des branchements particuliers qui sont à la
charge des riverains. — On ne peut opposer, pour con-
tester le décompte de la dépense, ni que l'adjudication
des travaux d'égouts est antérieure à l'arrêté préfectoral, qui a réglé la matière, ni que, s'il y avait eu
adjudication spéciale, ou si les travaux avaient été faits
par un entrepreneur choisi par le propriétaire, la dépense eût été moindre. — Le conseil de préfecture est
compétent pour connaître des difficultés de cette nature, puisqu'il s'agit de travaux exécutés sous la voie
publique et dans un intérêt de salubrité, en vertu du
décret du 26 mars 1852, art. 6, et de la loi du 16 septembre 1807, art. 36 et 37. (*Noël contre le Préfet de la
Seine*, 27 février 1866.)

V. — *Branchements d'égouts à la charge des propriétaires.* — L'établissement, par l'autorité municipale,
des branchements d'égouts nécessaires pour l'application du décret du 26 mars 1852, est un acte régulier,
fondé sur les droits attribués à l'administration par
les lois des 28 pluviôse an VIII et 16 septembre 1807,
et la dépense qui résulte de ce travail constitue une
taxe mise par lesdites lois et décrets à la charge des
propriétaires riverains contre lesquels le recouvrement
en est à juste titre poursuivi en la forme ordinaire.
(*La dame Quesnay contre la Ville de Paris*, 6 mars 1866.)

VI. — *Branchements d'égouts.* — *Charge inhérente à
la propriété.* — Les frais réclamés par la Ville à un propriétaire pour l'établissement d'un branchement d'é-

gout construit antérieurement à l'acquisition qu'il a
faite de l'immeuble, incombent néanmoins à ce propriétaire, attendu qu'il s'agit dans l'espèce d'une charge
inhérente à la propriété, et qui la suit, quel que soit le
changement survenu dans la personne du détenteur,
sauf, toutefois, le recours de celui-ci contre son vendeur. (*La Rochelle contre la Ville de Paris; 7 novembre
1867.*)

COMITÉ DU CONTENTIEUX.

*Branchements d'égouts particuliers. — Charge des
nu-propriétaires* (1).

15 décembre 1862.

Le comité du contentieux près la préfecture de la
Seine, consulté sur la question de savoir qui doit supporter les frais de branchement d'égout, des nu-propriétaires, des usufruitiers ou des locataires de terrains
avec constructions, a émis l'avis que cette charge in-
combait au nu-propriétaire;

Attendu : 1° qu'il s'agit dans l'espèce d'une charge
foncière, qui s'exécute pour le sol lui-même et qui
s'incorpore au sol;

2° Que ce travail nouveau ne saurait être considéré
comme une réparation d'entretien à la charge de l'u-
sufruit;

3° Que l'égout restera, lors même qu'à l'expiration
des baux les constructions seraient démolies et le terrain rendu nu par les locataires; que l'on ne saurait
donc mettre à la charge de ceux-ci une dépense essentiellement foncière.

(1) Voir plus haut, p. 999.

CONSEIL D'ÉTAT.

Arrêt du 3 décembre 1869.

NAPOLÉON, par la grâce de Dieu et la volonté nationale, Empereur des Français, à tous présents et à venir, salut :

Sur le rapport de la section du Contentieux ;

Vu la requête présentée par le sieur Tilliet, propriétaire d'une maison sise boulevard Sébastopol, n° 67 (2ᵉ arrondissement), ladite requête enregistrée au secrétariat de la section du contentieux de notre Conseil d'État, le 1ᵉʳ mai 1869, et tendant à ce qu'il nous plaise : annuler un arrêté en date du 28 janvier précédent, par lequel le Conseil de préfecture du département de la Seine, statuant sur un procès-verbal de contravention, l'a condamné pour ne pas s'être conformé à un arrêté préfectoral du 29 novembre 1867, pris pour l'application de l'art. 5 du décret sur les rues de Paris, du 26 mars 1852, arrêté enjoignant de mettre en bon état de propreté les façades des maisons situées dans les 1ᵉʳ et 2ᵉ arrondissements, à 16 francs d'amende et à l'exécution du travail prescrit ;

Ce faisant, attendu que, la maison du requérant ne comptant pas encore dix années d'existence, l'art. 5 du décret du 26 mars 1852 ne lui est pas applicable, le décharger des condamnations prononcées contre lui ;

Vu l'arrêté attaqué ;

Vu le procès-verbal de contravention dressé contre le sieur Tilliet, à la date du 24 septembre 1868, par le sieur de Fauconnet, commisssaire-voyer adjoint ;

Vu les observations de notre Ministre de l'intérieur, en réponse à la communication qui lui a été donnée du pourvoi; lesdites observations enregistrées comme ci-dessus, le 12 août 1869; ensemble les observations du préfet du département de la Seine, transmises par notre Ministre et enregistrées comme ci-dessus, le 12 août 1869;

Vu toutes les autres pièces produites et jointes au dossier;

Vu la loi du 29 floréal an X;

Vu le décret du 26 mars 1852, art. 5;

Ouï M. Thirria, auditeur, en son rapport;

Ouï M. Bayard, maître des requêtes, commissaire du Gouvernement, en ses conclusions;

Considérant que l'art. 5 du décret du 26 mars 1852, ci-dessus visé, doit être entendu en ce sens que l'autorité municipale ne peut obliger les propriétaires des maisons riveraines des rues de la capitale à gratter, repeindre ou badigeonner les façades de ces maisons qu'une fois tous les dix ans;

Que cette mesure, ainsi appliquée, suffit pour assurer le maintien des façades en état constant de propreté, sans imposer une charge excessive aux propriétaires;

- Considérant qu'il résulte de l'instruction et qu'il n'est pas contesté que la maison appartenant au sieur Tilliet ne compte pas encore dix années d'existence;

Considérant, dès lors, que c'est à tort, que le Conseil de préfecture du département de la Seine, statuant sur un procès-verbal de contravention de grande voirie, dressé contre le sieur Tilliet pour ne pas s'être conformé à l'arrêté préfectoral prescrivant la mise en bon état de propreté des façades des maisons du 2ᵉ arrondissement, a condamné ledit sieur Tilliet

à 16 francs d'amende et à l'exécution du travail prescrit ;
Notre Conseil d'État au contentieux entendu,

Avons décrété et décrétons ce qui suit :

Art. 1er. L'arrêté ci-dessus visé du conseil de préfecture du département de la Seine, en date du vingt-huit janvier mil huit cent soixante-neuf, est annulé.

Art. 2. Notre garde des sceaux, ministre secrétaire d'État au département de la Justice et des Cultes, et notre ministre secrétaire d'État au département de l'Intérieur, sont chargés, chacun en ce qui le concerne, de l'exécution du présent décret.

NAPOLÉON.

CONSEIL D'ÉTAT.

(SECTIONS RÉUNIES.)

Avis du 9 juin 1870.

Les sections réunies de l'intérieur, de l'instruction publique, des cultes, des lettres, sciences et beaux-arts, et de l'agriculture, du commerce et des travaux publics, qui, sur le renvoi ordonné par le ministre de l'intérieur, ont pris connaissance d'une dépêche en date du 18 décembre 1869 de ce ministre, et ayant pour objet de demander à ces sections réunies leur avis sur le conflit élevé entre le préfet de la Seine, comme représentant du conseil municipal de Paris, et le préfet de police, relativement à l'interprétation de la loi du 18 avril 1850 sur les logements insalubres ;

Vu la dépêche ci-dessus indiquée du ministre de l'intérieur;

Vu la sommation en date du 8 novembre 1866 du commissaire de police du quartier des Grandes-Carrières, à Paris, agissant en vertu des instructions du préfet de police, et signifiée au sieur Marchand, propriétaire de la villa Saint-Michel, sise avenue de Saint-Ouen, aux fins que ce propriétaire eût, dans le délai de quinze jours, à *faire réparer le sol de la rue dépendant de cette villa, à donner aux eaux pluviales et ménagères un écoulement régulier, le sol de cette rue étant dégradé à divers endroits; les parties non pavées du ruisseau présentant des enfoncements où les eaux séjournaient, ce qui donnait lieu à des émanations infectes et compromettait la salubrité;*

Vu un certificat en date du 12 février 1867, émané du commissaire ci-dessus désigné et constatant qu'un délai de six mois avait été accordé par le préfet de police au sieur Marchand pour l'exécution de ces travaux;

Vu les diverses dépêches échangées entre le préfet de la Seine et le préfet de police, desquelles il résulte que le premier magistrat a revendiqué pour le conseil municipal et la commission des logements insalubres instituée par la loi du 13 avril 1850 le droit de déterminer et de prescrire les travaux en question;

Vu notamment la dépêche du préfet de la Seine, en date du 18 mars 1868, déférant au ministre de l'intérieur le conflit dont il s'agit, et énonçant que le conseil municipal de Paris, sur le rapport de la commission des logements insalubres, avait, par sa délibération du 5 mai 1865, prescrit au sieur Marchand d'exécuter les mêmes travaux;

Vu les avis du comité consultatif d'hygiène publique et du ministre de l'agriculture, du commerce et des travaux publics, mentionnés dans une dépêche du 24 septembre 1868;

Vu l'avis en date du 26 octobre 1868 du ministre de l'intérieur;

Vu les mémoires et documents produits par le préfet de la Seine et le préfet de police, ainsi que toutes les autres pièces du dossier;

Vu les lois des 14 décembre 1789, 16-24 août 1790 et 19-22 juillet 1791; l'arrêté du 12 messidor an VIII; les lois des 18 juillet 1837, 13 avril 1850 et 2 mai 1855, le décret du 10 octobre 1859, la loi du 24 juillet 1867;

Considérant que les commissions spéciales instituées en vertu de la loi du 13 avril 1850 sont autorisées, d'après ladite loi, à s'introduire dans les maisons et locaux accessoires habités par des locataires et signalés comme insalubres, à l'effet d'y rechercher et constater les causes de cette insalubrité et les moyens d'y remédier;

Que, sur le rapport de ces commissions, les conseils municipaux sont appelés à prescrire et à ordonner, moyennant certaines formes protectrices du droit de propriété, les mesures et les travaux reconnus nécessaires pour mettre un terme à l'état d'insalubrité des habitations, et même à interdire toute location si l'assainissement des lieux est déclaré impossible;

Considérant que la loi de 1850, en conférant aux conseils municipaux une pareille attribution, tendant à maintenir la salubrité dans les logements et à préserver la santé et la vie de leurs locataires, n'a pas entendu modifier ou atténuer les pouvoirs des magistrats de police en matière de salubrité publique, tels que ces pouvoirs sont réglés par les lois de 1789, 1790 et 1791 sur la police municipale, et, en ce qui concerne Paris, par l'arrêté du 12 messidor an VIII;

Que ces divers pouvoirs confiés, soit aux conseils municipaux par la loi de 1850, soit aux magistrats de police en matière de salubrité de la cité, peuvent bien concourir au même but, celui de la conservation de la santé publique, et s'exercer simultanément dans les mêmes lieux, mais qu'ils sont parfaitement distincts et ne sauraient être confondus, leur objet spécial étant différent, et les moyens d'exécution employés par chacune de ces autorités n'étant pas identiques;

Considérant qu'à Paris où il existe une commission des logements insalubres et un préfet de police, leurs attributions respectives doivent, suivant les lois et règlements susvisés, être exercées en ce sens :

1° Que le conseil municipal est appelé, sur le rapport de la commission, à prescrire toutes les mesures et les travaux pour l'entier assainissement des logements et de leurs dépendances, reconnus insalubres, tels, par exemple, que ceux qui tendent à modifier la disposition défectueuse des lieux loués et habités, à leur donner l'air, la lumière, l'espace nécessaires; à assécher les murs ou le sol; à procurer aux eaux ménagères et pluviales un libre écoulement, etc., etc. ;

2° Que le préfet de police doit prescrire, dans les lieux publics et même dans les locaux privés, toutes les mesures qui intéressent d'une manière générale la salubrité publique, et notamment ce qui concerne les encombrements, les amas d'immondices et de substances malsaines, les exhalaisons dangereuses, l'abandon des animaux morts, la visite de ceux atteints de mal contagieux, celle des échaudoirs, fondoirs, des salles de dissection, l'accumulation des eaux croupissantes, et, en général, tous les objets énumérés dans l'article 23 de l'arrêté du 12 messidor an VIII, et, dans les cas urgents, tels que ceux d'épidémie ou de calamité publique toutes autres mesures qu'exigerait l'intérêt de la santé publique;

Considérant que le décret du 10 octobre 1859, dont les dispositions sont limitatives, n'a transféré au préfet de la Seine aucune des attributions du préfet de police relatives à la salubrité publique, telles qu'elles sont spécifiées ci-dessus;

En ce qui concerne plus spécialement le conflit élevé entre le préfet de la Seine, comme représentant du conseil municipal de Paris, et le préfet de police, à propos de l'assainissement de la rue dépendant de la villa Saint-Michel;

Considérant que d'après la discussion qui a précédé l'adoption de la loi de 1850 sur les logements insalubres, on doit entendre par ce mot *dépendances*, mentionné dans l'article 1ᵉʳ de cette loi, tous les lieux et dépendances quelconques annexés aux locaux habités et dont l'usage est ou particulier ou commun aux locataires, tels que les cours, passages, allées et notamment les *rues et ruelles;*

Qu'à ce titre la rue de la villa Saint-Michel est incontestablement une dépendance de cet immeuble et constitue une voie privée, que cette circonstance que l'accès en est permis au public n'en change pas le caractère, la rue étant grillée à ses deux extrémités, et le propriétaire pouvant à son gré, à chaque instant, interdire cet accès;

Considérant que les travaux d'assainissement prescrits audit sieur Marchand par le conseil municipal, en vertu de la loi de 1850, consistaient en ouvrages à effectuer sur le sol de la chaussée et dans les ruisseaux qui la bordent, par suite du mauvais état et de la dégradation des lieux;

Que ces ouvrages, inhérents à l'immeuble et prescrits dans l'intérêt de la salubrité des logements dont cette rue est une dépendance, rentraient évidemment, d'après les principes énoncés ci-dessus, dans la catégorie de ceux réservés à la surveillance de la commission des logements insalubres ; qu'ils n'intéressaient pas la salubrité du quartier, et ne présentaient aucun caractère d'urgence, ainsi que le commissaire de police l'a reconnu en accordant un délai de six mois pour les exécuter ;

Que, dès lors, à aucun titre, le préfet de police n'avait qualité, soit pour les prescrire, soit pour autoriser le propriétaire à en différer pendant un certain délai l'exécution ;

Sont d'avis :

Qu'il y a lieu de vider le conflit dont il s'agit et de déterminer à l'avenir les attributions du conseil municipal de Paris et du préfet de police en matière de logements insalubres dans le sens des observations qui précèdent.

Le présent avis a été délibéré et adopté par les sections réunies de l'intérieur, de l'instruction publique, des lettres, sciences et beaux-arts, de l'agriculture, du commerce et des travaux publics, dans la séance du 9 juin 1870.

COUR DE CASSATION.

CHAMBRE CRIMINELLE.

Arrêt du 12 février 1875.

La cour ; — Sur le moyen unique, tiré de la violation de l'édit de décembre 1607, en ce que le jugement, après avoir constaté une contravention de voirie et condamné le prévenu à l'amende, n'a pas ordonné la démolition des travaux ; — Attendu qu'en matière de petite voirie, la démolition des travaux faits sans autorisation ne peut être ordonnée qu'autant que ces travaux ont eu lieu en contravention à un plan d'alignement légalement approuvé ; — Attendu qu'il est constaté, par le jugement attaqué, qu'à l'époque où les constructions ont été terminées, il n'existait aucun plan d'alignement pour la commune d'Orbec, et que c'est postérieurement que le plan préparé pour cette commune a reçu, après l'accomplissement de toutes les formalités légales, l'approbation du préfet ; — Attendu que ce plan n'a pu avoir d'effet rétroactif et lier avant d'être légalement approuvé, les habitants de la commune d'Orbec, lors même qu'ils l'auraient connu pendant sa préparation et qu'ils auraient fait un dire à l'enquête ; — Attendu, dès lors, qu'en refusant d'ordonner la démolition des travaux comme faits en contravention à ce plan, le jugement attaqué, loin de violer les dispositions de l'édit de décembre 1607, en a fait une saine application ; — Par ces motifs, Rejette.

MM. de Carnières, pr. — Dupré-Lassale, rap. — Thiriot, av. gén., c. conf.

CONSEIL D'ÉTAT.

Arrêt du 4 août 1876.

Le Conseil d'État ; — Vu la loi du 28 pluv. an VIII ; Considérant qu'il résulte de l'instruction que les infiltrations qui auraient causé un dommage à la propriété du sieur Verbois proviennent de la rupture d'un branchement destiné à amener les eaux de la conduite publique au lavoir du sieur Berger ; — Considérant que, si les travaux d'établissement de ce branchement ont été autorisés par l'administration et exécutés par les agents de la compagnie générale des eaux, c'est dans le seul intérêt du sieur Berger et à ses risques et périls ; qu'ainsi lesdits travaux n'ont pas le caractère de travaux publics ; que, dès lors, il n'appartenait pas au Conseil de Préfecture de connaître la demande en indemnité formée par le sieur Verbois contre la ville de Paris, à raison du préjudice qu'aurait causé à sa propriété la rupture dudit branchement :

Art. 1ᵉʳ. L'arrêté..... est annulé. — Art. 2. Décharge à la ville de Paris de la condamnation prononcée contre elle.

MM. de Claye, rap. — Braun, concl. — Arbelet, av.

CONSEIL D'ÉTAT.

Arrêt du 8 décembre 1876.

LE CONSEIL D'ÉTAT ; — Vu la loi du 28 pluv. an VIII ; — Considérant qu'il résulte de l'instruction que, lors des travaux entrepris en 1863 par la ville de Marseille pour niveler l'impasse de la Rotonde et la prolonger jusqu'au boulevard National, ladite voie était depuis longtemps livrée à la circulation publique ; qu'elle était entretenue et éclairée par la ville ; que l'administration municipale a effectué les travaux dont s'agit sans avoir procédé aux formalités de l'expropriation ou sans qu'aucune convention fût intervenue entre elle et les propriétaires riverains, soit pour la cession du terrain, soit pour le payement des travaux ; et que, d'autre part, les sieurs Chabrié et consorts n'ont pas élevé de prétention à la propriété du sol ; — Que, dans ces circonstances, la ville ne saurait être fondée à soutenir que les travaux exécutés par elle doivent être mis à la charge des riverains, et qu'elle ne peut être tenue de réparer les dommages causés à leurs immeubles ; qu'au contraire, c'est avec raison qu'il a été admis par le Conseil de Préfecture que les propriétaires des maisons n° 35 à 47 sont fondés à réclamer l'allocation d'indemnités ; qu'en effet, par suite de l'abaissement du sol de leurs immeubles, ils ne peuvent plus accéder à la voie publique que par un trottoir établi le long des façades et un escalier de huit marches placé, à l'une des extrémités de ce trottoir ; que leurs maisons n'ont aucune autre entrée, et que, par suite, ils ont éprouvé un dommage dont réparation leur est due; mais considérant..... (Appréciation en fait des dommages causés); — (Sans intérêt).

MM. de Saint-Laumer, rap. — Laferrière, concl. — Hérisson et Jozon, av.

COUR DE CASSATION.

CHAMBRE CRIMINELLE.

Arrêt du 27 avril 1877.

LA COUR; — Vu les art. 4 et 7 du décret-loi de 1852, l'art. 5 du décret réglementaire du 27 juill. 1859, et l'art. 161 C. inst. crim.; — Attendu que l'art. 5 précité du décret de 1859, dans un intérêt de sûreté et de salubrité, a déterminé les hauteurs et les dimensions des constructions élevées en dehors de la voie publique dans les cours et espaces intérieurs; — Qu'il résulte d'un procès-verbal régulier que les sieurs Chazette; Laporte et Cochelin ont contrevenu à ces dispositions, et que saisi, par suite du renvoi après cassation, de la connaissance de cette contravention, le tribunal de simple police de Neuilly, en condamnant les trois inculpés à l'amende par application de l'art. 471, n° 15 C. pén., a refusé d'ordonner la destruction à titre de dommages-intérêts des ouvrages faits en contravention; Qu'en matière de constructions, le dommage consiste dans l'atteinte portée aux intérêts que les règlements avaient pour effet de sauvegarder; — que, dans l'espèce, les constructions faites contrairement au règlement de 1859 ne peuvent subsister sans nuire d'une manière permanente aux intérêts de la sûreté et de la salubrité publique, et qu'il importe dès lors d'en ordonner la destruction *parte in qua*, de manière à rentrer dans les conditions réglementaires ; — Qu'il suit de là qu'en refusant d'ordonner la destruction, le jugement attaqué a formellement violé l'art. 5 du décret réglementaire de 1859 et l'art. 161 C. instr. crim. ; — Par ces motifs, casse le jugement rendu par le tribunal de simple police de Neuilly le 27 juillet 1876.

MM. de Carnières, pr. — Guyho, rap. — Robinet de Cléry, av. gén., c. conf.

COUR DE CASSATION.

CHAMBRE CIVILE.

Arrêt du 16 mai 1877.

(Apr. délib. en ch. du Cons.)

La Cour ; — Sur le premier moyen : — Attendu que la décision attaquée constate, en fait, que par un arrêté préfectoral du 25 août 1865, pris dans un but d'utilité publique et modifiant le tracé du chemin vicinal n° 2 d'Effry à la Bouteille, diverses parcelles de ce chemin, se sont trouvées placées en dehors de la voie ; — que le sieur Louvet, propriétaire riverain, usant de son droit de préemption, a acquis une de ces parcelles, et, par suite de l'alignement qui lui fut donné par le maire, a avancé sa maison jusqu'au nouveau tracé du dit chemin ; — Attendu que ces travaux ayant eu pour résultat de masquer la fenêtre dont la maison du sieur Delaby était pourvue de ce côté, ce dernier assigna le dit Louvet pour voir ordonner « qu'il serait tenu de démolir les constructions par lui élevées, lesquelles interceptaient la servitude de vue et de jour, appartenant audit demandeur » ; — Attendu que l'arrêt attaqué, statuant sur cette demande, a jugé à bon droit qu'il n'y avait lieu d'ordonner la démolition réclamée ; — Attendu, en effet, que si les droits de vue ou autres appartenant aux propriétaires riverains sur une voie publique, ne peuvent être méconnus lorsque l'administration modifie cette voie dans l'intérêt général, soit par des appropriations nouvelles, soit par la cessation qu'elle en fait à des particuliers, ces droits ne sauraient néanmoins faire obstacle à la liberté d'action nécessaire en pareil cas à l'autorité administrative pour la meilleure disposition des chemins publics ; — Attendu que tous les droits sont conciliés si, d'une part, les mesures régulièrement prises par l'administration pour l'avantage de tous sont maintenues dans leur intégralité, et si, d'autre part, les riverains sont indemnisés des dommages que ces mesures ont pu leur causer ; — Par ces motifs, rejette le premier moyen ;

Sur le second moyen : — Attendu que la défense lui oppose une fin de non-recevoir prise de ce que le demandeur en cassation serait sans intérêt à le proposer ; — Attendu que, devant le tribunal de première instance et devant la Cour d'appel, Delaby demandait uniquement la démolition des constructions élevées par Louvet, et 500 fr. de dommages-intérêts pour le préjudice par lui éprouvé depuis l'existence de ces constructions ; — Attendu que le tribunal et la Cour repoussant cette demande ont jugé à bon droit que

Delaby n'aurait pu prétendre qu'à une indemnité ; — Qu'à la vérité, ils ont ajouté qu'ils n'avaient pas compétence pour régler l'indemnité qui pourrait être due à Delaby ; mais que cette déclaration hypothétique n'a point le caractère d'une décision judicaire entre les parties ; — Que, dès lors, Delaby est sans intérêt à l'attaquer et qu'ainsi le pouvoi n'est pas recevable de ce chef ; — En conséquence, rejette le pourvoi en son entier.

MM. Mercier, 1ᵉʳ pr. — Gastambide, rap. — Bédarrides, 1ᵉʳ av. gén., c. conf. — Mazeau et Lehman, av.

CONSEIL D'ÉTAT.

Arrêt du 13 juin 1877.

Le Conseil d'État ; — Vu le décret du 27 oct. 1808 : — Considérant que, d'après les art. 1 et 2 du décret du 27 oct. 1808, les droits dus dans la ville de Paris, d'après les anciens règlements, sur le fait de la voirie pour les délivrances d'alignements, permissions de construire et de réparer et autres permis de toute espèce qui se requièrent en grande ou en petite voirie, doivent être acquittés à l'instant même où sont délivrées les expéditions des permis accordés ; — Considérant qu'aux termes des art. 5 et 6 du même décret, le préfet adresse au receveur municipal, dans les dix premiers jours de chaque mois, un bordereau indicatif des permis accordés dans le mois précédent, et que le receveur municipal est chargé de poursuivre, dans les formes usitées en matière de contribution directe, le recouvrement des droits restant à acquitter pour les permis dont l'expédition n'aurait pas encore été retirée par les demandeurs ; — Considérant qu'il n'est dit nulle part dans le décret que, dans le cas où ces derniers, par un motif quelconque, n'auraient point fait usage de leur permis, les droits perçus en conformité des dispositions susénoncées devraient leur être restitués ; qu'il résulte, de ces dispositions, que les droits sont dus par cela seul que le permis a été accordé ; — Considérant que, dans l'espèce, les requérants ont non-seulement demandé et obtenu pour la reconstruction de leur usine un permis dont ils ont retiré l'expédition et acquitté les droits, mais qu'ils ont même commencé les travaux autorisés par le permis, et que s'ils les ont interrompus, c'est seulement par suite de la cession qu'ils ont consentie de leur immeuble au profit de l'État, cession dont ils n'ont accepté les conditions que parce qu'elles leur ont paru suffisantes pour les indemniser du sacrifice de leur propriété et de tous les dommages pouvant accessoirement en résulter ; — Considérant que dans ces circonstances, les requérants ne sont pas fondés à demander, par la voie contentieuse, la restitution de tout ou partie des droits de voirie qu'ils ont régulièrement versés entre les mains du receveur municipal, au moment ou leur permis leur a été délivré ; — Arrête :

La requête des sieurs Lequart et Thuillier est rejetée.

Cons. de prefect. de la Seine. — MM. Loysel, pr. — Aubin, rap. — Lestiboudois, commissaire du Gouvernement — Lucien Blin, av.

CONSEIL D'ÉTAT.

Arrêt du 21 décembre 1877.

LE CONSEIL D'ÉTAT ; — Sur le moyen, tiré de ce que le requérant aurait été à tort assujetti à la taxe à raison de l'espace compris, à l'angle des rues des Martyrs et de la Tour-d'Auvergne, entre les prolongements des deux façades de sa maison : — Considérant que la loi du 26 mars 1873, en convertissant en une taxe payable en numéraire la charge qui incombe aux propriétaires riverains des voies de Paris livrées à la circulation publique de balayer chacun au droit de sa façade sur une largeur égale à celle de la moitié desdites voies, et ne pouvant, toutefois, excéder six mètres, n'a pas entendu modifier l'étendue des obligations des riverains ; qu'en vertu des usages anciens constamment suivis, aucune exception n'était faite à l'égard des carrefours formés par la jonction de deux voies publiques ; qu'ainsi, le sieur Chabrié n'est pas fondé à soutenir que c'est à tort qu'il a été assujetti à la taxe de balayage à raison de la surface angulaire comprise entre les prolongements des façades de sa maison situées, l'une sur la rue des Martyrs, et l'autre sur la rue de la Tour-d'Auvergne ;

Sur le moyen tiré de ce que le montant de la taxe excéderait, contrairement à l'art. 3 de la loi du 26 mars 1873, les dépenses occasionnées à la ville de Paris par le balayage de la superficie mise à la charge des habitants : — Considérant que l'art 1er de la loi du 26 mars 1873 dispose que la taxe municipale de balayage imposée aux riverains des voies publiques de Paris est perçue suivant un tarif délibéré en conseil municipal, après enquête et approuvé par un décret rendu dans la forme des règlements d'administration publique, tarif qui devra être révisé tous les cinq ans ; — Considérant que le tarif de la taxe de balayage a été fixé après enquête par une délibération du conseil municipal de Paris du 22 nov. 1873, et qu'il a été approuvé par décret rendu en Conseil d'État le 24 déc. 1873 ; Que le requérant ne conteste pas qu'il lui a été fait une exacte application dudit tarif ; que, dès lors, il n'est pas fondé à réclamer une réduction de la taxe, comme ayant été établie contrairement à la loi.

Art. 1er. La requête est rejetée.

MM. Mayniel, rap. — David, concl.

CONSEIL D'ÉTAT.

Arrêt du 28 décembre 1877.

Le Conseil d'État ; Vu la loi du 28 pluv. an VIII, et l'arrêté du 24 flor. de la même année, relatif aux réclamations en matière de contributions directes ;

Considérant que les honoraires dus au sieur Piedoye pour la part qu'il a prise aux diverses expertises qui font l'objet de sa réclamation, ont été réglés par le préfet de l'Indre à raison de 6 francs par vacation et de 1 franc ou 2 francs par myriamètre de parcours, suivant que le parcours a eu lieu par voie ferrée ou par voie de terre, dans les limites seulement du département ; que cette évaluation fait ressortir une indemnité totale de 125 fr. 20 c. ; que le sieur Piedoye, se fondant notamment sur le tarif des dépens en matière civile contenu au décret du 16 fév. 1807, demande que ses honoraires soient portés à la somme de 851 fr. 10 ;

..... — Considérant qu'aucune disposition de loi ou de règlement n'a rendu commun aux déclarations portées devant les conseils de préfecture, le tarif des dépens en matière civile contenu au décret du 16 fév. 1807; qu'ainsi le préfet de l'Indre n'était pas tenu de régler conformément à ce tarif les frais réclamés par le sieur Piedoye ; — Considérant qu'en allouant au sieur Piedoye une indemnité de 6 francs par vacation de trois heures de travail, le préfet de l'Indre a fait une appréciation suffisante des frais dus à cet expert, pour ses vacations ; mais, qu'il résulte de l'instruction que, pour tenir compte des frais de parcours auxquels les diverses expertises ont donné lieu, il y a lieu de porter l'indemnité qui lui sera due pour ces frais aux chiffres de 1 fr. 50 c. et de 3 francs par myriamètre de parcours dans les limites seulement du département, suivant la même distinction que ci-dessus ; que ces chiffres d'indemnité font ressortir un supplément total de 24 fr. 20 c. qu'il y a lieu d'allouer au sieur Piedoye ;

..... En ce qui touche les intérêts : — Considérant que, d'après les art. 20 et 21 de l'arrêté du 24 flor. an VIII, les frais dus aux experts sont avancés par le percepteur et recouvrés comme en matière de contributions directes ; qu'aucune disposition de la loi n'autorise lesdits experts à demander les intérêts des sommes qui leur seraient dues à ce titre.

Art. 1er. Le sieur Piedoye aura droit à un supplément de 24 fr. 20 c. aux frais d'expertise qui lui ont été alloués par les arrêtés du préfet de l'Indre pour la part qu'il a prise aux expertises, etc.

Art. 2. L'arrêté du conseil de préfecture est réformé en ce qu'il a de contraire à la disposition qui précède.

MM. Mathéus, rap. — David, concl.

CONSEIL D'ÉTAT.

Arrêt du 4 avril 1879.

Sieur Fivel c. Commune de Saint-Martin-du-Fresne.

LE CONSEIL D'ÉTAT statuant au contentieux, sur le rapport de la section du contentieux;

Vu la requête sommaire et le mémoire ampliatif présentés pour le sieur Fivel, architecte à Chambéry, ladite requête et ledit mémoire enregistrés au secrétariat du contentieux du Conseil d'État le 17 janvier et le 26 février 1877, et tendant à ce qu'il plaise au Conseil : réformer un arrêté en date du 4 octobre 1876, par lequel le conseil de préfecture de l'Ain ne lui a alloué que des honoraires insuffisants pour un projet de maître-autel et a rejeté sa demande en indemnité pour frais de voyage et de déplacement;

Ce faisant : 1° attendu que le requérant, chargé de la construction d'une église à Saint-Martin-du-Fresne, a dû fournir, sur la demande de l'autorité municipale, un projet de maître-autel non prévu au devis, projet minutieux et artistique, pour lequel l'arrêté susvisé ne lui a accordé que 100 francs d'honoraires; 2° attendu que le requérant, pendant le cours et à l'occasion de ses travaux, a dû effectuer, de Chambéry à Saint-Martin-du-Fresne, cinquante voyages dispendieux pour lesquels il ne lui a été alloué aucune indemnité; lui accorder 300 francs pour le projet de maître-autel, et 2,048 fr. 04, à raison de 1 1/2 p. 100 sur le montant des travaux, pour indemnité de frais de voyage, le tout avec intérêts à partir de la réception des travaux, intérêts des intérêts et dépens.;

Vu l'arrêté attaqué ;.

Vu le mémoire en défense et en recours-incident présenté par la commune de Saint-Martin-du-Fresne, ledit mémoire enregistré comme ci-dessus le 26 novembre 1877, et tendant à ce qu'il plaise au Conseil : rejeter le recours principal, et, statuant sur le recours-incident ; attendu, en ce qui touche le projet de maître-autel, que le sieur Fivel ne prouve pas qu'il en soit l'auteur, tout au moins que ce travail lui ait été commandé ; — Attendu, en ce qui touche les intérêts des sommes restant dues par la commune au requérant, qu'ils ne peuvent avoir pour point de départ que la demande qu'il en a faite en justice. — Réformer l'arrêté attaqué sur ces deux points ; dire que la commune ne doit pas d'honoraires au sieur Fivel pour son prétendu projet de maître-autel, et qu'elle ne lui payera les intérêts des sommes dont elle lui reste redevable qu'à partir de la demande qu'il en a faite devant le Conseil de préfecture ;

Vu les observations présentées par le Ministre de l'intérieur, en réponse à la communication qui lui a été faite, lesdites observations, enregistrées comme ci-dessus, le 9 mars 1878 ;

Vu le mémoire en réplique produit par le sieur Fivel. ledit mémoire enregistré comme ci-dessus, le 9 mai 1878, et dans lequel le requérant déclare persister dans ses précédentes conclusions ;

Vu l'arrêté préfectoral du 30 octobre 1851, qui a déterminé pour le département de l'Ain, le tarif des honoraires à payer aux architectes directeurs de travaux communaux, et notamment les articles 30 et 32 de cet arrêté ;

Vu la lettre du maire de la commune de Saint-Martin-du-Fresne, en date du 25 mai 1874;

Vu la lettre du sieur Montagny, en date du 10 août 1876;

Vu les autres pièces du dossier;

Vu l'avis du conseil des bâtiments civils du 12 pluviôse an VIII;

Vu la loi du 28 pluviôse an VIII;

Ouï M. Vacherot, maître des requêtes, en son rapport;

Oui M⁰ Godey, avocat du sieur Fivel et M⁰ Chambon, avocat de la commune de Saint-Martin-du-Fresne, en leurs observations;

Ouï M. Flourens, maître des requêtes, commissaire du gouvernement, en ses conclusions;

Sur les conclusions, tant du demandeur que de la commune de Saint-Martin du Fresne, relatives à un projet de maître-autel:

Considérant qu'il résulte de l'instruction qu'un projet de maître-autel a été commandé par le maire de la commune de Saint-Martin au sieur Fivel, mais que celui-ci ne produit aucun spécimen de ce projet, et n'établit pas le caractère artistique qu'il prétend lui avoir donné; que, dans ces circonstances, l'arrêté attaqué, en fixant à la somme de 100 francs l'indemnité qui peut lui être due pour ce travail, en a fait une juste appréciation:

En ce qui touche les frais de voyage et de déplacement:

Considérant qu'il résulte de l'instruction, et notamment des articles 30 et 32 de l'arrêté préfectoral du 30 octobre 1851 susvisé, que, suivant l'usage établi dans le département de l'Ain, les frais de voyage et de déplacement sont compris dans les honoraires de 5 p. 100 alloués par ledit arrêté aux architectes directeurs de travaux communaux, lorsqu'ils ont dressé les avant-projets et devis, conduit l'exécution et effectué le règlement des travaux; que, dans ces circonstances, et à défaut d'une clause spéciale stipulée par le sieur Fivel, c'est avec raison que le conseil de préfecture a refusé d'accorder au requérant une indemnité pour frais de déplacement, en sus des 5 p. 100 qui lui ont été alloués sur le montant des travaux exécutés.

Sur les conclusions de la commune de Saint-Martin au point de départ des intérêts :

Considérant qu'il résulte de la lettre sus-visée du maire de Saint-Martin que, si la commune a offert au requérant de lui payer les intérêts des sommes dont elle lui était redevable à partir de la réception définitive des travaux, cette offre n'a été faite que sous certaines conditions qui n'ont pas été acceptées par le sieur Fivel; que, dès lors, la commune est fondée à soutenir, par application de l'article 1153 du Code civil, que les intérêts n'en sont dus qu'à partir de la demande que le requérant en a faite devant le conseil de préfecture.

En ce qui concerne les intérêts des intérêts :

Considérant que le sieur Fivel a réclamé les intérêts des intérêts dans un mémoire enregistré au secrétariat du contentieux du Conseil d'État le 26 février 1877, et qu'à cette date il ne lui était pas encore dû un an d'intérêts; qu'ainsi le requérant n'est pas fondé à invoquer le bénéfice de l'article 1154 du Code civil;

Décide :

Art. 1er. La requête du sieur Fivel est rejetée.

Art. 2. L'arrêté du conseil de préfecture de l'Ain est réformé dans la disposition par laquelle il a alloué des intérêts au sieur Fivel, à partir du 6 juillet 1873.

Art. 3. Les sommes restant dues par la commune de Saint-Martin-du-Fresne au sieur Fivel ne produiront intérêt au profit de celui-ci qu'à dater du 25 juin 1876.

Le surplus des conclusions du recours incident de la commune de Saint-Martin est rejeté.

Art. 4. Le sieur Fivel est condamné aux dépens.

Art. 5. Expédition de la présente décision sera transmise au Ministre de l'Intérieur.

JURISPRUDENCE SPÉCIALE

TABLE CHRONOLOGIQUE

DES

ARRÊTS DE LA COUR DE CASSATION DU CONSEIL D'ÉTAT ET DU CONSEIL DE PRÉFECTURE DE LA SEINE

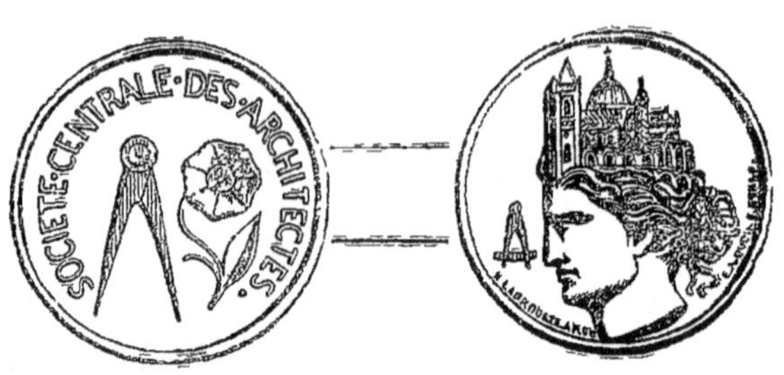

Paris, le 22 novembre 1879.

Vu et approuvé :

Pour le Président de la Société,
        Membre de l'Institut,
Le membre de la Société délégué,   Le Secrétaire-Rédacteur,

ACH. HERMANT.   CHARLES LUÇAS.